中小学校网络与
信息安全管理探思

Exploratory Research on Security Management of Network
and Information Among Elementary and Middle School

肖春光　编著

WUHAN UNIVERSITY PRESS
武汉大学出版社

图书在版编目(CIP)数据

中小学校网络与信息安全管理探思/肖春光编著.—武汉:武汉大学出
版社,2022.7

ISBN 978-7-307-22972-3

Ⅰ.中… Ⅱ.肖… Ⅲ.中小学—校园网—信息安全—研究
Ⅳ.TP393.18

中国版本图书馆 CIP 数据核字(2022)第 041646 号

责任编辑:黄 殊   责任校对:李孟潇   版式设计:韩闻锦

出版发行:**武汉大学出版社**   (430072   武昌   珞珈山)

(电子邮箱:cbs22@whu.edu.cn 网址:www.wdp.com.cn)

印刷:武汉邮科印务有限公司

开本:787×1092   1/16   印张:16.75   字数:397 千字   插页:1

版次:2022 年 7 月第 1 版   2022 年 7 月第 1 次印刷

ISBN 978-7-307-22972-3   定价:45.00 元

前　言

习近平总书记提出，"没有网络安全就没有国家安全"，在互联网大时代背景下，"没有网络安全也就没有校园安全"。在新的网络与信息安全形势下，各中小学校的外部网络、网站、电脑系统、自媒体平台等频繁被上级安全部门通报内部用户用网及管网不规范，乃至发生网络与信息安全事件等，网络与信息安全已经被纳入学校的校园安全责任范畴，正确、主动应对校园网络与信息安全问题成为各中小学校当前重点关注工作之一。

随着当前《中华人民共和国网络安全法》《中华人民共和国数据安全法》《中华人民共和国个人信息保护法》《网络安全等级保护制度 2.0 国家标准》等网络与信息安全相关法规的发布，中小学校智慧校园、未来学校、新媒体新技术的"建、管、用"和网络与信息安全风险及应对的"保、预、防"之间的矛盾日显突出，校园网络与信息安全事件乃至事故时有发生。本书基于笔者 22 年专注市、区、校网络与信息安全一线工作与实践经验，针对新的网络与信息安全形势下中小学校网络与信息安全的规划、建设、管理、使用过程中遇到的各类误区、问题等，提出具体解决措施，帮助中小学校在推进信息化工作过程中从"形势制度、实践应对、应急处置、安全生态"等方面主动规避各类网络与信息安全风险，问题导向性强，综合治理性强。

全书共七章，第一章为中小学校网络与信息安全概况、第二章为中小学校网络与信息安全防护措施、第三章为中小学校网络与信息安全常用工具、第四章为中小学校网络与信息安全隐患排查、第五章为中小学校网络与信息安全应急体系、第六章为中小学校网络与信息安全事件的应对、第七章为中小学校网络与信息安全生态构建探索。

本书以深圳市宝安区为例（宝安区被评为广东省校园网络安全示范区），理论联系实践，大部分内容为实际操作方法指导，可作为中小学校实现网络与信息安全"形势制度、实践应对、应急处置、安全生态"的指导用书，也可作为中小学校网络与信息安全培训的校本教材。

本书由肖春光负责第三、第五、第七章的编写及全书的统稿，侯波、刘宏金、廖丽华、李海霞、李庆超、杨国文负责第一、第二、第四、六章的编写。由于网络与信息安全相关技术发展日新月异，我们对中小学校网络与信息安全管理的实践与探索永远在路上，加之作者的水平有限，书中仍存在一些有待改进之处，敬请读者批评指正，不胜感激！

肖春光

2021 年 10 月

目　录

第一章　中小学校网络与信息安全概况

二十一世纪已经兴起了全新的技术革命——计算机及信息技术革命。当前的世纪是信息的世纪，自从二十世纪四十年代第一台电子计算机在美国诞生，随着计算机各项功能日益成熟，逐渐在社会各行各业中不断渗透和普及，我们迎来了通过计算机与通信系统实现信息快速传输和共享为标志的信息技术革命。人们每天生活在网络大数据环境中，不可避免地面临网络与信息安全问题。

在这样的背景下，一门专门研究和解决此类问题的交叉学科——信息安全应运而生。信息安全涉及许多理论和应用技术。信息安全理论包括单机或网络环境下网络信息安全防护的研究成果，如 AAA、安全协议等，为建设安全的计算机信息平台提供了理论依据。信息安全技术则包括单机或网络环境下网络信息安全防护的应用技术，如防火墙技术、入侵检测技术、漏洞扫描技术、防病毒技术等，为计算机信息平台的安全防护和检测提供技术支持。

不过，要全面实现网络与信息安全，制度与管理措施比技术更重要。根据分析国内外大量的研究和数据后发现，在人为或自然灾害所导致计算机信息系统损失的因素中，管理不善占了七成以上，可见信息安全是三分靠技术，七分靠管理①。同样的，中小学校园网络要保持稳定、安全运行，技术和管理缺一不可。因此本章节总结网络与信息安全的相关定义后，对比分析国内外中小学校园网络与安全的现状，并从技术和管理两个方面阐述我国中小学校网络与信息安全的热点应用与发展趋势。

第一节　中小学校网络与信息安全的形势

一、网络与信息安全

我国于 2004 年就在《中共中央关于加强党的执政能力建设的决定》中明确指出，要"确保国家的政治安全、经济安全、文化安全和信息安全"以及"确保国防安全"。至此，信息安全被首次关注。而在 2006 年发布的《中共中央关于构建社会主义和谐社会若干重大问题的决定》中再次强调了四大安全领域，即"确保国家政治安全、经济安全、文化

---

① 李强. 国有金融企业信息安全人才建设：三分靠技术七分靠管理[J]. 中国信息安全, 2018 (12)：60-61.

安全、信息安全"。在随后的几年中，我国先后提出了"信息安全、太空安全、网络空间安全"。成立了中央网络安全和信息化领导小组后，我国进一步对网络安全提出了新要求。

随着互联网在各行各业中不断渗透，"互联网+"时代的到来，让国家和个人更加关注和保护信息安全、网络安全和网络空间安全。教育部于2020年9月印发《大中小学国家安全教育指导纲要》（以下简称《指导纲要》）。《指导纲要》指出，网络安全的主要内容包括网络基础设施、网络运行、网络服务、信息安全等方面，是保障和促进信息社会健康发展的基础。国家安全教育要实现全领域、全学段覆盖，相关内容纳入不同阶段学生学业评价范畴，且纳入大中小学生综合素质档案。《指导纲要》明确了国家安全教育主要内容，包括政治、国土、军事、经济等12个领域安全，以及太空、深海等4个不断拓展的新型领域安全。

通常认为网络与信息安全主要包含三个概念："信息安全"（information security）、"网络安全"（network security）与"网络空间安全"（security in cyberspace）。其中，从字面上理解，"信息安全"主要指在互联网中"信息"的安全，而"网络安全"则侧重"网络"的安全，那么，"网络空间安全"就是在"空间"中的安全问题。信息安全泛指各类信息安全问题，网络安全则指网络中的各类安全问题，网络空间安全是指与陆域、海域、空域、太空并列的全球五大空间中的网络空间安全问题。三个概念都描述了非传统安全领域中的信息安全问题，有时候可以统称，但各有侧重，如其提出的背景不同，所涉及的内涵与外延不同等。

如今，网络与信息安全呈现出综合性和全球性的新型特点，并已经渗透国家政治、经济、军事等领域，随着网络空间作为国家重要的基础设施，作为人类活动的"第五空间"，它关系着国家主权和安全，甚至全球安全，是各个国家在维护国家安全的工作中必须处理的基本问题。毕竟一个国家的信息化程度越高，整个国民经济和社会运行对信息资源和信息基础设施的依赖程度就越高。如果计算机网络因为安全问题而导致信息泄露或者信息破坏，引起的后果不堪设想，造成的经济损失也可能无法估计，因此，我们需要采取必要措施，防患于未然。

同样的，中小学校园的网络与信息安全管理也是校园管理工作中的重中之重，我们要保证网络环境里信息数据的保密性、完整性及可使用性，保障中小学校园网络与信息安全，包括物理安全、安全控制和安全服务等。中小学校园网络面临众多的安全威胁，如管理制度不完善或者防火墙设置缺失等，我们应该重视起来，逐步完善网络与信息安全管理工作，这样才能顺应时代的要求，建设网络安全可控的新型中小学校园。

二、当前网络与信息安全面临的主要威胁

在当今互联网时代，几乎每个国家都将互联网技术运用于各行各业，但因为网络信息安全具有普遍性、跨国性、不可控性、脆弱性等特点，在广泛应用的同时也使得网络信息安全面临多方面的威胁。因此，伴随着互联网的普及、信息化程度的提高，国家政治、经济、军事等诸多领域对网络依赖度的加深，世界各国纷纷出台了应对网络信息安

全威胁的策略，或争夺制网权、谋取信息优势，或消除网络空间中的各类安全威胁，或采取相应措施来应对网络信息安全挑战等，确保国家网络基础设施的安全，最终保障国家的综合安全。

（一）黑客攻击

黑客攻击是指黑客利用某个程序或者网络中存在的安全漏洞进行攻击的一种网络犯罪行为，是目前网络攻击中最常见的手段。它可分为非破坏性攻击和破坏性攻击两类。非破坏性攻击一般是为了扰乱系统的运行，破坏计算机的正常运作，但是并不盗窃系统资料和用户信息，通常采用拒绝服务攻击或信息炸弹；而破坏性攻击是以侵入他人电脑系统、盗窃系统保密信息、破坏目标系统的数据为目的的犯罪行为[①]。黑客常用的攻击手段有后门程序、信息炸弹、拒绝服务、网络监听、DDOS 和密码破解等。

后门程序是指绕过安全性控制而获取程序访问权的程序方法。由于程序员设计一些功能复杂的程序时，会将整个项目分割为多个功能模块来分别进行设计、调试，后门就是某个模块的"秘密入口"，便于测试、更改和增强模块功能。一些别有用心的人会利用穷举搜索法发现这些后门，然后利用后门进入系统并发动攻击。

信息炸弹是指使用一些特殊工具软件，在短时间内向目标服务器发送大量超出系统负荷的信息，造成目标服务器超负荷、网络堵塞、系统崩溃的攻击手段。例如，向未打补丁的 Windows 等系统发送特定组合的 UDP 数据包，导致目标系统死机或重启；向某型号的路由器发送特定数据包，致使路由器死机等。目前常见的信息炸弹有邮件炸弹、逻辑炸弹等。

拒绝服务又叫分布式 DOS 攻击，它是使用超出被攻击目标处理能力的大量数据包来消耗系统可用资源、带宽资源，最后致使网络服务瘫痪的一种攻击手段。作为攻击者，首先需要通过常规的黑客手段侵入并控制某个网站，然后在服务器上安装并启动一个可由攻击者发出的特殊指令来控制进程，攻击者把攻击对象的 IP 地址作为指令下达给进程时，这些进程就开始对目标主机发起攻击。这种方式可以集中大量的网络服务器带宽，对某个特定目标实施攻击，因而威力巨大，顷刻之间就可以使被攻击目标的带宽资源耗尽，导致服务器瘫痪。例如，1999 年美国明尼苏达大学遭到的黑客攻击、2016 年美国域名解析系统因遭受 DDOS 攻击而大面积断网事件等就属于这种方式。

网络监听是指监视网络状态、数据流以及网络信息传输，它可以将网络接口设置在监听模式，并且截获网上传输的信息，也就是说，当黑客登录网络主机并取得超级用户权限后，若要登录其他主机，使用网络监听就能截获网上的数据，这是黑客使用最多的攻击方法，但是，网络监听只能应用于物理上连接于同一网段的主机，通常被用于获取用户口令。

除此之外，密码破解也是黑客常用的攻击手段之一。以上的黑客攻击手段如果只是个人发起的，一般危害不大。常见且影响恶劣的黑客行为多为跨国团队作案，且隐蔽性强，受害者很难意识到，也很难精准反击在国境之外的黑客。例如，美国作为计算机发

---

① 鸣涧. 网络黑客常用攻击手段[J]. 信息安全与通信保密，2001（10）：68.

展最快的国家，在斯诺登曝光的文件中指出美国国家安全局通过接入全球移动网络，在全球范围内广泛进行秘密监听，其监听对象包括世界政要、全球民众、外国企业等。最恶劣的是，美国把中国当成主要目标，无孔不入地进行监控①，是名副其实的"黑客帝国"。

（二）网络犯罪活动

网络犯罪活动是犯罪分子利用网络信息技术在网络空间内对某系统或信息进行攻击、破坏或利用网络进行其他犯罪行为的总称。它包括在网络空间内实施的传统犯罪活动和新型犯罪活动，如运用编程、加密、解码技术或工具在网络上实施的犯罪行为。简单地说，网络犯罪就是针对和利用网络进行的犯罪，如窃取信息、攻击计算机系统等。相比传统犯罪而言，网络犯罪具备以下几个特点。

第一，成本低、传播迅速，传播范围广。随着网络技术的发展，网络犯罪的速度得到了极大的提升，比以往电信诈骗、短信诈骗等而言，实施网络犯罪活动只须点击一下键盘，几秒钟内就可以把带有病毒的、能危害计算机的电子邮件发给数量众多的人，甚至全世界的人。

第二，互动性、隐蔽性高，取证困难。在网络中散布信息和接受信息只需要通过虚拟网络空间和IP即可完成，网络活动打破了空间界限，使得双向性、多向性交流传播成为可能。由于有虚拟IP的保护，只要掌握了登录密码等信息就可以在网络空间实施犯罪，且隐蔽性高，取证困难。目前许多网络诈骗和网上赌场就属于这种情况。

第三，严重的社会危害性。随着互联网+时代的到来，几乎所有的数据信息都经过网络来传播，无论是国家层面的文件流转，还是公司企业的行业信息交换，网络空间打破了传统的壁垒，将所有的关键数据信息数字化、网络化、实时化。一旦某些关键部门或重要企业遭到侵入和破坏，后果将不堪设想。

第四，不受时间和空间的限制。犯罪分子只要有计算机并联网便可实施网络犯罪活动，其危害范围甚至可以蔓延全球每个能联网的角落。所以，网络犯罪是一个全球性问题，某些跨国作案隐蔽性强、不易侦破，严重威胁着国家安全。但治理这一全球性问题仅靠一国的力量是不可能完成的，需要国家之间进行跨国合作加以打击。

（三）网络恐怖主义

网络恐怖主义其实也属于一种黑客行为，但对比传统意义上的黑客行为，它有着完全不同的目标，其破坏程度也不在同一层次。网络恐怖主义是恐怖主义向信息领域扩张的产物，是指非政府组织或个人出于某种政治或社会目的，有预谋地利用网络并以网络为攻击目标，以破坏目标所属国的政治稳定与经济安全，扰乱社会秩序，制造轰动效应为目的的恐怖活动。

在如今全球信息网络化不断发展的时代，网络恐怖主义因其破坏力惊人而成为世界

---

① 中国互联网新闻研究中心．美国全球监听行动记录［EB/OL］．http://news.xinhuanet.com/zgjx/2014-05/27/c_133363921.htm，2014-5-27.

的新威胁。犯罪分子利用网络的隐蔽性与便利性不断发展网络恐怖主义势力，并通过网络来实现管理、指挥和联络，为在现实空间进行的恐怖活动提供服务和支持。"网络恐怖活动的高智能化、高隐蔽性、不可控性、攻击手段成本低廉、易于操作等特点使它具有很大的威胁性和破坏性。"①随着 5G 等智能化、信息化技术的发展，未来网络恐怖主义对国家网络安全造成的伤害只会增加而不会减少，已成为各个国家所面临的新恐怖主义威胁。为此，防范网络恐怖主义已成为维护国家安全的重要课题。

（四）网络战

网络战，也是黑客行为的一种，并具有网络恐怖主义的部分特征，它主要是通过破坏计算机网络或系统，刺探企业、机构或者国家的机密信息，以达到某种目的，是国家与国家之间的传统战争在网络上的延伸。尤其是"国家参与的网络战对国家安全的威胁程度最高，主要涉及传统的军事安全领域，它既可以独立存在，也可以是当代战争中的一部分"②。网络战的主体一般是国家或者大型机构，其攻击目标可能是军事、工业和民用的网络设施，也可能只是一台网络服务器，但其目的都是通过攻击计算机网络来获取对方的机密信息，甚至可能会争夺对方的"制网权"。对比传统战争，网络战表现出新时代的信息革命特性，一旦关键的计算机网络系统被侵入或摧毁，整个国家的机密信息都会暴露给敌方，甚至联网使用的新型军事战斗工具也会受到敌方的恶意攻击和毁坏。斯诺登曝光的文件显示：美国正致力于发动网络战，除"五眼联盟"（即由美国、英国、澳大利亚、加拿大和新西兰的情报机构组成的联盟，主要用于五个国家内部实现情报互联互通，相互分享窃取来的商业数据）外，任何国家和个人都可能成为攻击对象。

"美国国家安全局的一份报告说，'下一次大规模冲突将发生在互联网'。基于此，美国正在推动网络设备大规模升级。"③网络战将在军事攻势中发挥巨大的辅助作用，毕竟多国都利用计算机系统来控制大规模杀伤性武器，相信未来的战争中决定战争胜负的主要因素一定会是基于计算机网络的网络战，战争的"主角"也会由炮弹和子弹转变为计算机网络的比特和字节。鉴于网络战的这些特点，有专家断言："谁控制了信息和网络，谁就能控制世界，谁就能赢得未来"④。各个国家也开始意识到，共同治理网络空间能够有效控制网络战爆发的频率，降低遭受网络攻击所带来的损失。

（五）2020 年网络安全事件回顾（国际篇）⑤

2020 年世界变局之大，百年未有：新冠肺炎疫情肆虐全球，"逆全球化"思潮蔓延，

---

① 陆忠伟．非传统安全论[M]．北京：时事出版社，2003：395．

② 李慎明，张宇燕．全球政治与安全报告（2013）[R]．北京：社会科学文献出版社，2012（168）．

③ 商婧．斯诺登：美国不满足于监听活动正准备网络战[EB/OL]．http：//news.xinhuanet.com/world/2015-01/21/c_127403957.htm，2015-01-21．

④ 张召忠．网络战争[M]．北京：解放军文艺出版社，2001．

⑤ 安数网络．2020 网络安全事件[EB/OL]．https：//netsecurity.51cto.com/art/202101/639460.htm，2021-01-06．

全球治理遭遇挑战，世界格局深刻调整，网络空间加速变革，信息安全首当其冲。

雅诗兰黛泄露 4.4 亿数据记录，官方声明未涵盖客户信息。1 月，安全研究员 Jeremiah Fowler 在网上发现了一个数据库，其中包含大量记录。这个在网上公开的数据库没有密码保护，总共包含 440，336，852 条记录，连接到总部位于纽约的化妆品巨头雅诗兰黛。公开的数据库记录不包含付款数据或敏感的员工信息，但泄露的其他数据则包括：①以纯文本格式存储的用户电子邮件，包括来自 @ estee. com 域的内部电子邮件地址；②内部大量 IT 日志，包括生产、审核、错误、内容管理系统和中间件报告；③参考报告和其他内部文件；④对公司内部使用的 IP 地址、端口、路径和存储的引用等。之后，该公司称这个系统不是面向客户的，也不包含客户数据，并立即关闭了对该数据库的访问通道。

126 万丹麦公民的纳税人识别号意外泄露。2 月，据外媒报道，丹麦税收网站泄露了超过 120 万丹麦纳税人的详细信息。据悉，黑客在用户更新账户详细信息时，通过恶意软件将 CPR 号码添加到 URL 中以收集用户信息。该错误已存在 5 年之久（2015 年 2 月 2 日至 2020 年 1 月 24 日）。丹麦政府有关部门在开展审计工作时发现了该软件错误以及后续的泄密事件。

Kr00k 的 WiFi 漏洞曝光，全球数十亿台设备受威胁。2 月，由赛普拉斯半导体（Cypress Semiconductor）和博通（Broadcom）制造的 WiFi 芯片存在严重安全漏洞，而这是拥有全球市场份额较高的两大品牌，从笔记本电脑到智能手机、从 AP 到物联网设备中都有广泛使用。其中亚马逊的 Echo 和 Kindle、苹果的 iPhone 和 iPad、谷歌的 Pixel、三星的 Galaxy 系列、树莓派、小米、华硕、华为等品牌产品中都有使用。保守估计全球有十亿台设备受到该漏洞影响。黑客利用该漏洞成功入侵之后，能够截取和分析设备发送的无线网络数据包，进而解密空中传输的敏感数据。

其他影响较大的网络安全事件还有：微软的 Win10 系统爆出史诗级漏洞，堪比永恒之蓝；涉案金额超 100 万美元，俄罗斯破获一起大型网络黑客案；万豪国际披露数据泄露，事件影响多达 520 万客人；以色列供水部门工控设施遭到网络攻击；50 亿美元，Facebook 认领天价罚单；StrandHogg 2.0 Android 漏洞影响超过 10 亿台设备；委内瑞拉国家电网干线遭攻击，全国大面积停电。

三、各国应对网络安全威胁的主要策略

网络与信息安全对于一个国家来说如此重要，同样地，网络安全威胁也存在各行各业中，只要使用计算机网络的机构都要关注网络安全维护和管理。在此，笔者简单地以几个代表国家为例，来谈一谈各国应对网络安全威胁的主要策略。

（一）美国

从第一台计算机诞生起，美国一直是世界上信息化程度最高的国家，对全球信息化进展起着领头羊的作用，因此无论是网络发展程度，还是应对网络信息安全风险方面的经验，都是值得各个国家学习和借鉴的。早在 1995 年，美国的国家安全战略就明确指

出，对于侵入军事系统和商业信息系统的网络攻击，会给国家安全造成重大威胁的，联邦政府将予以解决。2003年，美国政府率先出台有关网络安全战略的文件《网络空间安全国家战略》，首次将国家网络安全国家作为国家重视并执行的任务。随后，由奥巴马亲自作序的《网络空间国际战略》文件颁布，标志着网络安全战略正式上升到国家战略的高度。对于美国应对网络信息安全威胁的政策体系，可以概括为制网权战略、国家战略决策、顶层机构设计、国际合作以及国防军事五个层面。

（二）俄罗斯

早在2000年，俄罗斯就出台了信息网络安全战略《国家信息安全学说》，该文件明确提出了俄罗斯在信息领域防止侵犯的相关措施和战略。"根据这份文件，打击非法窃取信息资源，保护政府、金融、军事等机构的通信以及信息网络安全被列入俄罗斯国家利益的重要组成部分。"[1]《国家信息安全学说》表明俄罗斯已将信息安全提升到国家战略高度，为"构建未来国家信息政策大厦"奠定基础，并作为加强信息安全的重要举措，为该领域的国家政策的制定和专门立法活动提供纲领性指导。在接下来的几年，俄罗斯以宪法规定为立法依据，逐步出台了《俄罗斯联邦信息、信息化和信息保护法》《国家安全构想》《俄罗斯信息安全学说》《2020年前俄罗斯国家安全战略》等纲领性文件，作为信息安全立法的政策指导和理论依托，慢慢形成了较为完善的信息安全立法体系。这套体系强调网络信息是一种受法律保护的重要资源，明确指出信息安全保护将作为俄罗斯的国家战略。与美国一样，俄罗斯在军事方面于2013年启动俄军"网络空间司令部"组建计划，以确保武装力量的网络信息安全。此外，俄罗斯政府起草了一项法案，要建立一个高级军事研究机构，专门研究网络信息安全。

（三）日本

日本作为发达国家之一，其互联网发展较早。日本在2008年就成立了指挥—控制—通信和计算机系统司令部，负责发展国家的网络防御能力。该司令部的网络空间防卫部将把网络防御整合到日本自卫队的训练中，提供技术、培训以及对网络战的研究成果。在2011年，日本曾就网络安全问题和美国开展双边战略政策对话，互相学习和合作，共同增强自身的网络防御能力。此后，日本防卫省宣布于2014年3月前完成组建网络防御分队。7月，日本防卫省在《〈中期防卫计划大纲〉修改报告》中将"应对网络攻击"纳入自卫队的主要作战任务，并提出要"密切与美国友好国家的民间企业的合作，明确政府各部门的职责，形成军地一体，官民并举，合力应对网络攻击的总体格局"。

（四）英国

作为美国的同盟国之一，英国和美国一样，是拥有世界上最完善的网络安全措施的

---

[1]　李慎明，张宇燕. 全球政治与安全报告（2013）[R]. 北京：社会科学文献出版社，2012：173-174.

国家之一。在 2009 年英国就公布了《英国网络安全战略》，指出二十一世纪的国家安全取决于网络空间的安全，并且明确了四大战略目标，决定加强跨部门合作的制度化，深化政府与公共部门、企业以及国际伙伴的合作。此外，在组织结构上，英国政府设立了两个新的部门：负责协调政府和民间机构的计算机系统安全保护工作的网络安全行动中心，协调政府各部门网络安全的网络安全办公室。《英国网络安全战略》还要求国防部建立一个网络安全行动中心，隶属政府通讯总部，负责发展防御性和进攻性网络作战能力。随后，在 2011 年，英国政府公布了新的《国家网络安全战略》，在高度重视网络安全的基础上进一步提出了切实可行的计划和方案，以提升英国在网络空间内的行动能力。该战略的主要目标是打击网络犯罪，创造安全的商业环境，加强信息基础设施的弹性，确保公民拥有开放的、安全的网络空间，并建立合适的网络安全人才队伍。近几年来，英国一直努力通过双边和国际论坛，建立国际规范和发展信任建立（confidence-building）措施。此前，英国政府在 2015 年投资了 10 亿美元以提升网络安全，加强政府与私有部门的合作，共同创造安全的网络环境。英国还建立了一个学术机构，专门致力于研究网络安全，它得到英国政府通讯总部的支持，以增强对网络攻击的弹性，使政府得到更好的装备，保卫国家在网络空间中的利益。

（五）法国

法国在 2009 年成立了网络与信息安全局，专门用来负责网络防御，其任务包括检测和响应网络攻击，通过支持研究和开发并提供信息给政府和重要基础设施管理机构以抵御网络威胁。网络与信息安全局作为负责防务的国家秘书处的组成部分，在总理的指导下开展工作。同年，法国政府公布了一项网络防御战略，战略目标是在寻求信息系统安全和全球治理方面发挥一个大国的主导作用。法国不仅强调通过技术手段来强化网络信息安全，而且非常重视打击网络犯罪和建立网络防御体系，包括加强对网络攻击的监控和快速反应，提升网络技术能力和水平，及时掌握技术发展动态，确保政府和民用关键设施的安全。

（六）欧盟及其成员国

欧盟及其成员国十分重视网络信息安全问题，制定了一系列网络安全战略，成立了相关机构。欧盟在青少年网络安全教育方面起步早、经验多、成果显著。我国有不少学者在研究和学习欧盟及其成员国对于中小学校网络与信息安全管理方面的内容。其具体采取的措施有三点：一是将网络安全教育主题加入学校课程中，并且制订灵活的时间表；二是将与网络安全相关的问题融入教学内容中，具体包括个人隐私问题、网络行为安全问题、下载和版权问题以及如何安全使用手机等；三是由经过专门培训的教师负责校园网络安全，即明确规定负责校园网络安全的教师必须持有特定的教师资格证，并且经过专门的信息与通信技术知识的培训。

总之，在网络空间中，数据信息无时无刻不在传递着，网络与信息安全肯定会面临着黑客攻击、网络犯罪、网络恐怖主义和网络战等一系列威胁。当前的网络空间如同公海一样，没有统一的规章制度，只有各个国家各自为盟。国与国之间有时是相互合作关系，有时又会出现竞争和冲突。网络信息安全的威胁会更频繁地出现，各国纷纷出台了应对网络信息安全威胁的策略，以维护国家利益，增强国家实力，保障国家安全。这些策略势必会加剧全球网络空间内的竞争，并体现现实世界中的国家关系；反之，现实世界中的国家关系也影响着网络空间的形势。网络空间的安全困境不会一直恶化下去，国际社会将逐步寻求通过合作的办法治理网络空间，化解矛盾，管控分歧，在应对网络信息安全威胁上展开深层次的协作。

四、我国应对网络安全的挑战

当前，互联网在我国政治、经济、文化以及社会生活中发挥着越来越重要的作用。但同时也存在较多网络攻击和安全威胁，不仅损害广大网民利益，妨碍行业健康发展，甚至对社会经济和国家安全造成威胁和挑战。

(一)基础网络信息系统仍存在较多安全风险

根据调查数据显示，在 2013 年，国家信息安全漏洞共享平台(CNVD)向基础电信企业通报漏洞风险事件就有 518 起，相对于 2012 年足足增长了一倍。部分企业的接入层网络设备被攻击或控制，网络单元的稳定运行以及用户数据安全受到威胁，我国基础网络整体防御国家级有组织攻击风险的能力仍较为薄弱。

(二)网络设备后门、个人信息泄露等事件频繁出现

国家信息安全漏洞共享平台分析 D-LINK、Cisco、Linksys、Netgear、Tenda 等多家厂商的路由器产品后，发现存在后门，黑客可以很轻易地通过后门来直接控制路由器，进一步发起信息窃取、网络钓鱼等攻击，威胁数据存储安全。此外，各个网站"撞库"也是常见的网络与信息安全问题，12306 火车购票系统就曾出现因大量用户信息被撞库而惨遭泄露的网络事件。因此，黑客攻击不仅影响网络正常运行，甚至还会导致企业和个人的重要信息泄露。

(三)我国面临国家级的有组织攻击

近来，大量频发的境外地址攻击威胁着我国的网络信息安全。据国家互联网应急中心(CNCERT/CC)监测报告显示，大量来自境外地址的网站后门、网络钓鱼、木马和僵尸网络等正在攻击我国。在 2013 年斯诺登曝光的"棱镜计划"中就显示我国属于美国的重点监听和攻击目标，国家安全和互联网用户隐私安全面临严重威胁。

(四)我国在网络安全方面的相关法律规定

虽然我国近几年来在信息技术方面进步很快，屡屡在信息革命浪潮中取得可喜的成就，但我国现有的信息安全法律法规远远没有跟上技术的发展速度。目前为止，我国立法机关通过并制定了二十多个网络安全法律法规，来减少在虚拟网络环境中的犯罪

行为。

我国现行的信息网络法律体系框架分为四个层面：一是一般性法律规定，二是规范网络行为和惩罚网络犯罪的法律，三是直接针对计算机信息网络安全的特别规定，四是具体规范信息网络安全技术、信息网络安全管理等方面的规定。例如，《中华人民共和国网络安全法》由中华人民共和国第十二届全国人民代表大会常务委员会第二十四次会议于 2016 年 11 月 7 日通过，自 2017 年 6 月 1 日起施行。它聚焦于个人信息泄露，明确网络产品服务提供者、运营者的责任，严厉打击出售、贩卖个人信息的行为，对保护公众或个人信息安全将起到积极作用。

根据不同时期国内信息化进展和社会法治状况、国内外重大网络安全事件的影响，我国对网络与信息安全法律法规的认识和制定呈现出动态演进的特点，主要分为四个阶段①：2000 年之前是计算机安全立法阶段，2000 年至 2004 年是信息安全与互联网安全立法阶段，2005 至 2012 年是信息安全保障立法阶段。2013 年至今是网络安全立法阶段。

2013 年以来，国际网络安全形势风云突变，爆发了一系列具有重大影响力的事件，如 2013 年"棱镜门"事件，2014 年索尼影业数据大规模被黑，2016 年黑客攻击导致乌克兰断电等。2014 年，我国提出将"互联网+"行动计划作为一项国家战略，力图"推动移动互联网、云计算、大数据、物联网等与现代制造业结合，促进电子商务、工业互联网和互联网金融健康发展，引导互联网企业拓展国际市场"。然而，网络本身的脆弱性及由此可能带来的网络安全问题成为制约"互联网+"计划大力推行的瓶颈。党的十八大以来，以习近平同志为核心的党中央高度重视网络安全和信息化工作，由此我国开始全面实施网络强国战略。2014 年，中央网络安全和信息化领导小组成立，主要负责研究并制定网络安全和信息化发展战略、宏观规划和重大政策，推动国家网络安全和信息化法治建设，不断增强网络安全保障能力。2016 年 4 月 19 日，习近平主持召开网络安全与信息化工作座谈会，对当前面临的网络安全形势进行深刻总结："从世界范围看，网络安全威胁和风险日益突出，并日益向政治、经济、文化、社会、生态、国防等领域传导渗透。特别是国家关键信息基础设施面临较大风险隐患，网络安全防控能力薄弱，难以有效应对国家级、有组织的高强度网络攻击"，并提出要树立正确的网络安全观，加快构建关键信息基础设施安全保障体系，全天候全方位感知网络安全态势，增强网络安全防御能力和威慑能力。网络安全为人民，网络安全靠人民。维护网络安全是全社会的共同责任，需要政府、企业、社会组织、广大网民共同参与，共筑网络安全防线。

在此阶段，我国先后出台的《中华人民共和国国家安全法》《中华人民共和国反恐怖主义法》《中华人民共和国反间谍法》和《刑法（修正案九）》等基本法律都包含了与网络安全相关的条款。2017 年 6 月，我国第一部基本法意义上的网络安全立法《中华

---

① 王玥. 我国网络安全立法研究综述[J]. 信息安全研究，2016(9)：775-780.

人民共和国网络安全法》实施，标志着我国进入了网络安全基本法立法阶段。此外，还有《中华人民共和国刑法修正案（十一）》（自 2021 年 3 月 1 日起施行）、《中华人民共和国密码法》（2020 年 1 月 1 日起施行）、《网络安全审查办法》（2020 年 6 月 1 日起实施）、《信息安全技术—网络安全漏洞管理规范》（GB/T 30276—2020）、《网络产品安全漏洞管理规定》（2021 年 9 月 1 日起实施）、《网络安全等级保护基本要求》（2019 年 12 月 1 日实施）、《信息安全技术—网络安全等级保护测评要求》（2019 年 12 月 1 日实施）、《网络安全等级保护安全设计技术要求》（2019 年 12 月 1 日实施）、《中华人民共和国数据安全法》（2021 年 6 月 10 日通过，9 月 1 日起实施）、《中华人民共和国个人信息保护法》（2021 年 11 月 1 日起实施）。

（五）2020 年网络安全事件回顾（国内篇）①

现实与虚拟相互交织，发展与安全相辅相成，世界"大势"、网络空间"形势"和中国"优势"共同塑造 2020 年国际网络空间态势。

在中国境内发生疫情期间，境外多个国家和地区对中国发动网络攻击。越南"海莲花"黑客组织利用疫情话题攻击我国政府机构，印度"白象"黑客组织伪装成国家卫健委网站对我国发起攻击，台湾"绿斑"黑客团伙利用虚假"疫情统计表格"和"药方"窃取情报。

京东等多家网站由于中间人攻击无法正常访问，出现大面积网络劫持事件。此次攻击很有可能是基于 DNS 系统或运营商层面发起的，目前受影响的主要是部分地区用户，但涉及所有运营商，如中国移动、中国联通、中国电信以及教育网均可复现劫持问题，而国外网络访问这些站点并未出现异常情况。

黑客组织"APT32"向中国官员发出网络钓鱼电子邮件。此邮件将引导用户进入工作设备网页。用户如果点击了这个邮件，黑客就会得到反馈，并在用户的电脑上植入恶意软件，进而趁机复制储存在政府网络系统中的疫情数据。

其他影响较大的网络安全事件还有：微博疑似数据泄露，5.38 亿账号信息在暗网出售；厦门市出现多起针对外贸公司的"冒充电子邮件"诈骗；台湾发生重大个人数据泄露事件，84%的公民信息出现在暗网；郑州某民办高校近两万名学生信息遭泄露；宝塔面板曝出严重安全漏洞；福建福昕通知客户服务器遭到黑客入侵；蔓灵花 APT 组织利用病毒邮件对我国关键领域发动钓鱼邮件攻击。

希望我们能更重视网络安全，筑牢网络安全防火墙，提升网络安全防护能力，加强关键信息基础设施保护，使我国的互联网能更安全、更稳健地前行。

---

① 安数网络. 2020 网络安全事件［EB/OL］. https：//netsecurity.51cto.com/art/202101/639217. htm，2021-01-06.

第二节　中小学校网络与信息安全问题

一、国外中小学校网络和信息安全

　　前文中提到的网络安全问题不仅会出现在国家网络中，还会出现在校园中。由于在中小学校园中使用和管理网络的主体是人，其中教师和计算机管理人员都具备一定的信息素养，所以比较注重网络安全，不会随意登录钓鱼网站和让自己的电脑存在安全漏洞。但是在上信息课程或者使用计算机设备的主体是学生时，经常因为学生的不当操作而让黑客和网络攻击有了可乘之机。国外很早就意识到对青少年进行网络安全教育是保证中小学校网络和安全的非常重要的措施。

　　早在 2006 年，英国就将网络安全教育纳为学生的必修课程；2010 年美国联邦通信委员会就要求绝大多数美国中小学校开展网络安全教育；2013 年法国就曾推出"上网执照"，主要是通过课程等方式教学生应对网上陌生人的骚扰，并在 2014 年就覆盖全国中小学校。韩国则要求学生从小学二年级起就接受互联网安全教育。而日本专门制定了《网络安全普及与启蒙计划》，开发了一个专门面对学生的"网络安全"的网站，可以根据用户的年龄差异提供不同的网上自我保护信息。各国都从初等教育阶段就重视抓网络安全教育。

　　1980 年，经济合作与发展组织（The Organisation for Economic Co-operation and Development，OECD）发布了《关于保护隐私和个人数据国际流通的指南》，包含收集限制、目的规范、使用限制等 8 项隐私保护原则。2005 年，亚太经济合作组织（Asia-Pacific Economic Cooperation，APEC）发布了"隐私框架"，提出各国应遵循的数据隐私保护原则，降低企业应对隐私和个人数据保护的风险。这两者与欧盟发布的《通用数据保护条例》（General Data Protection Regulation，GDPR）均对机构收集和使用数据、个人提供和参与数据以及运行过程的安全性三个方面进行了规范（见表 1-1）。[①]

表 1-1　　　　　　　　　　　　不同组织定义的隐私原则

	OECD（1980 年）	APEC（2005 年）	EU：GDPR（2018 年）
机构收集和使用数据	收集限制	收集限制	数据最小化
	目的规范	选择	目的限制
	使用限制	个人信息的使用	存储限制

---

　　① 王明雯，李青，王海兰. 欧美学生数据隐私保护立法与实践［J］. 现代远程教育研究，2021（02）：53-62.

续表

	OECD(1980年)	APEC(2005年)	EU：GDPR(2018年)
个人提供和参与数据	数据质量	个人信息的完整性	诚信和保密
	开放	通知	—
	个人参与	访问和更正	准确性
运行过程的安全性	问责制	问责制	问责制
	安全保障	安全保障	—
	—	—	数据保护设计和默认
其他	—	预防伤害	合法，公正和透明

从中小学校开始抓计算机技能和相关的网络安全意识对于培养适应二十一世纪的新型信息人才具有非常重要的意义，因此，我国也在不断地落实相关培养学生信息素养的课程。

结合各国的研究成果并基于我国具体的网络与信息安全态势，总结出对我国青少年网络与信息安全教育的启示，有以下几点：

第一，智慧学习环境是指有智能教育设备支持的学习环境，能够支持学生实现个性化学习与差异化学习。现在随着互联网技术在学校中的应用，无论教师还是学生，在家里利用平板电脑或手机等硬件来连接网络进行学习时，都需要将网络与信息安全教育的主题融入学校课程中，并采用灵活的教学或学习方式。第二，对教师进行专门的培训，从师资入手，实现自上而下的渗透。第三，加强手机上网安全教育，严防出现网瘾和不良的上网习惯，因为青少年的三观和认知还未定型，容易受到网络中不当言论或思想的误导。最后，学校、社会和家庭应共同合作，逐步形成教育合力，从各方面帮助青少年学会合理利用网络。

菲律宾教育部与阶梯基金会共同制定了网络安全项目手册，从政府监管、家庭教育和学校教育三个方面提出了对菲律宾未成年人网络安全的具体保护措施。我们也可以从这几个方面着手来解决中小学校网络与信息安全管理中出现的问题，例如，教育部门铺设教育城域网的时候，有必要通过强有力的手段对网络与信息安全进行统一监管，将不良网站拒之于防火墙外，减少在校青少年对不良网络信息的接收，降低计算机感染病毒的风险。在学校里，网络信息技术课程要教授学生如何合理地使用网络，并明确说明如何正确、安全地使用网络信息。在家庭中，家长在进行有效家庭教育、尊重未成年人使用网络资源的权利的同时，应努力把唤醒未成年人的自我保护意识、挖掘他们自身发展的潜能作为家庭教育的重要内容。

此外，我们还可以借鉴英国的措施，针对中小学生的网络安全工作，英国除了由各地方的儿童安全保护局及其成员机构提供支持外，还会合理利用来自其他地区或机构的诸如安全问题举报、网络安全培训、用户特定安全问题回应等形式的保护与帮助，以及来自国际的支持资源如 Insafe 门户网站等。青少年安全网络使用已经成为社会关注的焦点①。

二、国内中小学校园网络和信息安全态势

随着信息社会的发展，越来越多的信息技术被用于中小学校的校园，其中，中小学校园网特指在中小学校园中，利用多媒体和计算机网络技术的支持来完成教学、管理等一系列操作的网络环境。在中小学校中建立校园网络主要是为了利用信息技术和网络技术来实现教育教学资源共享，将原本线下繁杂的备课、上课、教研、行政管理、文件流转、上下级部门沟通与处理等事宜借助网络实现"化繁为简"，由"线下转线上"，从真正意义上促进校园管理的高效运转——不仅在行政管理方面借助专业系统来更好地完成工作，在教育教学方面借助信息技术手段改进传统课堂的弊端，还能够有效地促进师生间的沟通和知识传递，进一步提高教师的教学水平，增强学生的学习和认知能力。

通常情况下，中小学校网络与信息安全主要指借助计算机软件和相关信息技术，发现并及时解决网络使用过程中存在的安全隐患，以保证中小学校园网络中数据信息的安全。因此，构建校园网络安全体系已成为中小学校教育信息化发展的重要内容。为了更好地促进校园网络与信息安全水平的提升，各中小学校纷纷采取相应措施，不断改进学校的信息化构建工作，但是目前中小学校园网的运行和管理中依旧存在以下几种常见问题：

(一)校园网络规划不到位

由于信息技术在不断更新，学校建立之初没有考虑到后期校园信息化程度的变化，所以在制订中小学校园网络的顶层设计时没有对信息系统，包括其层次、参与量、促进因素以及限制因素等进行统筹考虑，以致在后续校园网的扩展和使用过程中需要不断修改，甚至可能将整个校园网络推翻重建，造成人力、物力的极大浪费。由此类"先天不足"而引发的网络安全问题层出不穷，难以根治。

(二)缺少专职的技术人员

中小学校园网络的管理工作往往由信息技术教师担当，处理简单的信息业务没有问题，大多数中小学校的信息技术教师都毕业于计算机类的师范专业，对于信息技术类的教学技能较熟练，但可能未掌握专业的应对病毒和网络攻击的技能。一旦碰到计算机网络安全受到病毒威胁或网络防火墙受到恶意攻击等情况时，仍需要专业的技术人员根据病毒的产生环境、特征以及类别来判断病毒的种类，或对攻击的类别进行分析进而快速找出有效解决办法。一旦出现大型危害校园网络与信息安全事件时，往往因为中小学校缺乏专业的计算机技术人员来及时处理，从而影响校园网的正常、安全运行。

---

① 马元丽，费龙. 英国中小学生网络安全策略[J]. 外国教育研究，2009(9)：40-44.

（三）容易遭受病毒入侵和黑客攻击

病毒是一段计算机指令，该指令会影响计算机程序的正常运行，并且具有极强的可复制性和破坏力。一旦某一台计算机被病毒入侵，那么整个局域网内的所有电脑都可能受到该病毒的影响。黑客攻击是指黑客通过某种非法方式获得权限，对校园网内的电脑进行攻击。目前大多数的中小学校为了方便课堂教学，提高学校管理效率，已经建立了校园网，众多教学资源和重要数据都在校园网中流转，使得信息时时都有暴露的风险。由于前面所提到的，中小学校园网络没有专职的管理人员，所以很容易遭受病毒入侵和黑客攻击，尽管有些可能是校内好奇的学生无意中进行的攻击尝试。

（四）网络安全意识薄弱

中小学校的管理人员网络安全意识薄弱，往往会忽视校园网络安全隐患。对学校而言，管理者往往不能定期组织学校的相关信息技术人员进行网络安全知识培训；对在校使用校园网络的师生而言，没有主动学习相关网络安全知识，导致操作不当；对软硬件的维护和管理而言，没有切实有效的管理制度，没有落实系统和软件的更新和检查工作，等等，都容易使校园网出现网络与信息安全问题。

（五）校园网络硬件建设不合理

目前，连接互联网需要软硬件结合，网络硬件设备作为学校构建网络体系的物质基础，设备的质量和数量会直接影响校园网络体系的运行效果。但是很多中小学校往往习惯"一步到位"的建设原则，因此在建设网络体系时只考虑当前的实用性，没有从长远探求未来数字化校园的建设需求。校园网络建设工作必须充分结合当前中小学校的信息技术教育情况，了解学校信息技术教学对校园网络的要求，初步认识未来校园网络的发展趋势，从而构建适合未来数字化校园需求的校园网，才能够更好地发挥网络在教学、管理中的作用。要知道，在信息时代的驱动下，计算机网络设备会不断更新，如果只是盲目地追求现阶段的实用性，未来有新型设备或者更大的网络需求的时候将会不得不"推翻重来"而导致资源浪费，甚至带来网络与信息安全隐患。

（六）校园网络软件开发与建设不到位

要实现中小学校园网络管理除了相应的软硬件设备以外，还需要能执行相应线上功能的软件，如 Word、Powerpoint、Flash 等通用软件，以及能服务校园管理的软件，如钉钉。当前我国中小学校信息技术教育需求面广，软件建设工程量较大，技术含量高，单纯依靠学校自身的能力不能很好地达到预期效果，希望以后可以由上级教育部门统一牵头解决。例如，希沃白板、钉钉在线管理等就是非常好的软件，有助于中小学校做统一的规划管理。

三、中小学校数字(智慧)校园的网络与信息安全

(一)中小学校数字化校园中的网络与信息安全问题

随着计算机的发展与普及,"互联网+"时代的到来让中小学校的教学和日常管理都有计算机的参与,各学校纷纷架设自己的校园网,并基于校园网构建相应的网络应用系统,表明我国中小学校信息化建设高潮的到来。越来越多的中小学校提出了建设"数字化校园"的计划。二十一世纪的校园已经不是以前的由粉笔和黑板构成的传统课堂,电子白板等设备普及以及创客实践室、录播系统、WiFi全覆盖等技术和软硬件的支持,不少中小学校园开始实现教育信息化。在《教育信息化2.0行动计划》中就提出了数字化校园建设需要"覆盖全体学校"的发展目标,这意味着教育信息化不再是高等院校的专属福利,而是落实到全国的所有类型的学校,其中就包括了覆盖面最广的中小学校。互联网、人工智能、视频识别、大数据等新型信息技术在中小学校教育、治理工作中不断融入,对当前中小学校园网络实现教育信息化,实现数字化校园全覆盖是教育行业的一个新目标和新方向。

目前大部分的中小学校已经基本实现了数字化,尤其是在一二线城市中的绝大多数校园已经逐渐尝试由数字化校园迈向智慧校园。中小学校中的数字化校园网络系统可以说是一个共同的、公共的、共享的开放网络。在现代学校管理中充分利用了各种信息技术和通信技术来帮助校园实现数字化管理,尤其是通过利用无线传感器技术和无线网络宽带技术实现了随时随地办公,但是这样也容易暴露数字化校园的数据信息信号,如果没有妥当的网络安全管理,容易出现网络漏洞被黑客恶意攻击,对学校带来不可预测的损失。目前来看,全国中小学校的数字化校园建设进程已经过半了,并开始有了基本的标准和风控意识,但是我们发现在数字化建设中依旧存在着许多威胁和挑战。当前常见的数字化校园中的安全问题主要体现在以下两个方面:

第一,数字化校园建设中的信息安全威胁主体已经不是传统的黑客或者非法用户,而是在学校中对电脑使用不当导致产生网络安全漏洞的师生。尤其是学生在信息课或者教室里的多媒体电脑上登录钓鱼网站等行为导致数字化校园网络受到潜在危险。

第二,虽然外部的黑客攻击并不容易,但是数字化校园建设中信息安全的外部效应不可忽视。校园的各种相关信息在网络中流转,大到教育局公文的转达,小到学习资料的分享等,从学校的管理内部资料到师生的个人隐私数据都以数字化形式在网络空间中传递,如果一旦出现网络漏洞,不法分子可趁机攻击学校内部网络,甚至可能通过教育城域网危害其他学校和教育部门,所以必须要重视数据的保护工作。

(二)中小学校智慧校园中的网络与信息安全问题

智慧校园是近几年提出来的新概念,智慧校园是数字化校园的最新发展趋势,体现

了对数字化校园的更深层的思考和拓展。简单对比智慧校园和数字化校园，两者间的主要区别体现在应用接入系统的延伸、数字化程度以及数字化建设的多元性和资源共享性等方面。例如，智慧校园中的应用都接入统一的体系，应用与应用之间、应用与体系之间可以通过枢纽环境实现互联互通；而数字化校园中的应用还是基于各个校园，相对较为孤立，实现更大范围的互联互通较为不易。智慧校园中的要素和规则都实现了数字化——要素数字化更适应师生需求，规则数字化更严格规范，但数字化校园中的要素数字化更倾向于硬软件的普及，规则数字化更倾向于资源或工具自身的规范，很难在系统与系统之间的关系上发挥作用。智慧校园的建设主体较多元化，学校、区域、体系通过结构化的合理分工，共同建设信息化校园的趋势更加明显，而数字化校园的建设主体大多为学校，容易形成"建设孤岛"和"应用孤岛"。

智慧校园是指深度融合了大数据、云计算、物联网、人工智能等新型技术来实现校园信息化建设。在智慧校园中，各类校园业务在网络中产生了大量的信息数据，网络与信息安全问题就较之以前更值得人们重视。智慧校园的网络与信息安全事件大致可分为敏感信息泄露、电信诈骗、勒索病毒、网络黑客漏洞攻击、弱口令攻击、钓鱼网站或邮件、木马、网页篡改等类型。国家互联网应急中心发布的《2020 年中国互联网网络安全报告》显示，在 2020 年全年捕获的计算机恶意程序样本数量超过数千万个，日均传播次数达百万余次，涉及计算机恶意程序也多达几十万个。智慧校园也将可能成为网络与信息安全问题的重灾区。早在前几年就一直有媒体报道我国高校的网站存在严重的网络与信息安全问题，经常出现校园网络遭受恶意攻击的情况，导致大量学生及教职员工的信息泄露。

从近些年来智慧校园发展得比较好的高校来看，校园内网络与信息安全事件频发，多数是由于学校管理体制不够健全、信息化建设规划不合理、各级管理与应用人员安全素养不足等原因造成的。信息与安全工作的责任边界不清，导致信息安全工作落实不到具体责任人，甚至相互推诿，安全工作出现管理真空。此外，中小学校在建设智慧校园过程中，安全设备一般都是信息化项目建设完成并上线后才部署，软件系统的漏洞有时候是信息安全问题出现后才进行修补，用户密码没有对强弱规则进行规定与限制，信息数据也没有进行脱敏处理；而各级应用管理人员的安全意识淡薄、风险辨识能力不够、安全信息获取不及时，也是造成信息安全事件频发的主要原因[1]。

第三节 健全中小学校网络与信息安全管理制度

习总书记说过："没有网络安全就没有国家安全。"人们在网络上花费的时间和精力越来越多，网络构建了现代人的另一个精神宇宙。网络与信息安全在世界范围内越来越

---

[1] 金镆. 智慧校园网络信息安全问题与对策[J]. 电子技术与软件工程，2021（02）：255-256.

受重视，各国的网络与信息安全管理制度也日趋完善。我国的网络与信息安全法律法规经历了计算机安全立法、信息安全与互联网安全立法、信息安全保障立法到现在的网络安全立法阶段。《中华人民共和国网络安全法》和《国家网络空间安全战略》是我国现行的国家层面的网络与信息安全法。此外，还有《网络安全等级保护条例》《中华人民共和国密码法》等法律法规保护和约束着每一位网络用户的合法权益和上网行为。通过调查研究，笔者发现中小学校的网络与信息安全管理制度存在或多或少的缺陷或问题。本节分析了问题产生的原因并阐明了对策，然后用相关网络与信息安全管理制度案例为中小学校提供参考和借鉴。

一、中小学校网络与信息安全管理现状调查

青少年是受网络安全影响较大的群体，他们的世界观和人生观还未成形，网络心理不成熟，容易受到不良信息影响。目前已经有不少网络制度较健全的国家建立了网络内容分级制度，不仅为网络服务提供商提供了明确的自律指引，也为青少年的网络与信息安全设置了安全屏障。

美国的《儿童在线隐私保护法》旨在保护未成年人免遭互联网色情业的侵害，该法律要求商业网站运营者在允许互联网用户浏览对未成年人有害的内容之前，先使用电子年龄验证系统对互联网用户的年龄进行鉴别。[①] 德国于 2011 年 1 月 1 日起生效的《青少年媒体保护州际协议》最新版本重点推出了互联网内容分级制度。[②] 韩国的电影分级系统也是为了对未成年人网络和信息安全进行有效保护。

在教育领域，不论是高等院校还是中小学校，人口都比较密集，网络信息传输量大，信息安全问题一旦发生，受波及的人群非常多。目前中小学校存在一些常见的网络信息安全问题。第一，很多学校的网络为分期分批搭建，大多针对当下发现的网络安全问题，导致信息资产安全建设工作参差不齐，防护难度较大。第二，学校的网络安全管理人才匮乏，缺少可持续化的信息安全管理团队，网络安全管理工作经常出现"人走茶凉"的局面，只要技术骨干离开重要岗位，较难找到可接替的网络管理员。有的学校则通过招标将网络与信息管理托付给第三方专业公司，请专业的公司派技术员进行维护，但也存在一定的网络与信息安全风险。第三，校园网络的日常维护不规范，没有标准，发现问题才行动，如管理员密码过于简单，已公布的漏洞没有及时修复等。第四，中小学校的网络安全管理体系不健全，因为管理制度存在一定的缺失，领导不重视等原因，导致网络与信息安全管理人员边缘化，即使有管理制度也形同虚设。

作为粤港澳大湾区核心城市之一和中国特色社会主义先行示范区，深圳在网络与信

---

①　法制网. 美国立法保护儿童网络信息安全 [EB/OL]. http：//www. legaldaily. com. cn/international/content/2019-10/14/content_8016447. html，2019-10-14.

②　新华网. 国外如何保护青少年上网安全 [EB/OL]. http：//www. xinhuanet. com/world/2015-05/04/c_127762426. htm，2015-05-04.

息安全方面应当走在前列。笔者的工作地在深圳市宝安区，位于深圳西部，大湾区的核心地带。根据日常工作经验及与学校相关教师访谈交流的情况，笔者制订了调查问卷向深圳市宝安区的中小学教师发放，旨在收集足够的、真实的和有效的数据并应用社会学统计方法来分析深圳市宝安区中小学教师的网络与信息安全知识储备情况以及中小学校网络与信息安全现状，以期管中窥豹，为其他地区的中小学校网络与信息安全管理制度建设探路。

（一）中小学校网络与信息安全管理现状调查问卷

尊敬的老师：

您好！感谢您在百忙中抽出时间填写本问卷。本问卷旨在了解中小学教师的网络与信息安全知识的掌握情况，探究中小学校提升网络与信息安全管理的途径。问卷采取匿名形式，调查结果仅作学术研究使用。完成问卷大概需要五分钟时间，您的鼎力支持将对本研究的完成助益匪浅，谨此致谢。

一、您在学校的角色

1. 行政管理人员　　　　2. 信息技术教师　　　　3. 学科教师

二、您是否有了解关于学校的网络与信息安全制度

1. 了解　　　　　　　　2. 听过　　　　　　　　3. 不了解

三、您是否听说过或看过以下网络与信息安全相关的法律法规（多选）

1.《中华人民共和国网络安全法》

2.《国家网络空间安全战略》

3.《中华人民共和国个人信息保护法（送审稿）》

4.《网络安全等级保护条例》

5.《中华人民共和国密码法》

6.《关键基础设施安全保护条例（送审稿）》

7.《网络安全审查办法》

8.《网络安全漏洞管理规定（征求意见稿）》

9.《数据安全管理办法（征求意见稿）》

10. 都不了解

四、您的学校使用的计算机是什么系统

1. Windows xp　　　　　2. Windows vista　　　　3. Windows 7

4. Windows 8　　　　　 5. Windows 10　　　　　 6. Windows 2003

7. Windows 2008　　　　8. Mac OS　　　　　　　9. Linux

10. Unix　　　　　　　　11. 其他

五、您的学校是否出现过网络病毒或网络安全预警

1. 是　　　　　　　　　2. 否　　　　　　　　　3. 不知道

六、您知道以下哪些网络安全威胁

1. 病毒　　　　　　　　2. 蠕虫　　　　　　　　3. 木马

4. 黑客　　　　　　　　5. 网络钓鱼　　　　　　6. 分步式拒绝服务攻击

七、您的学校是否有网络防火墙

1. 是　　　　　　　　　2. 否　　　　　　　　　3. 不知道

八、您的学校的防火墙病毒库是否每年更新

1. 是　　　　　　　　　2. 否　　　　　　　　　3. 不知道

九、您的学校的网络安全服务是否外包给第三方专业公司

1. 是　　　　　　　　　2. 否　　　　　　　　　3. 不知道

十、您的学校中负责网络与信息安全的同事是否有网络安全工程师资质

1. 是　　　　　　　　　2. 否　　　　　　　　　3. 不知道

十一、您的学校中的全体教职员工是否接受过网络与信息安全知识培训

1. 是　　　　　　　　　2. 否　　　　　　　　　3. 不知道

十二、对于学校目前的网络与信息安全现状，您有什么建议或看法？

(二) 中小学校网络与信息安全管理现状调查问卷分析

《中小学校网络与信息安全管理现状调查》以电子问卷的形式面向深圳市宝安区全区中小学教师发放，发放问卷 240 份，回收 240 份，有效问卷 240 份，回收比率 100%，有效问卷率 100%。

此次问卷的调查对象超过三分之二是学校的信息技术教师，17.27%是学校行政管理人员，剩下约 16%为学科教师。行政管理人员和信息技术教师对学校的网络与信息安全管理现状应当是比较了解的，所以数据采集的效度有保证。数据显示，83%的老师了解学校的网络与信息安全制度，15%的老师听说过学校的网络与信息安全制度，只有2%的老师对学校的网络与信息安全制度不了解。

对于现行的与网络与信息安全相关的法律法规，《中华人民共和国网络安全法》《国家网络空间安全战略》《网络安全等级保护条例》《中华人民共和国个人信息保护法(送审稿)》《中华人民共和国密码法》《网络安全审查办法》等是比较广为人知的，有超过半数的教师都听说过或看过。其中《中华人民共和国网络安全法》在教师中间的熟知度最高，达到了 84.17%。这一数据从侧面反映出了《中华人民共和国网络安全法》的普法效果远高于其他同类法律。《关键基础设施安全保护条例(送审稿)》《网络安全漏洞管理规定(征求意见稿)》和《数据安全管理办法(征求意见稿)》在教师群体中的普及程度在 30%至 50%之间。此前，我们认为的中小学校的管理人员和网络用户缺乏网络安全防范意识，缺乏网络与信息安全法律常识等观念在调查数据面前都站不住脚。由此可见，近年来网络安全普法工作已有一定的成效。

中小学校目前使用的计算机系统还是以 Windows 系列为主，主流的是 Windows10，数据显示超过半数学校使用 Windows10。但仍有 40%的学校使用 Windows7，极个别学

校还在使用 WindowsXP/Windows8/Windows2008 等。本应随着技术发展而不断更新计算机系统，但因为硬件设备、经费不足等原因，许多学校还在使用老旧的计算机系统，在重要的节点没有部署安全设备。不同的系统都会存在或多或少的安全漏洞，所以需要及时更新，但实际使用过程中这类系统漏洞总是被忽视。而往往这些系统漏洞容易被不法分子或黑客利用，并对校园网络进行攻击，使得校园网络瘫痪甚至崩溃，严重时可能会造成用户信息泄露。

因为宝安区教育城域网中心有区校两级分布式部署的网络安全预警系统，当区安全审计平台发现有网络威胁时，会向教育城域网的各接入学校发送网络安全预警。调查显示，将近一半的学校出现过网络病毒或网络安全预警，还有少数老师对学校是否有出现过网络病毒或网络安全预警不知情。这一数据表明网络威胁的常见性和普遍性，也从另一个角度说明宝安区的区级网络防御工作取得了明显的效果。下图是其中某所学校疑似遭受网络攻击后，宝安区教育信息中心对该校发出的网络与信息安全问题整改通知书(见图1-1)。

深圳市宝安区教育信息中心

网络与信息安全问题整改通知书

（BAJYCYW – 2020 – 01 号）

XX 学校：

你 xx 学校{ip}疑似遭受攻击预警通知，具体情况详见附件。

为避免系统漏洞被不法分子利用造成严重危害，请你单位尽快进行整改，开展全面安全自查。并于接到通知后 5 个工作日内将整改报告（**按附件 1 格式填写详细，加盖单位公章**）以邮件的形式函告我中心，邮箱地址：bajycyw@baoan.gov.cn。

附件：1. 宝安区教育信息中心网络与信息安全预警处理
　　　　情况反馈表
　　　2. xx 学校 {ip} 疑似遭受攻击预警报告

宝安区教育信息中心

2020 年 9 月 10 日

图 1-1　对学校发出的网络与信息安全问题整改通知书

《瑞星2019年中国网络安全报告与趋势展望》显示，2019年瑞星"云安全"系统共截获病毒样本总量1.03亿个，病毒感染次数4.38亿次，病毒总体数量比2018年同期上涨32.69%。报告期内新增木马病毒6557万个，为第一大种类病毒，占总体数量的63.46%，排名第二的为蠕虫病毒，数量为1560万个，占总体数量的15.10%；灰色软件、后门、感染型病毒等分别占总体数量的6.98%、6.31%、5.21%，位列第三、第四和第五位，除此以外还有漏洞攻击和其他类型病毒。

中小学校园网络用户数量多，规模大，资源丰富，各种重要的信息平台多，用户访问接口多，但技术力量对比高校相对薄弱，是病毒的重要攻击对象之一。中小学校园网络安全问题主要表现为漏洞扫描、sql注入、病毒和木马、网站入侵、非法篡改、电脑中毒等，如计算机病毒会严重影响学校网络的正常、稳定运行，学校网站受到非法入侵导致主页被修改会严重影响学校的形象，等等。数据显示，教师对于网络安全威胁了解得很全面，统计数据都超过五分之四，其中病毒是最常见的，将近100%的教师都对网络病毒有了解。

得益于深圳市宝安区对学校网络安全的重视，政府大力投资，除个别民办学校还没有硬件网络防火墙外（对此类民办学校，区教育城域网中心统一提供了虚拟的防火墙服务），96%的学校设置了网络防火墙，并且每年更新病毒库的学校比例超过70%，反映了深圳市宝安区的学校对校园网络安全的重视度较高，投入力度较大。只有不到18%的学校将网络安全服务外包给第三方专业公司，绝大部分学校的网络安全服务还是依靠信息技术教师。大部分学校负责网络与信息安全的人员都持有网络安全工程师资质（得益于全区统一组织的NCNE和CISM，这两次全覆盖学校网络管理员的持证上岗培训，考证通过率超过97%，基本实现了教育城域网接入学校的网络管理员百分之百持证上岗），还有极个别新建学校中的相关人员没有相关资质。网络管理服务人员如缺乏网络安全资质，网络安全维护水平有限，就会导致对学校网络的日常使用和维护工作做得不到位，出现问题时不能及时做出专业的处理措施，进而增加了校园网络安全的风险系数。

中小学校的学生对于网络信息的辨别能力较弱，自我约束力和自我控制力也很薄弱，非常容易受到不良网络信息的侵害。学校应建立健全网络安全管理机制为学生营造良好的网络环境，还应加强相关工作人员的继续教育，使其具备较高的网络安全防范意识和能力，同时还要对网络设备进行定期维护，使校园网络能够处于良好、健康的工作状态，并对关键核心网络设备设置防火墙和网络行为安全审计。

值得欣喜的是，绝大部分学校对全体教职员工进行过或多或少的网络与信息安全知识培训，教师们对网络安全教育的学习需求和自我增强网络安全意识很强烈。很多教师反映要加强网络安全知识培训，还要制订周期性的培训计划。网络安全培训不仅要面向教师，还要面向在校学生和后勤职工——这是容易被忽视的在校网络用户群体。此外，硬件设施不完善，专业网络安全维护人员不足，没有专业技术人员或公司每月到校做网络与信息安全评估，缺乏行之有效的网络安全教育课程，区域网速有待提升等问题依旧存在。

　　有鉴于此,建立健全各项网络与信息安全管理制度显得尤为重要和迫切,做到有法可依,有章可循。要用制度来规范校园内网络系统的安全管理工作,保证校园网络系统的安全,进一步促使师生主动地维护校园的网络安全。

二、建立健全中小学校网络与信息安全管理制度

　　中小学校网络与信息安全管理制度按不同的维度有不同的分类方法,总的来说可分为:网络与信息安全总体管理制度、网络与信息安全管理机构制度(要包含组织及职责制度)、人员安全管理制度(如工作人员管理制度、第三方工作人员管理制度)、系统建设管理(如系统建设安全制度)、系统运维管理制度(如环境管理、资产和设备管理、介质管理、系统安全管理、恶意代码防范、密码管理、变更管理、备份与恢复管理、安全事件处置和应急预案管理),等等。

　　(一)网络与信息安全总体管理制度(供参考)

　　中小学校网络与信息安全总体管理制度要与国家、省、市级要求保持一致。在此以《宝安区教育系统网络与信息安全工作管理办法(试行)》和《宝安区教育业务应用类系统(网站)集约化建设及对外发布管理办法(试行)》为例。

宝安区教育系统网络与信息安全工作管理办法(试行)(2017修订)

第一章　总　则

　　第一条　为了推动我区教育系统网络与信息安全工作,切实提高全区教育系统网络与信息安全水平,根据《中华人民共和国网络安全法》、《全国政府网站普查测评标准》、省府办《关于推进基层政府网站集约化建设的通知》(粤办函〔2017〕156号)和《深圳市人民政府的通知》(深府办〔2013〕23号)要求,结合我区教育系统实际,修订《宝安区教育系统网络与信息安全工作管理办法》(以下简称"办法")。

第二章　工作目标

　　第二条　严格落实国家信息安全和省集约化建设的有关规定,明确各校(园)、局(督导室、教科院)科室责任,排查和整改网络与信息风险隐患,提升网络与信息安全突发事件应急处置能力,切实提高网络与信息安全保障能力。

第三章　工作任务

　　第三条　成立网络安全与信息化领导小组。为进一步加强我区教育系统网络与信息安全工作,成立宝安区教育局网络安全与信息化领导小组,详见《关于成立宝安区教育局网络安全与信息化领导小组的通知》(深宝教〔2017〕144号),负责统筹、指导和落实网络与信息安全各项工作任务。

　　第四条　网络与信息安全保障体系建设。进一步完善网络与信息安全管理,建立并

落实安全管理制度和责任追究制度,建设完善安全防护技术措施,加强系统安全监测和测评,查找系统安全隐患并及时整改,落实系统防攻击、防篡改、防挂马等关键技术防范措施。(牵头单位:教育信息中心;责任单位:各科室、各校〈园〉)

第五条 信息安全绩效考核。按照省、市、区网络与信息安全检查要求,结合我局安全现状,出台我局网络与信息安全工作考核方案,规范指引全局网络与信息安全工作,并将网络与信息安全纳入局(督导室、教科院)各科室长、各校(园)长的绩效考评中。(牵头单位:局办公室、人力资源科、安全科、法制科、教育信息中心;责任单位:各科室、各校〈园〉)

第六条 定期开展全局网络与信息安全检查。按照全区年度网络与信息安全检查要求,结合我局网络与信息安全现状,定期开展全局网络与信息安全检查工作。(牵头单位:局办公室、法制科、教育信息中心;责任单位:各科室、各校〈园〉)

第七条 信息安全制度落实。落实网络与信息安全员及其职责,教育信息中心根据我局实际情况制定相关管理制度,重点是教育政务类系统(网站)和教育业务类系统(网站)的集约化建设及对外发布的制度等。(牵头单位:局办公室、法制科、教育信息中心;责任单位:各科室、各校〈园〉)

第八条 信息安全管理责任落实

(一)对外系统(网站)集约化管理

1. 按照上级文件要求,各类对外系统(网站)原则上由区政府信息中心和区教育信息中心进行集约化建设和管理并统一对外发布,科室、各学校(园)不再自行新建独立对外发布的政务类和教育业务类系统(网站),已建成的原则上必须关停。(牵头单位:教育信息中心;责任单位:各科室、各校〈园〉)

2. 新建政务类系统(网站)须统一整合迁移至宝安教育云平台,向教育信息中心报备,再由教育信息中心统一向区委区府办政务公开科提出书面申请同意,并向区信息中心报备。科室/各校(园)新建设的政务类系统(网站),必须确保达到国务院办公厅网站普查的标准(国办发〔2015〕15号),通过上线安全检测,并签订网站运维责任书。(牵头单位:局办公室、法制〈政务〉科、教育信息中心;责任单位:各科室、各校〈园〉)

3. 新建教育业务类系统(网站)按照《宝安区教育业务应用类系统(网站)集约化建设及对外发布管理办法(试行)》实施。(牵头单位:局办公室、教育信息中心;责任单位:各科室、各校〈园〉)

(二)对外系统(网站)信息发布与维护管理

1. 对外系统(网站)信息发布管理。各相关单位要建立网站信息发布审核和保密审查机制,对发布的信息要进行严格审核把关。录入、审核、发布原则上不能为同一人,要定期检查网站链接的有效性,是否存在错链、断链,上网信息是否存在错别字、格式是否合规等情况,发现问题要及时查明原因,立即更正。确保上网信息准确、真实,不发生失泄密问题。对确实无力管好的网站或栏目、微信公众号或微博,要果断予以关闭。(牵头单位:局办公室、教育信息中心;责任单位:各科室、各校〈园〉)

2. 对外系统(网站)维护管理。各相关单位要建立值班读网制度,安排值班人员每日登录网站读网,检查网站运行和页面显示是否正常,特别要认真审看重要稿件和重要信息,及时发现和纠正错误。做好网站管理人员的信息录入和新入职人员业务培训工作,不断提高办网、管网能力。人员变更要做好工作交接和培训,并及时向教育信息中心报备。(牵头单位:局办公室、教育信息中心;责任单位:各科室、各校〈园〉)

3. 对外系统(网站)内容更新管理。各相关单位要严格按照上级有关文件规定的更新频率要求对网站内容进行更新维护,对于内容更新没有保障的栏目及时关闭,着力解决"不及时、不准确、不回应、不实用、不可用"等问题,原则上1个月未有更新的网站或栏目,教育信息中心将暂停站点对外发布,彻底消除"僵尸"、"睡眠"网站。(牵头单位:局办公室、教育信息中心;责任单位:各科室、各校〈园〉)

(三)对外系统(网站)网络与信息安全管理

1. 对外系统(网站)集中安全管理。对外发布的系统(网站),安全防护工作由区政府信息中心和区教育信息中心统一监管,教育信息中心承担集约化建设系统的网络安全防护责任,负责系统的监控、安全防护、等级保护定级与评测等工作;科室、学校(园)负责网站信息的上传、审核与发布,遵循"谁公开、谁审查、谁负责"的原则,承担网站及业务系统信息安全责任。(牵头单位:局办公室、教育信息中心;责任单位:各科室、各校〈园〉)

2. 网站ICP备案号安全管理。各科室、学校(园)对本部门或单位负责的网站和系统全面开展ICP备案清查,区教育信息中心原则上不接管有WWW顶级域名的站点,各科室、学校(园)对于以前申请却不再使用的WWW顶级域名,要立即对ICP备案号进行注销;未能及时注销,造成域名被抢注或URL被转向且被上级通报的,域名管理单位承担所有责任。(牵头单位:教育信息中心;责任单位:各科室、各校〈园〉)

(四)信息系统等级保护测评与备案管理。集约化建设后的各类网站、业务系统的等级保护测评、定级备案工作由教育信息中心统筹负责,各科室、各校(园)协助做好各自政务网站及业务信息系统等级保护测评、整改等相关工作,新建系统(网站)需在设计规划阶段开展定级备案工作,系统(网站)在验收前完成等级保护测评工作,测评且整改通过后才可正式上线运行。每年在规定时间内未完成定级备案的信息系统,一律关停。各科室、各校(园)对各自的信息系统应按照"谁主管谁负责,谁运行谁负责,谁使用谁负责"和属地管理原则,认真履行网络信息安全职责,严格落实领导责任制,确保完成本单位信息系统100%定级备案。(牵头单位:局办公室、教育信息中心;责任单位:各科室、各校〈园〉)

(五)加强互联网统一出口管理。接入区教育城域网的各校(园)原则上不再保留互联网出口,统一采用宝安教育城域网互联网出口。原已开通互联网出口链路的单位可以向教育信息中心提出书面申请,该链路仅作为应急备用链路,合同到期后停止使用。对既不书面说明理由,又不整改、关停或通过此链路私自发布系统(网站)使用的,必须承担由此产生的一切信息安全管理责任。新接入区教育城域网的单位,需配备硬件防火墙及上网行为审计设备，用户上网行为日志保存不少于 180 天，且行为审计日志必须实时传送至区教育城域网的管控中心端。网站和系统集约化管理后，业务系统(网站)域名采用区教育局 ICP/IP 正式备案的域名和 IP 地址，政务类系统(网站)提交区政府信息中心审核并采用区政府域名或 IP 地址，学校不得自行发布区政府/区教育城域网备案 IP 或备案域之外的网站和系统。(牵头单位：教育信息中心；责任单位：各科室、各校〈园〉)

(六)加强内部网络与终端的管理。各校(园)需要承担校园内网络与终端的网络安全与防护责任，教育信息中心承担教育城域网的骨干网以及区教育局内部网络与终端的网络安全与防护责任。教育信息中心、各校(园)应制定内部网络安全管理制度和操作规程，确定网络安全负责人，落实网络安全保护责任；学校(园)采取有效防控措施，落实上网实名制管理，对不提供真实身份信息者不得为其提供相关网络接入服务。加强网络行为监测，做好重要数据备份和加密，防止信息泄露、损毁、丢失；制定网络与信息安全事件应急预案，加强演练，及时处置系统漏洞、计算机病毒、网络攻击、网络侵入、个人信息泄露等安全风险。(牵头单位：局办公室、教育信息中心；责任单位：各科室、各校〈园〉)

(七)加强学校无线网管理。各校(园)需要承担校内无线网络与终端接入的网络安全与防护责任，教育信息中心承担区无线教育城域网的统一接入、统一认证、统一安全防护责任，以及区教育局内部无线网络与终端的网络安全与防护责任。区无线教育城域网采用统一安全、审计、策略和实名制管理，各学校自建部署 AP/AC，区里集中管理接入的模式，各学校(园)新采购无线 AP/AC 和 POE 交换机必须能与区集中认证平台、集中管理平台等兼容互通。学校无线校园网建设、日常管理及学校内师生无线设备的接入等工作由学校负责，按实名制管理的要求，须向区教育信息中心提出无线设备和用户的接入申请，禁止学校和个人私自搭建其他无线设备。(牵头单位：教育信息中心；责任单位：各科室、各校〈园〉)

(八)公文邮箱管理。根据上级文件的有关要求，各单位对外往来邮件、公文(函)或对外发布的站点、系统中所标注的邮箱，必须使用区政府的 baoan.gov.cn 公务邮箱，各单位工作人员不得使用商业邮件系统处理工作业务，网站系统发布的信息内不得包含任何商业邮箱。各单位向教育信息中心提交公务邮箱申请的资料，由教育信息中心统一向区政府信息中心申请开通。(牵头单位：局办公室(传播中心)、教育信息中心；责任单位：各科室、各校〈园〉)

(九)自媒体管理。各单位加强微信公众号、单位微博、单位企业 QQ 群、微网站、微应用等自媒体的发布与管理工作，落实单位自媒体的信息审核与管理人员，明确责任，加强管控，对于长期未更新的自媒体系统及主管单位因机构改革撤销或变更名称的，相关单位及科室部门要及时做好微博、微信号等自媒体的关停注销或名称变更工作。(牵头单位：局办公室、教育信息中心；责任单位：各科室、各校〈园〉)

第九条　应急响应机制建设

（一）应急预案修订和演练。加强网络与信息安全管理，制定网络与信息安全应急预案，每年对1个或以上重要系统组织演练（含数据备份恢复演练），并根据演练结果进一步修订完善预案。（牵头单位：教育信息中心；责任单位：各科室、各校〈园〉）

（二）应急资源保障。建立定期备份机制，对网站、信息系统源码和数据库文件进行备份；应建立符合实际所需的应急响应技术支援队伍，并参与年度的应急演练工作。（牵头单位：教育信息中心；责任单位：各科室、各校〈园〉）

第十条　信息技术产品和服务国产化。按上级有关文件要求应选用国产信息安全产品和服务。（牵头单位：财务管理中心、招标办、教育信息中心；责任单位：各科室、各校〈园〉）

第十一条　安全教育培训

（一）全员信息安全意识教育培训。积极参加全区信息安全意识教育培训，并自行组织开展本单位的信息安全意识教育培训工作。（牵头单位：教育发展事务中心、教育信息中心、安全科；责任单位：各科室、各校〈园〉）

（二）专业人员技术培训。制订本年度专业岗位技术人员的信息安全专业技能培训计划，纳入培训范围的信息安全专责人员应积极参与培训。（责任单位：教育信息中心）

第十二条　责任追究。建立健全网络与信息安全责任追究制度，对违反信息安全规定、造成信息安全责任过错的人员应按制度进行责任追究，触犯《中华人民共和国网络安全法》的，由执法部门依法处理。（牵头单位：纪检审计科；责任单位：各科室、各校〈园〉）

第十三条　安全隐患排查及整改

（一）开展信息安全风险自评估。各校（园）应聘请具备信息安全风险评估资质的机构，对本单位的信息系统开展信息安全风险评估工作。通过资产识别、脆弱性识别和风险识别等风险评估流程，识别出信息系统存在的安全隐患和风险，并及时对安全隐患和风险进行整改和修复，全面提升信息系统的安全防护水平，确保完成本单位信息系统100%风险评估。（牵头单位：教育信息中心；责任单位：各科室、各校〈园〉）

（二）漏洞扫描和渗透测试。委托专业机构，不定期对网站、应用系统、终端、服务器、网络设备及数据库进行漏洞扫描和渗透测试，检验安全防护能力。（责任单位：教育信息中心）

（三）整改督办。对于各科室/校（园）所存在的网络信息安全漏洞和安全隐患，进行督办，并按党政机关信息安全联合检查相关考核标准进行绩效考核。（责任单位：局办公室）

第十四条　信息安全检查工作。各科室、各学校（园）要对照以上要求认真做好信息安全检查工作，及时总结信息安全工作检查情况，反馈问题整改情况。（牵头单位：办公室、教育信息中心；责任单位：各科室、各校〈园〉）

第四章　组织保障

第十五条　各科室、各校(园)要将网络与信息安全工作列入重要议事日程,加强组织领导,明确责任,落实责任人员,保证信息安全工作的顺利开展。

第十六条　各科室、各校(园)要建立网络与信息安全联合工作责任制,明确责任人,责任人必须对检查结果负责,未能及时发现问题或及时整改导致安全事故或被通报批评的,要承担相应责任。

第五章　附　则

第十七条　本办法由宝安区教育局负责解释。

第十八条　本办法自发布之日起施行。

宝安区教育业务应用类系统(网站)集约化建设
及对外发布管理办法(试行)(2021 年修订)

第一章　总　则

第一条　根据《中华人民共和国网络安全法》、《全国政府网站普查评测标准》、《关于推进基层政府网站集约化建设的通知》(粤办[2017]156 号)和《深圳市人民政府办公厅〈关于印发深圳市电子政务安全管理试行办法〉的通知》(深府办[2013]23 号)等有关文件要求,为有效推动我局教育业务类应用系统(网站)集约化建设以及系统的对外发布工作,制定《宝安区教育业务类应用系统(网站)集约化建设及对外发布管理办法》(以下简称"办法")。

第二条　政务类系统(网站)的集约化建设和对外发布工作,严格参考《深圳市人民政府办公厅关于印发〈深圳市政府网站集约化建设方案〉的通知》(深府办函[2017]112 号)及《关于所有网站和对外服务系统迁移至区数据中心统一管理的紧急通知》等相关文件要求执行。

第二章　适用范围

第三条　需使用区教育城域网域名或 IP 在城域网内外网发布的教育业务应用系统(网站),按照此办法进行管理。

第四条　此办法包含区统区建系统(网站)、区统校建系统(网站)、局机关(含教科院、事业发展中心)各业务科室及学校自主建设系统(网站)。

第三章　集约化管理

第五条　凡纳入管理范畴的教育业务类系统(网站),需按流程申报进行集约化建设和管理,详见《宝安区教育业务类系统〈网站〉集约化建设申报流程》(附件 1),由业务主管部门(学校)负责提交申报。

第六条　纳入集约化管理的教育业务系统(网站),其网络(IP、域名)、数据与备份、安全与防护、软硬件支撑环境等方面原则上统一由区教育技术部(区教育城域网中心)进行集约化部署、建设和管理,业务系统负责部门不再另行采购和配置相关支撑软硬件设备。

第七条　集约化管理的教育业务系统(网站),其设计及招投标方案中,必须包含如下内容并提交区教育技术部确认:

(一)系统服务对象及范围。明确教育业务系统(网站)服务的群体及大致数量,明确群体范围,如群体是区教育城域网师生用户还是互联网公众用户。

(二)系统部署的硬件需求。明确教育业务系统(网站)部署所需的服务器(含 CPU、内存)、存储、负载均衡(硬件)、网络性能、容量、数量等关键指标参数。

(三)系统部署的软件需求。明确教育业务系统(网站)部署所需的系统软件、数据库软件、第三方中间件、补丁情况、LICENSE、负载均衡(软件)、备份软件、容灾软件、特殊插件版本信息及安装要求等。

(四)系统数据备份的需求。明确教育业务系统(网站)所需的数据备份周期、容量、策略、预增长量等。

(五)系统部署的环境需求。如果教育业务系统(网站)涉及有新硬件设备部署到区教育城域网中心机房的,需明确设备的弱电接口类型、设备功率、机柜 U 位容量、接地、承重等参数。

(六)系统部署的网络需求。明确教育业务系统(网站)开放对外服务所需的网络服务协议、TCP/UDP 服务端口或特殊访问需求等。

第四章　对外发布管理

第八条　对外发布的前提条件。教育业务系统(网站)对外发布包含城域网内发布(内网)和城域网外发布(外网,即互联网发布)两类。教育业务系统(网站)发布前需要系统提供商(或站点开发商)提前做好如下几项工作:

(一)前后台分离工作。教育业务系统(网站)在程序开发时,实行内外网分离发布,外网发布应实现系统前后台分离部署,前台采用标准的 HTML 展现架构,前台和后台的数据传输采用加密的方式,区教育城域网中心原则上只对教育业务系统(网站)的前台进行整合发布管理。

(二)统一认证整合工作。教育业务系统(网站)在区教育城域网数据中心部署时,须统一调用区教育云基础平台认证体系,完成与区云平台统一认证中心的接口开发、整合、调试工作,实现用户账号、登录入口的统一管理。

(三)统一平台发布工作。教育业务系统(网站)对外网发布须统一纳入区教育云平台的外网发布展现平台,实现统一的数据抽取、统一的脚本调用、统一的展现方式。

(四)安全扫描与整改工作。教育业务系统(网站)上线发布前,须完成系统的安全扫描及漏洞整改工作,并提交扫描和整改报告,确保系统不存在中、高危漏洞,如已上线系统(网站)有脚本或数据库版本更新的,需重新进行安全扫描工作。

(上述工作要求涉及整合和开发的工作量,在教育业务系统招投标文件中作出明确说明)

第九条　安全准入检查。符合内外网发布前提条件的教育业务系统(网站),由区教育技术部负责委托第三方安全检测机构，对系统进行安全准入检查，内容包括漏洞扫描、WEB系统本地文件检查、服务器系统安全检查、文件和目录测试、认证测试、权限测试、文件上传下载测试、信息泄漏测试、数据输入输出安全测试等。符合安全检测要求的教育业务系统（网站）方可准入并发布。准入后再有脚本或版本更新的，需对脚本或更新内容重新提交安全准入检查。

第十条 等级保护测评。根据《教育部关于加强教育行业网络与信息安全工作的指导意见》(教技〔2014〕4号)、《广东省教育厅关于印发<广东省教育行业信息系统安全等级保护工作方案>的通知》(粤教信息函〔2015〕12号)、《深圳市公安局关于印发<深圳市基础教育信息系统安全等级保护工作规范>的通知》(深教〔2016〕551号)和《深圳市基础教育信息系统安全等级保护工作方案》的要求，按照"谁主管谁负责、谁运维谁负责、谁使用谁负责"的原则，教育业务系统（网站）的业务主管部门统筹负责，区教育技术部协助，做好系统的等级保护测评、定级备案、整改等工作。

第十一条 内外网发布流程。教育业务系统（网站）在集约化管理的基础和前提下，参照《宝安区教育业务类系统（网站）内外网发布流程》(附件2)进行系统上线发布。

第五章 管理职责与分工

第十二条 业务系统（网站）主管部门（学校）职责：

(一)负责对系统的建设、使用、培训、信息发布审核及维护工作，是系统的主体责任部门。

(二)按教育业务系统（网站）信息安全防护的有关要求，全面落实系统集约化建设，制定系统信息发布审核制度，责任到人。

(三)建立应急响应机制，做好系统安全隐患排查，协助和配合上级安全检测部门对系统的安全测评及漏洞整改工作。

第十三条 区教育技术部职责：

(一)负责系统的集约化建设规划和部署，做好系统信息安全工作的技术支撑等相关工作。

(二)完善系统信息安全管理办法，落实关键技术防范措施，加强系统安全监测和测评，查找安全隐患，下发漏洞及安全隐患整改报告，跟进漏洞整改情况。

(三)负责系统对外发布的审核，协助和配合做好业务系统的上线发布及安全防护工作。

第六章 附 则

第十四条 本办法由宝安区教育局解释。

第十五条 本办法自发布之日起施行。

附件1：《宝安区教育业务类系统〈网站〉集约化建设申报流程》

附件2：《宝安区教育业务类系统（网站）内外网发布流程》

附件1　　　　　　宝安区教育业务类系统〈网站〉集约化建设申报流程

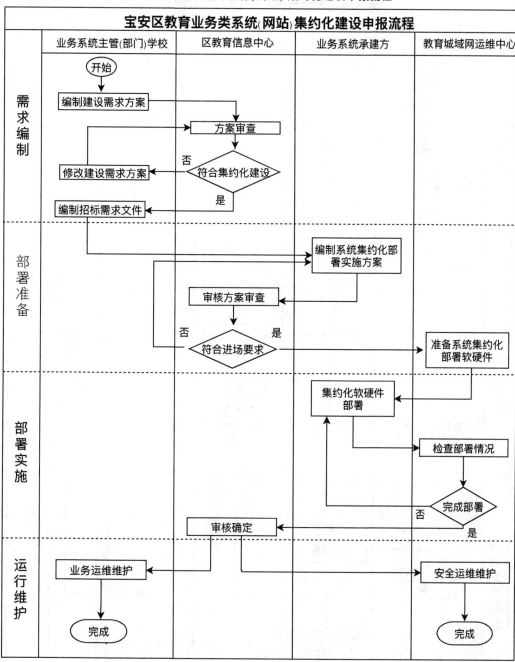

附件 2　　　　宝安区教育业务类系统（网站）内外网发布流程

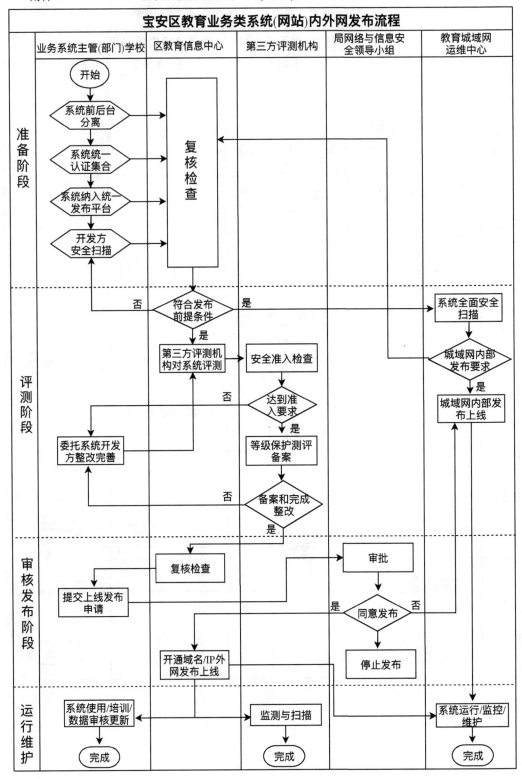

（二）网络与信息安全管理机构(供参考)

网络与信息安全管理机构通常也是学校的教育信息化工作领导小组，机构应设组长，副组长和组员。组长应由中小学校负责人担任，副组长应由中小学校分管网络与信息安全工作的中层以上领导担任，组员则由学校负责网络与信息安全工作的具体实施和操作人员组成。以深圳市宝安区教育局网络安全和信息化领导小组为例，由党委书记兼局长担任网络安全和信息化领导小组组长，副局长担任副组长，各部门、科室的主要负责人为组员。领导小组办公室设在区教育局办公室，由区教育局办公室主要负责人担任办公室主任，由信息中心主要负责人任办公室副主任。此外，领导机构的设立还须根据上级文件要求及时相应调整。参考如下：

宝安区教育局网络安全和信息化领导小组

根据《深圳市教育局关于成立网络安全和信息化领导小组的通知》(深教[2017]23号)文件精神，为贯彻落实国家、省、市、区网络安全和信息化战略部署，切实做好新时期我区教育系统网络安全和信息化工作，经研究，决定成立宝安区教育局网络安全和信息化领导小组：

一、领导小组组成人员

组　　长：×××(区教育局党委书记、区教育局局长)

副组长：×××(区教育局副局长)

成　　员：区教育局办公室(党委办)、人力资源科、基础教育科、职业成人教育科、纪检审计科、法制(政务)科、民办教育管理科、学前科、安全科、教师资格认定中心、教育工会、后勤服务中心、教育督导室、教科院、教育发展事务中心、教育规划建设办、财务管理中心、教育信息中心主要负责人。

领导小组办公室设在区教育信息中心，负责领导小组日常工作，主任由区教育信息中心主要负责人担任。

二、领导小组主要职责

宝安区教育局网络安全和信息化领导小组全面领导全区教育网络安全和信息化工作，主要职责如下：

（一）贯彻执行国家、省、市、区关于教育网络安全和信息化工作的方针政策，开展相关重大问题的调查研究。

（二）组织制定区教育局电子政务规划、年度计划，并组织实施和管理相关项目。

（三）协调实施全区教育系统校园网建设、应用和管理，以及教育信息资源配置工作。

（四）指导、检查、监督和评估各校(园)教育信息化建设、应用、发展与管理工作。

（五）负责组建宝安区教育信息化工作专家委员会，并负责委员会的日常组织、管理和服务工作。

（六）负责组织全区教育系统信息技术应用能力培训及其他教育信息化相关培训活动。

三、其他相关要求

（一）各学校要相应建立、健全校（园）级教育网络安全和信息化领导小组，全面负责组织本校（园）教育信息化工作，并设立领导小组办公室负责日常工作。

（二）撤销"宝安区教育局教育信息化领导小组"。

全区各级教育网络安全和信息化领导小组须加强联系、互相促进，共同推动我区教育信息化工作迈上新台阶。

深圳市宝安区教育局关于调整网络安全和信息化领导小组组成人员的通知

根据《深圳市教育局关于调整网络安全和信息化领导小组组成人员的通知)》，结合我局人员变动、局内机构调整情况和工作需要，经研究，决定对宝安区教育局网络安全和信息化领导小组组成人员进行调整。调整后的人员组成情况如下：

一、领导小组组成人员

组长：×××（区委教育工委书记，区教育局党组书记、局长）

副组长：×××（区教育局党组成员、副局长）

×××（区教育局党组成员、区委教育工委专职副书记）

×××（区教育局党组成员、副局长）

×××（区教育局党组成员、副局长）

成员：区教育局办公室、党工委办公室、人力资源科、基础教育科、民办教育管理科、法制科（政务服务科）、职业成人教育科、学前教育科、纪检审计科、学校安全管理科、督导科（区政府教育督导室）、后勤服务中心、教师资格认定中心、教育科学研究院、教育规划建设中心、教育发展事务中心、教师研修学院、教育财务管理中心、教育信息中心主要负责人。

领导小组下设办公室，办公室设在区教育局办公室，领导小组办公室主任由区教育局办公室主要负责人担任，领导小组办公室副主任由区教育信息中心主要负责人担任。

学校网络与信息安全管理机构的工作职责，主要依据上级网络与信息安全管理机构领导小组设立的有关要求外（上级有文件明确要求单位党政一把手单位组长），还应当包括：

1. 落实人员、建立组织、明确职责、构建学校信息化管理网络。

2. 制定各项学校信息化规章制度，规划学校教育信息化发展方向和网络与信息安全管理细则。

3. 审议学校教育信息化工作计划，明确网络与信息安全管理工作要求。

4. 评估学校网络与信息安全管理工作得失，采集意见，提出改进方案，规范学校网络与信息安全管理体制。

5. 监督学校网络与信息安全管理工作进程，及时调整工作计划，确保学校教育信息化健康发展。

6. 加强教育科研，积极推进网络与信息安全管理课题的研究等。

（三）人员安全管理制度（供参考）

该制度旨在规范学生在校使用计算机教室及上网行为，参考如下：

学生上机指引

1. 听从老师指引，安静有序进入计算机室，对号入座。
2. 请勿携带食物、饮料、工具等与上课无关的物品进入计算机室。
3. 遵守课堂规则，保持安静，有问题请举手。
4. 爱护电脑，保护设备，轻拿轻放，请勿损坏或乱涂污。
5. 不玩电脑游戏或进行与上课内容无关的操作。
6. 按时上下机，不迟到早退。上机期间，不得擅自离开机房；如需暂离机房，必须先向老师请假，获准后方可离开。
7. 未经许可不乱动其他设备（如总电源、电源插座、打印机、空调机等）。
8. 下课前，整理清洁电脑桌面，摆放好椅子、鞋套，有序排队离开。
9. 遵守网络道德规范和网络安全法规，健康文明上网。

（四）系统建设安全制度（供参考）

学校中运行的系统繁多，每新建一个系统时，都应当与负责建设的第三方签订相关的系统建设安全制度或系统建设信息安全保密协议，参考如下：

系统建设信息安全保密协议

甲方：　　　　　　　　　　地址：
联系人：　　　　　　　　　联系电话：　　　　　　　联系邮箱：
乙方：　　　　　　　　　　地址：
联系人：　　　　　　　　　联系电话：　　　　　　　联系邮箱：

根据国家有关信息安全及信息保密相关法律法规，本着平等、自愿、公平、诚信的原则，双方就该项目实施及后续合作过程中有关信息安全保密事项达成以下协议，并由双方共同遵守。

一、保密内容定义

在项目实施过程中，由乙方获取的所有与甲方有关保密资料和信息，一切权利归甲方所有。这些信息包括但不限于以下内容：

（一）技术秘密：甲方的安全设备部署结构及详细参数、业务平台架构方式、实际部署结构、系统开发文档、配置文档、系统管理手册、知识产权信息及产品专利等。

（二）管理秘密：甲方的信息化规划、内部管理规章制度及涉密文件、各类设备及系统的运维账号、密码等。

（三）业务秘密：项目方案、项目合同、办公、人事、辖区学校（中小学校、幼儿园、职业技术学校）师生个人信息等涉及甲方业务的各类数据资料。

（四）其他秘密：其他虽未列明，但与甲方业务有关且符合商业秘密法律构成要件的信息及信息载体也属于甲方的商业秘密。

二、保密义务

在上述保密内容定义范围内，乙方承担以下保密义务：

（一）乙方保证从甲方获取的保密信息仅用于与本项目合作有关的用途和目的。

（二）乙方保证对甲方提供的保密信息予以妥善保存，并采取与自身保密信息同等级别的措施和审慎程度进行保密。

（三）乙方不得刺探与本身业务无关的甲方保密信息。

（四）未经甲方授权，乙方不得向任何第三方传递或透露甲方的保密信息。

（五）乙方保证仅为执行项目的目的向乙方确有知悉必要的雇员、股东、董事、顾问和/或咨询人员披露保密信息，且对保密信息的披露及利用符合甲方的利益。在乙方上述人员知悉该保密信息前，应向其说明保密信息的保密性及其应承担的义务，对上述人员的保密行为进行有效的监督管理。乙方如发现保密信息泄露，应采取有效措施防止泄密进一步扩大，并及时告知甲方。

（六）上述限制条款不适应于以下情况：

1. 在依本协议披露之时，该保密信息已以合法方式属乙方所有或由乙方知悉。

2. 在依本协议披露之时，该保密信息已经公开或能从公开领域获得。

3. 保密信息是乙方从没有违反对甲方保密或不披露义务的人合法取得的。

4. 该保密信息是乙方或关联或附属公司独立开发，而且从未从甲方或其关联或附属公司披露或提供的信息中获益。

5. 经甲方书面同意对外披露，但仅限于甲方书面同意的范围、方式且遵循书面同意中规定的其他前提条件。

6. 乙方应法律、行政法规要求披露的信息。

（七）双方一致认同，对于本协议签订及履行过程中、项目的谈判及合作过程中所接触到的甲方关联公司的保密信息，乙方并应依据本协议约定履行保密义务、承担责任。

三、违约和赔偿

（一）乙方未履行或未完全履行本协议项下的条款均构成违约，乙方应在第一时间采取一切必要措施防止保密信息扩散，尽最大可能消除影响、减少损失，并及时通知甲方。

（二）乙方应承担因违反本协议造成的法律责任和对甲方造成的经济、名誉损失。甲方保留向乙方违约行为要求违约赔偿的权利。

四、法律适用和争议解决

（一）如甲乙方在本协议书的条款范围内发生纠纷尽量协商解决。

（二）甲乙双方在协议的履行过程中发生纠纷而自行协商不能解决的，须向甲方所在地人民法院提起诉讼。

（三）本协议书的订立、执行和解释及争议的解决均适合中华人民共和国法律。

五、协议生效以及其他

（一）本协议一式贰份，甲乙双方各执壹份。

（二）本协议双方代表签字，加盖双方公章或合同章即生效。

（三）本协议自生效之日起，有效期三年。

甲方（盖章）：　　　　　　　　乙方（盖章）：

（五）计算机室管理制度（供参考）

计算机教室是开展信息技术教育的重要场所，供师生教学、培训使用，必须严格要求，实施规范管理。

1. 加强对计算机教室的管理，学校安排专职管理员负责计算机教室的日常管理、使用、保养、维护和安全工作。

2. 做好计算机及辅助设备、软件及有关文件资料的登记造册工作。

3. 做好计算机教室的清洁卫生工作，保持室内整洁。

4. 做好设备日常维护保养工作、防尘、防潮、防高低温、防晒、防静电等措施。

5. 严控外来磁盘、光盘和优盘等存储介质的使用，定期进行计算机病毒检测和杀毒工作。

6. 建立计算机教室的日常工作日志，建立计算机室的使用、保养、故障维修等技术档案，做好数据备份和数据安全工作。

7. 做好机房消防安全工作，机房内严禁明火并合理配置消防器材，管理员应正确掌握消防器材的使用方法。

8. 下班离开教室时，管理员要负责关闭电源、锁好门窗。

9. 禁止对计算机教室机器的系统软件进行删改，未经许可不得随意安装应用或系统软件，禁止通过本教室的机器浏览和传播病毒、攻击性程序，以及含有不健康内容的文件或网页，遵守网络道德规范和网络安全法规。

（六）信息中心机房管理制度（供参考）

信息中心机房是学校信息系统运行的核心部位，必须规范管理、严格要求、确保安全。

1. 网络管理部门负责机房的日常管理。

2. 机房内严禁吸烟，严禁携带易燃、易爆、易腐蚀、强磁物品进入机房。

3. 做好机房防火、防水、防雷击、防盗等安全工作。

4. 保持机房整洁，不得在机房内从事与工作无关的活动。

5. 保持适宜的机房温度和湿度。

6. 机房设备应制作识别标签，定期维护与保养，保证良好的运行状态。

7. 做好核心设备应急措施，若因维修、调整、维护等原因停机，时间超过四小时，应在校园网发布公告。

8. 非本部门人员需经相关领导同意，并在本部门工作人员陪同下进入机房。

9. 机房需建立故障、维护、巡检的相关日志。

10. 严格执行重要设备的档案管理制度。

（七）学校台式电脑和移动网络终端设备使用管理责任书（供参考）

以深圳市宝安区红树林外国语小学为例。

为了进一步加强学校固定资产管理，确保固定资产的安全与完整，强化固定资产使用的责任意识，特制定固定资产责任书：

1. 台式电脑和移动网络终端设备领用人为固定资产管理的直接责任人，应爱护单位的固定资产，确保资产完好。

2. 台式电脑和移动网络终端设备领用人应充分发挥资产效用，不应使用学校台式电脑和移动网络终端设备发布危害国家安全的信息，遵守国家网络安全条例。

3. 台式电脑和移动网络终端设备属学校固定资产，用于学校的正常工作，不得外借给非本校人员。

4. 固定资产被人为造成损坏的，根据固定资产管理制度规定，需要维修、报废的，须按规定程序和权限报批，由固定资产领用人自行自费维修，确保台式电脑和移动网络终端设备恢复正常使用。因工作不负责任造成丢失的，由责任人全额赔偿。

5. 固定资产使用人应配合学校开展年终资产核查工作，固定资产标签贴如有遗失，请自行到固定资产管理员处补打标签贴。

6. 如遇离职，须按照学校人事管理制度和固定资产管理制度，确保设备完好并归还学校。

7. 此责任书从签订之日起生效。

固定资产使用人签字：　　　　　　　　　日期：

（八）学校网络与信息安全应急处置预案（供参考）

以深圳市宝安区红树林外国语小学为例。

《红树林外国语小学校园网络与信息安全应急处置预案》

一、总则

第一条　指导思想

减轻和消除网络与信息安全突发事件造成的危害和影响，维护学校的安全稳定。

第二条　适用范围

本预案根据《宝安区教育系统网络与信息安全工作管理办法（试行）（2017年修订）》编制，适用于我校自建自管的网络与信息系统，尤其是校园网主干设施和重要信息系统安全突发事件的应急处置。

第三条　处置原则

快速、有效。网络与信息安全事件应急处置，依照"统一领导，快速反应，密切配合，科学处置"的组织原则和"谁主管谁负责、谁运行谁负责、谁使用谁负责"的协调原则，充分发挥各方面力量，共同做好网络与信息安全事件的应急处置工作。

二、组织指挥和职责任务

第四条　组织指挥

由学校网络安全和信息化领导小组或授权的领导组织指挥。

第五条　职责任务

全校网络与信息安全事件应急处置工作由学校网络安全和信息化领导小组统一指导，由网络与信息化建设工作小组指挥和协调。各部门须坚决执行学校的决定，密切配合，履行职责。

三、处置措施和处置程序

第六条　发现情况

学校信息与创客中心(简称信息中心)要严格执行值班制度，做好校园网信息系统安全的日常巡查及每周访问记录的备份和180天访问日志保存工作，以保证及时发现并处置灾害及突发性事件。

第七条　预案启动

一旦灾害事件发生，立即启动应急预案，进入应急预案的处置程序。

第八条　应急处置方法

在灾害事件发生时，首先应区分灾害发生是否为自然灾害与人为破坏两种情况，根据这两种情况把应急处置方法分为两个流程。

流程一：当发生的灾害为自然灾害时，应根据当时的实际情况，在保障人身安全的前提下，首先保障数据的安全，然后是设备安全。具体方法包括：硬盘的拔出与保存，设备的断电与拆卸、搬迁等。

流程二：当人为或病毒破坏的灾害发生时，具体按以下顺序进行：判断破坏的来源与性质，断开影响安全与稳定的信息网络设备，断开与破坏来源的网络物理连接，跟踪并锁定破坏来源的IP或其他网络用户信息，修复被破坏的信息，恢复信息系统。按照灾害发生的性质分别采用以下方案：

1. 病毒传播：针对这种现象，要及时断开传播源，判断病毒的性质、采用的端口，然后关闭相应的端口，在网上公布病毒攻击信息以及防御方法。

2. 入侵：对于网络入侵，首先要判断入侵的来源，区分外网与内网。入侵来自外网的，阻断网络连接，进行现场保护，协助调查取证，定位入侵的IP地址，对相关事件进行跟踪，密切关注事件动向。入侵来自内网的，查清入侵来源，如IP地址、上网账号等信息，同时断开对应的交换机端口，然后针对入侵方法建设或更新入侵检测设备。有关违法事件移交公安机关处理。

3. 信息被篡改：对于这种情况，要求一经发现，第一时间断开相应的信息上网链接，并尽快恢复。

4. 网络故障：一旦发现，可根据相应工作流程尽快排除。

5. 其他没有列出的不确定因素造成的灾害，可根据总的安全原则，结合具体的情况，做出相应的处理。不能处理的可以请示相关的专业人员。

第九条　情况报告

灾害发生时，一方面按照应急处置方法进行处置，同时需要判定灾害的级别。出现灾害时，先断开外网连接，再通过消息平台将灾害信息第一时间发送至系统(网站)管理人员和部门负责人。信息中心参照《宝安区教育系统网络与信息安全工作管理办法(试行)(2017年修订)》对安全事件危害程度的定义，对于发生的Ⅳ级网络安全事件，向学校网络安全和信息化领导小组汇报，由网络安全和信息化领导小组决定是否启动该预案。对于发生的Ⅰ、Ⅱ、Ⅲ级网络安全事件，第一时间上报区教育局网络与信息安全应急指挥部，由区教育局网络与信息安全应急指挥部研判后，按规定程序上报区网安应急办。

一旦启动该预案，有关人员应及时到位，并按照《宝安区教育系统网络与信息安全工作管理办法(试行)(2017年修订)》的要求处理事件，10分钟内电话报告区教育局网络与信息安全应急指挥部，1小时内填写《宝安区教育系统网络安全突发事件情况报告》(见附件1)。灾害的发生单位，必须按照学校信息中心要求，在事件发生后24小时内完成事件书面报告和《宝安区教育系统网络安全事件总结调查报告》(见附件2)。在大型灾害发生时或上级领导通知的特殊时间内发生的灾害，需向上级主管部门汇报。

报告应包括以下内容：事件发生时间、地点、事件内容，涉及计算机的IP地址、管理人、操作系统、应用服务，损失，事件性质及发生原因，事件处理情况及采取的措施；事故报告人、报告时间等。

第十条　发布预警

灾害发生时，可根据灾害的危害程度适当地发布预警，特别是一些在其他地方已经出现，或在安全相关网站发布了预警而学校信息网络还没有出现相应的灾害，除了在技术上进行防范以外，还应当向网络信息用户发布预警，直至灾害警报解除。

第十一条　预案终止

灾害险情或灾情已消除，或者得到有效控制后，由学校网络安全和信息化领导小组宣布险情或灾情应急期结束，并以公告，同时预案终止。

四、保障措施

第十二条　队伍保障

学校专设网络技术安全岗、信息技术安全岗和信息内容安全岗，对学校各部门进行相关业务培训，提高网站及信息系统管理人员的安全意识。敏感时期，由信息中心安排24小时专人值班。学校各部门安排相关人员24小时监控其网站及信息系统的运行状况。

第十三条　技术保障

完善网络安全整体方案，加强技术管理，确保网络与信息系统的稳定安全。配备防火墙系统、网页内容过滤器、网络防病毒系统；网管人员可通过远程网管环境及时反应；已购网络安全产品厂家须提供稳定的技术支持；网页的互动栏目采用先审后发机制；信息系统项目立项时，在技术参数中应对信息系统安全级别有明确要求；网站及信息系统正式上线前严格测试，必须安装学校统一部署的服务器安全软件。对外服务系统须按区教育局要求，逐步统一迁移并托管到区教育城域网数据中心。

第十四条　资金保障

信息中心应根据校园网络与信息系统安全预防和应急处置工作的实际需要，申报网络与信息系统关键设备及软件的运维专项资金，提出本年度应急处置工作相关设备和工具所需经费，上报至财务处纳入年度预算，由学校给予资金保障。

第十五条　物质保障

关键岗位的工作人员配备移动电话，保证 24 小时开机。

第十六条　训练和演练

通过校内各种宣传形式对师生员工进行正面引导、宣传并落实学校关于网络安全的各项规章制度。在学校统一部署下，按规定召开季度及年度网络安全工作会议，开展安全事件演练，定期组织自查。

五、工作要求

第十七条　所有值班人员必须坚持在岗、保证通讯畅通、工作认真负责。

附件：

1. 教育系统网络安全事件情况报告
2. 教育系统网络安全事件总结调查报告
3. 红树林外国语小学网络和信息安全事件总结调查报告

附件 1　　　　**宝安区教育系统网络安全突发事件情况报告(1 小时内报送)**

报告时间：＿＿＿＿年＿＿月＿＿时＿＿分(注：单位名称处需加盖公章)			
报告单位		填报时间	年　月　日　时　分
事件名称			
事件初判类型	□有害程序事件　□网络攻击事件　□信息破坏事件 □信息内容安全事件　□设备设施故障　□灾害性事件 □其他信息安全事件		
事件级别	□ I 级　　　□ II 级　　　□ III 级　　　□ IV 级		
安全负责人意见(签字)		主要负责人意见(签字)	
信息系统的基本情况(如涉及请填写) 1. 系统名称： 2. 系统网址和 IP 地址： 3. 系统主管单位/部门： 4. 系统运维单位/部门： 5. 系统使用单位/部门： 6. 系统主要用途： 7. 是否定级 □是□否，所定级别：＿＿＿＿＿ 8. 是否备案 □是□否，备案号：＿＿＿＿＿ 9. 是否测评 □是□否 10. 是否整改 □是□否			

续表

事发单位及事发网络和信息系统功能描述：
事件最新概况，包括当前事态、已造成的影响(影响程度、影响人数、紧急程度、损失等)情况及发展趋势等：
应急处置进展情况，包括开展的应急处置行动、已经取得的成果、当前主要工作及政府部门开展的工作情况：
应急资源调配情况，包括人员调动、物资调配及资源需求等情况：
下一步应急工作部署，包括应急进展预估和应急处置计划(是否需要应急支援及支援事项和工作建议)等：

附件 2　宝安区教育系统网络安全事件总结调查报告(结束后 24 小时内报送)

报告时间：_____年___月___时___分(注：单位名称处需加盖公章)

报告单位		填报时间	年　月　日　时　分
事件名称			
事件初判类型	□有害程序事件　□网络攻击事件　□信息破坏事件 □信息内容安全事件　□设备设施故障　□灾害性事件 □其他信息安全事件		
事件级别	□Ⅰ级　　　□Ⅱ级　　　□Ⅲ级　　　□Ⅳ级		
安全负责人意见(签字)		主要负责人意见(签字)	

信息系统的基本情况(如涉及请填写)
1. 系统名称:
2. 系统网址和 IP 地址:
3. 系统主管单位/部门:
4. 系统运维单位/部门:
5. 系统使用单位/部门:
6. 系统主要用途:
7. 是否定级 □是□否, 所定级别: _____
8. 是否备案 □是□否, 备案号: _____
9. 是否测评 □是□否
10. 是否整改 □是□否
事件发生的最终判定原因:
事件的影响与恢复情况:
事件的安全整改措施:
存在问题及建议:

(九)学校网络与信息安全事件报告制度(供参考)

以深圳市宝安区红树林外国语小学为例。

为进一步规范校园网络与信息安全事件报告流程,根据《红树林外国语小学校园网络与信息安全应急处置预案》,特制定本制度。

一、报送范围

有关校园网网络与信息安全的所有事件,以及符合《红树林外国语小学校园网络与信息安全应急处置预案》定义的有关事件,如黑客攻击、校园网站被黑、出口路由被堵、大规模的病毒发作、网上的有害信息与黄色信息泛滥等。

二、报告流程

一旦发现校园网络与信息安全事件，立即按照《红树林外国语小学校园网络与信息安全应急处置预案》进行处置，并分析判定此事件的网络与信息安全事件级别，及时向上级报告。

对于大型级别网络与信息安全事件，或上级领导通知的特殊时间内发生的网络与信息安全事件，向学校网络安全与信息化领导小组汇报，同按要求及时向区教育信息中心报告，并及时报告处置工作进展情况，直至处置工作结束。

对于中、小型级别网络与信息安全事件，向学校网络安全与信息化领导小组办公室（挂靠信息化建管中心）汇报，并及时报告处置工作进展情况，直至处置工作结束。

三、报告内容

具体的情况报告内容应包括：事件发生的时间、地点，事件的网络与信息安全事件级别、可能或已造成的后果，应急处置的过程、结果，事件结束的时间等，同时做好事件处置分析报告，以后如何防范类似事件发生的建议与方案等。

（十）学校机房断电应急处理流程（供参考）

以深圳市宝安区红树林外国语小学为例。

机房断电时，机房门口的警报会一直响，直到来电时警报才会解除，这时需要将机房里的设备都关掉，避免突然来电造成设备短路而烧坏。机房里面的备用电源可以支持0.5—1小时，在此期间须按照以下步骤关掉相应的设备开关。

一、关闭主机电源前开关

打开机房门，第一个机柜就是主机，从下往上，将所有开关关掉，也就是往下拨（部分开关本来处于关掉状态，来电之后也不需要打开）。

二、关闭主机电源后边开关

关掉主机前面的开关之后，接下来就要关掉主机后边的开关，也就是进门第一个机柜后边的开关。

三、关闭机房电源总开关

最后，关掉墙上配电箱上的总开关。

注意：来电之后，需要将这些关掉的开关重新打开，打开的顺序与关掉的顺序相反，需要先打开铁盒上的总开关，然后打开主机，也就是第一个机柜后边的开关，最后将主机前面的小开关都打开。完成之后，门口的警报也会自动解除。所有操作完成后，注意再检查核心交换机有没有通电，确认通电了，核心交换机会重启，大约10分钟后，全校的网络才会恢复。

（十一）疫情期间在线教学网络安全须知（供参考）

以深圳市宝安区红树林外国语小学为例。

根据《深圳市教育局转发广东省教育厅关于做好2020年上半年重要时期网络安全保障工作的通知》《关于进一步加强宝安区中小学校在线教学网络安全保障工作的通知》要求，结合我校实际，为进一步加强我校在线教学网络安全保障工作，提出有关工作要求如下：

一、严格遵守并落实《中华人民共和国网络安全法》的要求

目前学校组织线上教育采用的教学平台已明确信息系统的主管单位、建设单位、使用单位和运维单位，逐个登记造册，建立工作台账；推荐使用的 APP 已经教育部或广东省教育厅审核备案。教学平台具备网络安全等级保护定级备案和测评通过的证明，具有完善的安全保护技术措施，保障学生信息和数据安全，防止泄露隐私。

二、建立线上课程审核机制

学校组织各科组对拟开展的线上课程进行全面审核，审核合格的课程才能上线服务；线上课程按照属地管理原则，谁开发、谁提供、谁负责，分级审核；加强教学资源的内容审查、学科知识性错误审查，教学内容在思想性、科学性和适宜性等方面要符合党的教育方针和立德树人要求，体现素质教育为导向。线上教学资源链接或资源须为正规渠道资源，教师在教学中引用的教学资源要明确注明出处、合法引用。

三、加强对教师线上教学的过程监管和自我约束

教师应严格遵守教学规范和流程，严格规范教学行为；树立正确的网络观、舆论观、信息观，做到谈吐文明、言行负责；谨慎甄别舆论信息，不散播、不传播谣言；注意言论健康，不在公共场合或网络上发表不当言论；做好在线教学期间的技术支持保障和网络安全监管，及时发现和处置各类网络安全事件和事故，并及时向学校报告。

第四节　中小学校网络与信息安全管理的建议

网络安全是指通过采取必要措施，有效防范网络恶意攻击和干扰或者数据泄露等，保证网络处于稳定且可靠的运行状态，保障网络空间中流转的数据具备完整性、保密性和可用性。当前的校园网络已经全面覆盖了学校各个部门和各项教育教学工作，涉及各教学参与者的相关信息。安全的网络环境是建设数字化校园和智慧校园的基础和重要保障，能促进学校合理且高效地实现数字化、信息化教育教学，合理地开展网络活动，保存重要的数据信息。

智慧校园是在数字化校园的基础上深度融合了大数据、云计算、物联网、人工智能等新型技术来实现校园信息化建设。在智慧校园中，各类校园业务在网络中产生了大量的信息数据，网络信息安全问题就较之数字化校园更为显著。因此，未来我国应致力于制定相应的管理规范以确保网络与信息隐私安全，始终将学生发展置于教育信息化进程的中心地位，通过构建系统协调的教育信息化体系为学生的发展服务。安全稳定的数字化校园和智慧校园都要逐渐从"硬件为核心"的单要素建设转向"以人的发展为核心"的能力体系建构，这也是我国教育信息化的核心追求，主要应从人、物、事三个方面来着手，也就是人员管理、软硬件的使用、建立对应的管理规章制度。

一、落实校园网络管理的规章制度

无规矩不成方圆，为确保校园网络的安全运行，首先要完善校园网络管理制度，因

地制宜地结合学校的自身发展情况来建立安全制度、信息管理制度、登记制度等,从而使校园网的功能得到最大限度的发挥,并且充分保证教师和学生的权益,同时要建立高效的网络管理队伍,定期组织网络管理技能培训并定期考核。其次,除了严格管理办公电脑,中小学校在开展信息技术课程,在电脑室进行联网学习时,也要谨防师生的不当操作对校园网络的破坏。因此,还应该对在校使用网络的学生进行网络规范相关的教育,为校园网的安全运行营造良好的环境。最后,在网络日志管理方面,网络管理队伍应当密切观察在校师生对网站的访问情况并做好记录,根据日志发现网络运行中的潜在问题,做出网络安全风险预警。当出现突发情况时,网络管理员也可以通过查询网络日志来分析并解决问题。

二、定期开展校园网络安全培训

前文说到,要从学校、教职工和学生三个方面来进行校园网络与信息安全知识培训。首先,在学校层面上,要重视学校网络与信息安全管理,定期开展各项网络与信息安全知识培训,可以邀请网络与信息安全方面的专家来学校对全体师生进行相应的指导,做好网络与信息安全教育工作,培养安全意识。其次,在教职工层面,要配合学校的工作,积极参与培训并掌握相应的网络管理技术,吸取其他学校网络与信息安全方面的成功经验。最后,对学生而言,应对学生开展网络与信息安全知识讲座和培训,培养学生的网络与信息安全意识,减少因为不良操作导致网络与信息安全隐患或问题,培养学生自主解决常见的网络问题的能力,为新时代发展培养全面型人才。通过在这三个层面落实网络与信息安全培训,有利于培养师生的网络与信息安全意识,有利于提高校园网运行的安全性,最大限度地降低校园网络与信息安全隐患。

三、提升中小学校师生的信息素养

网络的软硬件管理和使用都是以人为主体,在构建中小学校园网络体系的过程中,人才的重要性不容忽视。一直以来,我国的教育机构特别重视信息技术人才的培养,要求教师与学生不断提升自身的信息素养。教师只有掌握较高的信息意识与操作技能,才会有效地将信息技术与实际教学工作有机结合,更好地发挥信息技术的作用。因此,学校可以通过举办相关的信息培训活动,分析信息技术与教学课程的整合程度,并针对具体的教学问题,通过交流、专题讲座、专项辅导、鼓励应用等形式,有效地调动教师应用信息技术的兴趣,在实践中提升操作技能。此外,可以考虑在中小学校中增强校园网络管理与应用之间的联系,推行开放性管理方式,激发全体师生参与管理的热情,并传授日常维护与管理网络设备的技能,引导他们主动维护校园网络和网站,让广大教师与学生在接受信息技术教育的过程中高效地应用网络资源,切实发挥网络在教学中的作用。

四、合理利用网络安全技术

熟练使用常见的网络安全技术，才能更好地解决网络安全问题。当校园网构建后，多项服务将同时进行，难免会有漏洞出现。因此，应当定期使用漏洞扫描技术。当前的漏洞扫描技术已经比较成熟，能够检测系统及设备上出现的问题，并及时修复、升级系统，保证系统正常运行。

合理利用防火墙，能够从根源上阻止病毒侵入和黑客攻击。防火墙技术是目前公认的最有效的防范措施之一，它能够拦截一切非法数据，有效降低病毒的入侵概率。此外，防火墙严格记录用户访问网络的方式和接入点，一旦记录到非法入侵者，会立即报警并进行相应的防御。防火墙还能够保证相同网络段之间的有效沟通，以及不同网络段之间的隔离，从而实现网络段之间的独立性，避免因为一个网络段的问题影响到其他网络段的安全运行。

但是防火墙是一种被动检测技术，对黑客攻击以及病毒侵入只能被动防御，并不能够主动出击，此时可配合入侵检测技术一起使用。入侵检测技术是一种主动检测技术，能够主动检测系统中的异常行为并判断其为入侵者，然后进行控制。当防火墙未能及时发现异常行为时，入侵检测技术便会主动检测，并总结入侵规律，二者相辅相成，共同禁止非法入侵行为，保证网络的安全运行。

除此之外，还要对在网络空间中传输的信息进行保护和管理，常见的方法有信息加密、数据备份和还原以及数字认证。

信息加密技术是目前网络安全防范技术的关键所在，该技术通过特殊的文字、语言等符号对网络中传输的信息进行保护，确保信息的高效、安全传输。加密方法主要包括物理手段和数学手段。在信息加密传输过程中，当攻击者截取到一段信息，如未能破解信息的加密方法，就无法获取到真实内容，从而保证了信息的安全。

数据备份和还原技术是避免数据丢失的有效措施之一。当出现因操作不当而死机或者断电等突发状况时，该技术能够将系统中的数据转移到其他存储介质中，以保证数据的完整性，或让丢失的数据全部恢复。同时，该技术还能够在病毒侵入和黑客攻击的情况下，对系统内的所有数据进行保护，避免数据受到破坏，保障系统的安全运行。

数字认证技术能保证个人网络交易的安全。该技术主要通过加密解密、数字证书等方式保护个人信息的安全。有了数字认证技术，即使个人信息或密码等在传输过程中被恶意截取或攻击，仍能够保证个人信息的保密性以及资金账户的安全性。

五、重视培养人才，提高网络安全管理能力

国家应当更重视网络与信息安全领域的人才培养，鼓励各地政府和企业加大投入，培养专门从事网络信息与安全管理的人才，保障网络信息安全。学校或教育主管部门应对校园网络安全管理人员加大培训力度，保证其持证上岗，并于每学期内进行继续教育，不断更新网络与信息安全知识储备。加强网络与信息安全技术的后备人才培养是提

升中国网络与信息安全治理能力的有效保障，人才才是核心竞争力。除了培养网络与信息安全方面的人才，还应该加大宣传力度，全面提升全社会的网络信息安全素养和能力。

六、网络信息安全需要政企合作

网络与信息安全已经不能仅仅依靠政府，还需要政府部门和社会力量共同合作。在网络信息与安全管理领域要充分发挥社会组织和企业的作用，在以政府为主导的框架下，充分调动企业与社会组织对网络安全维护的积极性。各方平等参与，强化企业等非政府团体在网络安全治理中的作用；强化民主协商与共同治理原则，鼓励社会力量参与其中，各展所长。在实践中，中小学校的网络与信息安全管理人员通常身兼数职，有的还要处理日常教学任务、学校行政事务以及其他事务，可能疲于应付，分身乏术。对此可以有两个解决思路：第一，尽可能做到专人管理，并适当减轻网络与信息安全管理人员的其他工作量。第二，与专业的网络与信息安全公司签订保密合同后，让其委派技术人员到校驻点工作。

七、重视网络与信息安全领域的国际交流与合作

人类信息社会建立在国际互联基础之上，信息化也是全球化。全球一体化日趋成熟，互联网的出现是以信息资源的共享为基础的，人类在开放网络上自由获取信息的同时，也面临着更为复杂的安全问题，如泄密、窃密、黑客破坏、病毒、网络欺诈、网络走私、网络战争等。这些问题严重威胁着各国的信息安全，各国虽国情不同，但信息安全治理模式有可相互借鉴之处，网络信息安全也要通过不断加强国际交流与合作才能更好的实现。在当今全球化时代，只有积极地介入与国家信息安全相关的国际事务中去，尽可能参与国际新秩序的建立，才能更好地维护本国的利益和安全。中国作为网络大国，要维护自身网络安全，不仅要加强内功，还要积极开展国际合作，努力争取在网络技术开发、安全维护、制度创新等方面作出积极贡献，不断提高网络治理国际话语权。中小学校的网络与信息安全管理工作除了要引进来，更要走出去，不仅要定期将相关的网络与信息安全知识引进学校，对全体教职工进行网络安全培训，也要外派专门的网络与信息安全管理人员到优秀的学校、优秀的网络与信息安全企业、上级网络安全管理中心去参观、交流、学习，以期加强信息安全对话，推广网络空间国家主权理念，推动制定统一的网络空间规则体系以及全新的未来治理规则体系。

综上所述，随着校园信息化程度的不断加深，如何保障中小学校园网络与信息安全成为人们重点研究的内容。信息技术在中小学校教育教学的管理过程中，不仅有利于教学活动的展开，提高学生的学习效率，还有助于校园网规模的进一步扩大，进一步拓展校园信息化程度。我们应不断地改进网络管理措施，解决校园信息化进程中出现的问题，着力保障校园网络的硬件安全，并合理利用网络与信息安全技术，增强校园网络的管理力度，加强校园网络与信息安全培训。中小学校园网络与信息安全的管理需要学

校、教师、学生三方面共同努力。总之，构建中小学校园网络体系是一个长期性、系统性工程，要在充分了解学校信息技术教育现状的基础上，合理地进行校园网络体系构建，在加强学校内部硬、软件设施建设的同时，还须积极争取相关教育机构、IT 产业、社会力量等方面的支持与参与，共同促进中小学校园网络体系的不断完善。

第二章 中小学校网络与信息安全防护措施

随着我国教育信息化的不断发展，校园网络已经成为现代学校的重要组成部分。目前，国内绝大部分中小学校已经接入网络，利用先进的信息化手段管理校园，开展各项教学工作。然而，技术是一把双刃剑，教育信息化给校园管理、教师教学带来便利的同时，也增加了相应的风险，如校园网络被蓄意攻击、重要数据丢失、校园服务器或个人电脑遭受病毒攻击等。因此，做好中小学校园网络与信息安全防护至关重要。

中小学校园网络一般隶属于所在区域教育网络的分支，在中小学校接入外部网络之前，区域教育网本身已经进行了相关网络与信息安全防护设置，为保护当地教育系统的网络与信息安全打下基础。因此，中小学校园网络与信息安全防护相对来说变得容易。当前，中小学校越来越注重利用信息化手段开展教学和课堂管理工作，但是因为一些不规范的操作，或校园用户网络安全意识较弱，极有可能影响校园网络与信息安全。

基于以上内容，本章首先阐述了当下中小学校园网络与信息安全主要面临的安全问题，然后从校园硬件防护与软件防护两方面，谈一谈中小学校在管理网络与信息安全方面常用的安全防护措施。

第一节 中小学校网络与信息安全面临的威胁

一、病毒攻击

互联网极大地改变了人们的生活和办公方式。网络技术是一把双刃剑，它能否在中小学校得到恰当应用，关键在于使用网络的人。随着教育信息化的普及，校园内部的工作者对互联网的依赖程度越来越大，难以想象，如今的学校如若没有互联网，教学工作应该如何开展？互联网在给校园带来极大便利的同时，也给那些试图通过互联网谋取不正当利益的个人或组织开辟了一条捷径，校园不再是一片独善其身的净土，校园网络安全事件频频爆发，对教师、学生甚至家长都构成了极大的威胁。网络安全事件是指针对网络或计算机发起的、能够对网络中的数据或系统的完整性、保密性和可用性造成损害的攻击事件。[①] 校园网络安全事件则主要发生在校园内部，中小学校园网络相比高校校园网规模较小，但是仍存在校园网络安全隐患。

---

① 张旭龙.计算机病毒传播与控制研究[D].重庆：重庆大学，2017.

计算机病毒攻击是校园网络中日常发生最频繁的网络安全事件。计算机病毒（简称病毒）是指编制或者在计算机程序中插入的破坏计算机功能或者毁坏数据从而影响计算机使用，并能自我复制的一组计算机指令或者程序代码。计算机病毒主要可以分为引导区型病毒、文件型病毒、混合型病毒、宏病毒等。计算机病毒主要具有以下几个特征：

第一，计算机病毒具有寄生性和传染性。传染性是计算机病毒最明显的特征，如同生物病毒的繁殖，病毒程序运行时能快速地进行自我复制。计算机病毒具有很强的自我复制能力，可以寄存在宿主文件并迅速传播。在校园网络环境中，教师通常会通过外部硬件存储介质拷贝文件，但是移动硬盘、U盘、光盘等移动存储介质容易携带病毒，在教师利用这些设备移动文件的过程中，病毒就可能会悄无声息地在校园内传播。当前，随着病毒本身不断进化，病毒种类和传播方式变得更多样化，有的病毒甚至可以跨平台传播。一旦教师或者其他校园内部工作人员的个人电脑染上病毒，尤其是教室内部以及机房电脑感染计算机病毒，如果没有及时解决，极有可能带来较严重的校园网络安全问题。

第二，计算机病毒具有隐蔽性和潜伏性。计算机病毒具有很强的隐蔽性，有的病毒可以在宿主文件中潜伏较长时间，为了不被发现，还会伪装成类似普通程序的文件格式。计算机病毒善于潜伏，有的病毒在感染了某个宿主机后，不会马上显现，而是长期驻留在该宿主机中。计算机病毒的潜伏性越好，就可以在宿主机中停留越久，感染的文件就越多，爆发时造成的破坏就越大。病毒潜伏的时间长短不一，一些病毒需要特定的触发条件。中小学教师和学生对于计算机病毒的防范意识相对较弱，很多教师不懂得如何识别计算机病毒，导致计算机病毒传播成为中小学校园网络中最常见的安全问题。

第三，计算机病毒具有破坏性。计算机病毒本身具有极强的破坏性，一旦爆发极有可能损坏、删除、窜改电脑或存储介质中的文件，甚至会导致计算机瘫痪，或者硬件被损坏，给教学工作带来了很多困扰。

第四，计算机病毒具有可执行性与可触发性。计算机病毒从本质上来说也是一段计算机程序，但其目的在于破坏计算机的正常工作，病毒只有在被感染的宿主程序开始运行之后才能进行破坏。病毒具有多种预定的触发条件，如日期、文件类型、主板型号等。当病毒运行时，触发机制会检测是否满足触发条件，如果满足条件，病毒就会感染其他文件或攻击系统；如果不满足，病毒就会继续潜伏。

第六，计算机病毒具有多变性。计算机病毒与生物病毒类似，在传播过程中会不断发生变异、变种，增强自身的隐蔽性和攻击性。随着反病毒技术的不断进步，360杀毒软件、金山毒霸、卡巴斯基等杀毒软件应运而生，这些软件会把常见病毒纳入病毒库中，当电脑上出现与病毒库中相似的病毒时，杀毒软件可以将病毒及时隔离并清除。但是有些病毒为了躲避杀毒软件，会不断升级改造，最终形成新病毒，难以被杀毒软件及时发现。

由此可见，反病毒软件不是万能的，不可能查杀所有病毒，当一种新型的、结构复杂的病毒出现时，也许要耗费很长的时间才能将其消灭。因此，仅仅依靠反病毒软件是远远不够的。校园网络用户在使用学校网络设备过程中，要注意以下几点：一是安装杀

51

毒软件，当前国内外市场上有很多有效的杀毒软件，校园内部个人电脑只需要选择一款软件安装即可。二是更新系统补丁，及时修复系统漏洞。一般木马都是通过系统漏洞上传木马文件和执行代码，更新系统补丁可以帮助电脑及时修复漏洞，阻止病毒入侵。三是不点击来历不明的消息或者邮件，不使用来历不明的 U 盘等外部存储器。当前很多木马病毒都是通过邮件或者移动存储介质来传播，但用户收到来历不明的邮件时或者发现 U 盘等存储介质内部有病毒时，不要随意打开，应尽快删除。四是不下载不明软件，应去官网下载软件，而且在安装软件前用杀毒软件检测是否携带病毒，确认没有病毒后再进行安装；五是及时备份资料，避免资料丢失。

二、恶意软件

恶意软件通常也被称作"流氓软件"，它不同于传统意义上的商业软件。恶意软件不仅仅在运行时会给计算机带来威胁，而且在后台运行时常偷偷窃取用户信息、盗取流量、打开(或者安装)一些非法的网站或软件等，与合法的商业软件具有本质的区别。总体来说，恶意软件对用户的信息安全、电脑系统乃至整个互联网系统都有着十分重大的威胁。[1]

第一，恶意软件会强行安装并有可能在后台强行运行，且很难卸载。恶意软件通常在不经过用户认可的情况下，就偷偷安装、运行或者强制安装，不仅严重影响用户电脑的流畅度，甚至还会暴露用户的基本信息。此外，恶意软件一般会在后台偷偷运行，用户不易察觉，通常不会提供相应的卸载工具，给用户带来极大的困扰，严重影响用户日常的工作。

第二，强制修改主页，或者强制推广广告。一旦恶意软件在电脑上运行，当用户打开某些浏览器时，恶意软件会窜改用户网站主页，容易跳出各类广告网页或者色情网站等。某些恶意软件会携带大量广告，会不定时地在用户桌面弹出一些不良或非法的广告弹窗。此外，有些恶意软件与正常软件捆绑安装，用户如果不注意，很容易在不知情中安装了恶意软件。

第三，恶意软件对用户信息造成极大威胁。当前网络诈骗猖獗，用户信息泄露严重，恶意软件便是始作俑者。非法的恶意软件不仅会影响用户体验，同时也会悄无声息地盗取用户信息，强制浏览电脑上的文件信息，造成个人信息泄露，尤其是个人的网上银行、支付宝、微信等账户信息和密码一旦泄露，将给用户带来财产损失。

一般造成电脑出现恶意软件的人为原因主要如下：

一是不良上网习惯导致恶意软件有机可乘。用户防护意识较差，在不正规网页或网站下载隐藏恶意软件的破解软件。在安装破解软件过程中，不注意阅读安装提示，以致捆绑的恶意软件被安装。用户没有安装杀毒软件，可能导致恶意软件偷偷安装而毫不知情。

二是有些恶意软件是通过网络病毒式的植入式安装。例如，利用电子邮件、QQ 消

---

① 张娟. 浅谈电脑恶意软件快速检测方法[J]. 信息系统工程，2018(10)：82.

息等方式植入木马病毒，强制性安装各种恶意软件。因此，用户在查看邮件、QQ 消息等过程中，要提高警惕，不要接收来历不明的文件或点击不知底细的链接。

三是无良商家导致网络竞争的无序，为了达到商业目的，恶意软件"化名"或假扮成正规软件，诱导用户安装，恶意推广，严重扰乱了正常的网络环境。

三、系统安全

目前市场上个人电脑主要使用 MAC 系统和 Windows 系统两种系统，国内中小学校园大多使用 Windows 系统。随着硬件和软件的不断进步，Windows 系统更新迭代速度也很快，当前 Windows10 系统已经开始广泛被应用，但是有的中小学校由于硬件限制，依然采用相对老旧的系统，难免会造成安全问题。因此，在硬件条件允许的情况下，学校应该定期更新或者定期维护电脑系统，以保障其安全。

四、密码安全

远程控制有利于用户随时随地控制个人电脑，处理相关事务。同样，校园电脑也可以进行远程控制，但是被远程控制的电脑必须设置安全的账号、密码，避免被恶意侵入，造成数据泄露。

五、共享安全

随着校园信息化的不断普及，教师几乎每节课都要用到数字化教学资源，为了方便教师的文件存储、携带、拷贝，通常学校会采用共享服务器的方式，以便教师在教室里的电脑上就可以打开个人课件。这种共享的方式虽有利于教师开展教学，但也增加了信息泄露的风险，因此，在资源共享方面，尽量要采用校内局域网，避免与外界网络有过多接触，从而保证共享安全。

第二节　中小学校网络与信息安全的硬件防护

通常情况下，接入网络的中小学校园内都会建设网络管理中心。校园网络管理中心是校内网与 Internet 或教育城域网连接的枢纽。为保障学校网络与信息安全，通常会在网络管理中心安装防火墙设备、监测设备、服务器设备等，为校园网搭建防护墙。

一、防火墙

中小学校园网就是利用不同性能的网络设备将各种应用的信息资源连接起来，最终形成中小学校园内部局域网，对外通过路由器接入广域网，实现内部信息资源共享，促进管理系统的信息化、自动化、人性化(见图 2-1)。[①] 校园网络是通过路由器与 Internet 相连接的，路由器又称为边界路由器，为了保护校园网不被外界攻击，防火墙必须安装在边界路由器上，达到控制一点即可保护全网的目的。[②] 防火墙技术是指通过应用各种安全管理和筛选的软硬件设备，帮助计算机网络在内网与外网之间形成一道相对隔绝的保护屏障，从而实现用户的资料与信息安全的技术。[③] 防火墙部署在校园网络出口处，内外网之间的信息传递都会经过防火墙，没有安全威胁的信息会通过防火墙进入校园网内，存在安全威胁的信息便被阻止在防火墙外。

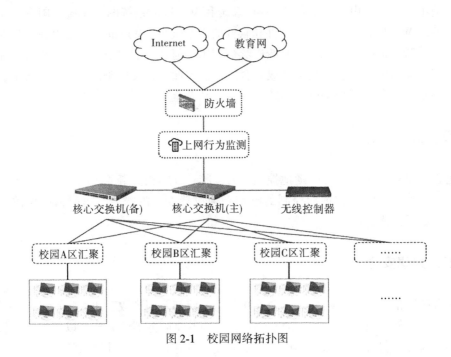

图 2-1　校园网络拓扑图

(一)防火墙的演变

防火墙技术是保证网络安全的重要技术之一(见表 2-1)，防火墙发展至今经历多次技术迭代，从最基础的基于路由器的防火墙，到现阶段功能多样的智能化防火墙，从单一软件产品转化为软件与硬件结合的产品，使网络安全防范机制更加先进、智能。此外，防火墙产品不断迭代，国内外市场上出现了不同型号的、面向中小企业的专用防火墙设备，也为中小学校园网络防护提供了多样选择。

---

①　刘超.浅析中小学校园网络安全与防护[J].计算机光盘软件与应用，2012(13)：51-52.

②　廖春盛.校园网防火墙系统的设计与实现[J].华南师范大学学报(自然科学版)，2000(03)：30-34.

③　张馨蕊.论防火墙技术在计算机网络安全中的应用[J].电脑编程技巧与维护，2021(01)：161-163.

表 2-1　　　　　　　　　　　　　　　　防火墙发展史①

防火墙发展史		各阶段防火墙的优劣
第一代	基于路由器的防火墙	防火墙与路由器一体，利用路由器本身分组解析，过滤判决的依据可以是地址、端口号等其他网络特征。
第二代	用户化的防火墙工具套	优势：过滤功能从路由器中独立出来，添加审计和告警功能，用户可根据需求构造防火墙。安全性更高，价格更低。 劣势：纯软件产品，容易出错，安全性和处理速度有局限。
第三代	建立在通用操作系统之上的防火墙	优势：包括分组过滤功能，装有专用的代理系统，监控所有协议的数据和指令，用户可配置内核参数，安全性和速度大为提高。有以纯软件方式实现的，也有以硬件方式实现。 劣势：用户必须依赖防火墙厂商和操作系统厂商两方面的安全支持。
第四代	网关与安全系统合二为一	优势：将网关与安全系统合二为一，具有双端口或三端口的结构、透明的访问方式、灵活的代理系统、多级的过滤技术、网络地址转换技术、网关技术、安全服务器网络、用户鉴别与加密、用户定制服务、审计和告警、网络诊断、数据备份与保全等技术与功能。

　　我国对网络信息安全日益重视，不断加强网络安全管理，各大国内外厂商纷纷大力投入技术研发，我国国内安全厂商经过不断创新和进步，已经达到了世界领先水平。目前国内品牌关注度较高的防火墙有华为、山石、天融信、安恒、任子行、深信服、H3C、思科等，例如，华为的 USG6300，是华为公司面向中小企业推出的企业级下一代防火墙，比较适合中小学校园网络安全维护工作。其他品牌针对中小企业或校园也推出了一系列功能完善的防火墙。那么，防火墙具体可以帮助校园网络解决哪些问题呢？接下来，我们一起探讨防火墙的主要功能。

　　(二)防火墙的功能

　　防火墙对于校园网络安全管理具有非常重要的作用，是保障校园网络信息安全的重要组成部分，它能够有效地提高校园网络安全的等级。随着防火墙技术不断迭代，很多中小学校更倾向于选择硬件防火墙设备，此类设备具备智能感知、检测内容信息、入侵防御、预防病毒、过滤有害网址和垃圾内容等多项主要功能。

　　第一，智能感知。目前防火墙会预先搭载特征库和智能感知引擎，能识别出常见应用程序，如 QQ、微信等，可以保证校园网内部用户规范使用网络，方便校园管理，将存在威胁或与教学、办公无关的应用程序挡在校园外。

　　第二，实时检测内容信息。校园网络管理员通过设置防火墙，不仅可以检测外部网络流入校园内部的数据，也可以检测校园网内部用户之间信息的传递，从而保证校外与

―――――――――

　　①　谭湘 . 基于防火墙的企业网络安全设计与实现[D]. 西安：西安电子科技大学，2013.

校内、校内与校内用户之间信息交换的安全性。这主要得益于防火墙的解密功能，可以对解密后的流量做内容安全检测。

第三，入侵防御功能。目前一些品牌的防火墙可以防御数千种常见的入侵行为、蠕虫、木马、僵尸网络等，并可以进行定期检测和升级。

第四，预防病毒功能。防火墙有专业的病毒特征库，当计算机受到病毒攻击时，防火墙能够快速识别病毒文件，及时检测与处理。此外，防火墙能够不断更新病毒特征库。

第五，过滤功能。防火墙中一般具有 URL 过滤功能，所谓 URL 过滤就是通过将 Web 流量与数据库进行比较来限制访问，以防止访问者访问不安全的网站。一般情况下，支持根据 HTTP 和 HTTPS 协议中的 URL 地址对连接进行阻断，支持本地添加 URL 和 URL 分类，或者向远程 URL 查询服务器实时信息，或查询最新的 URL 所属分类。除此之外，防火墙可以根据文件内容、类型或协议内容过滤垃圾信息或文件，还支持阻断垃圾邮件。

第六，防止内部信息对外泄露。防火墙可划分内部网络，实现对内部重点网段的隔离。[①]

为了达到更好的防护目的，中小学校可根据以下原则设置防火墙：

一是设置访问系统的权限。在校园局域网内部的服务器上设置禁止非相关人员访问文件、程序等功能。在策略中配置动态管理并设立白名单，实时监测，只对审核后且被授权的服务开放端口，拒绝一切广告、垃圾软件，从而保护防火墙内部的文件、程序等。

二是根据校园网络架构，规划校园网络防护目标及策略，制定合理的信息流转审核、过滤规则。审核数据包包含必备字段，能有效控制校外网络到校园内部网络的访问链接，阻止来自公网的非法访问和攻击。

三是设置静态固定 IP。校园网内部电脑室设备设置固定 IP 地址，能够让防火墙系统快速识别出数据包的来源，即能保证局域网内部服务正常运行，又不被公网的攻击影响。

四是定期查看防火墙日志。防火墙日志是记录防火墙运行的重要记录，在设立防火墙时，应根据上级部门建设要求及校园网需求确定日志存量大小，并由专职管理员定期检查分析日志，及时对威胁到校园网的可疑操作进行有效处理。

二、交换机设置

教育网络通过防火墙和网络行为监测器之后，就会进入学校的核心交换机。核心交换机是校园网络中最基础也是最为重要的网络设备，核心交换机一旦出现安全问题，那么整个校园网络将会出现重大安全隐患。为了保证校园网络的稳定，通常一个学校要配备两台或两台以上交换机，其中一台交换机作为主交换机，其他作为备用交换机。这样

---

① 李伟清. 校园网安全系统设计[D]. 西安：西安电子科技大学，2013.

设计的好处是：第一，保证校园网络稳定，核心交换机一旦出现故障，就会影响整个校园网络，如果出现紧急情况可以启用备用核心交换机。第二，控制负载均衡，主、备交换机可以同时使用，在相同带宽网络的情况下，多台交换机可以均衡负载，让校园网络流通更通畅。一般情况下，为了保护核心交换机的安全，会对核心交换机进行一些必要的设置。

（一）采用加密方式远程登录

通常情况下，校园内部的专业网络管理员或信息技术教师会更偏向使用命令行的方式来管理校园网络交换机。但鉴于学校实际情况，通常网络管理员或信息技术教师由于工作任务繁重，往往无法长时间停留在网络管理中心，此外，网络交换机安装在各个业务部门，网络管理员无法随时对交换机进行现场管理，因此通常会采用网络远程登录的方式。最常用的交换机远程管理登录方式主要有 Telnet 和 SSH 两种。其中，Telnet 是一种远程登录协议和方式，主要通过 TCP/IP 协议来远程访问设备，传输的数据和口令是明文形式的。因此，攻击者很容易得到口令和数据，其获取方式也很简单，攻击者可以在网络上利用抓包工具截取数据，得到交换机的登录用户名和密码，然后就可以登录交换机进行非法操作。SSH 是 Secure Shell 的缩写，它是建立在应用层基础上的安全协议。SSH 相对比较可靠，专为远程登录会话和其他网络服务提供安全性的协议，利用 SSH 协议可以有效防止远程管理过程中的信息泄露问题。所以校园网络管理员在配置交换机的时候，应尽量避免使用 Telnet 登录方式，而改用 SSH 登录方式。即使攻击者在信息传输期间成功截获数据包，也难以获得交换机的管理员账号和密码，从而可以有效地增强交换机远程管理的安全性。

（二）设置高强度的登录用户名和密码

目前，校园网交换机提供了多种用户登录、访问设备的方式，主要有 Telnet、SSH 以及 HTTP 等方式，方便网络管理员对交换机进行管理的同时，也带来了安全隐患。如果交换机仅仅设置为只输入密码即可登录，攻击者只要知道交换机的管理 IP 地址，再破解密码就可以对交换机进行非法管理。因此，校园网内部的个人电脑设备都应该设置高强度、复杂的密码，如利用字母、数字、特殊字符等组成密码，使得密码强度更高，以增强个人电脑信息的安全性，此外，个人电脑最好设置用户名，这样可以起到双重保护的作用。登录用户名在校园交换机配置命令允许的情况下，同样可以使用大小写字母、数字加特殊字符的组合来设定。将校园交换机设置为用户名字和密码的登录方式之后，攻击者不仅仅要破解登录密码，还需要破解交换机的登录用户名。这在很大程度上阻止了攻击者非法登录交换机，保证交换机的远程管理安全。当前，华为交换机逐渐受到中小学校的欢迎，在配置登录用户名和密码时，华为交换机支持含有特殊符号的组合，如!、@、#、&、+、-、=等特殊符号。

（三）设置访问权限

设置网络访问权限，对于网络安全也是一种重要的保障措施。为了保证校园网络的信息传输安全，很多学校会提前设置一些禁止访问的网站，某些文件的传递转发权限仅限于部分相关人员拥有等，从而降低校园内部遭遇安全事故的可能性。此外，在全国各个地区，校园网一般会采用实名制认证登录的方式，每个校园网用户都有自己独一无二的账号和密码，各个地区对于校园网用户上网行为会进行实时监测，从而保证用户能文明上网。

（四）设置 VLAN

通过设置 VLAN，能够有效隔离广播，不需要对网络进行分割，不需要进行子网划分。VLAN 属于虚拟局域网络，它可以使物理网络在逻辑清楚地划分，从而使子网络变成独立的网络，被隔离的子网也可以进行通讯，这样能够起到隔离广播的作用。[①] 一般交换机的初始的默认 VLAN 端口都是 VLAN1，如果不做任何配置，交换机的端口都属于默认 VLAN。校园网络正常配置交换机时，不同的端口会划分与之相对应的业务 VLAN，交换机互连端口会使用 Trunk 模式。通常在缺省情况下，VLAN1 的数据能够通过 Trunk 端口。如果我们不及时关闭默认的 VLAN，那么网络攻击者任意增加一台交换机连接在校园网络交换机上，就可以利用默认 VLAN 将数据包发送到校园网络内的所有交换机，甚至是网络核心交换机，从而带来巨大安全隐患。在校园网络中，信息技术教师或者网络管理员可以关闭默认的 VLAN，转而选择其他 VLAN 作为管理 VLAN 使用，这样就可以避免有人蓄意通过默认 VLAN 发起网络攻击行为。一般情况下，对于 VLAN 的划分，可以根据具体的操作要求，按照实际因素进行，如可以根据 IP 地址、MAC 地址、端口、策略等，不同的划分 VLAN 的技术各有优势。总之，将校园核心交换机划分 VLAN，成不同的范围，一方面可以节约时间，节省网络流量，另一方面可以防止潜在攻击。

（五）应用访问控制列表技术对交换机管理网络进行访问控制

访问控制列表（Access Control，简称 ACL），其特点是使用包过滤技术，在路由器上读取第三层及第四层包头中的信息如源地址、目的地址、源端口、目的端口等，根据预先定义好的规则对包进行过滤，从而达到访问控制的目的。ACL 规则初期仅有 Cisco 路由器支持，近些年来，已被扩展应用到三层交换机、二层交换机、防火墙、Web 应用防火墙等网络设备，支持厂商也由 Cisco 扩展到华为、H3C 等公司。[②] 访问控制列表是由一条或多条语句组成的集合，这些语句本质上是指描述报文匹配条件的判断语句，所谓的条件可以是报文的源地址、目的地址及端口号，等等。数据包首先根据第一条语句进行报文匹配，如果通过便能进行后续语句的匹配，经过多个判断语句的匹配之后，便能过滤出特定的报文，并根据应用 ACL 的业务模块的处理策略来允许或阻止该报文通过。应用访问控制列表技术可以限定某些特定的 IP 地址，如可以限定只有网络管理员的 IP 地址才可以访问交换机。这样，除特定 IP 地址可以访问交换机的特定功能之

---

① 陈峰. 基于网络安全的交换机和路由器设置[J]. 南方农机，2020，51(07)：230.

② 陈涛. ACL 技术在校园网络安全中的应用[J]. 网络安全技术与应用，2017(10)：98-99.

外，其他对交换机的访问全部拒绝，从而保障交换机的安全。访问控制列表可以在两个地方设置，一是接入交换机，二是核心或汇聚交换机。需要特别注意的是，核心或汇聚交换机上配置的 ACL，需要在允许网络管理员 IP 地址之后，增加一条拒绝其他所有地址对交换机管理地址段的访问。

(六)避免使用图形化界面的管理方式

通常，我们在使用个人电脑时更倾向于使用图形化管理界面。校园交换机在实行 Web 管理时也应用图形化界面，比较直观并且容易操作，网络管理人员也无须记住各种管理命令并输入烦琐的命令行，只须使用远程登录的方式，即可对交换机进行本地和远程的管理。但是，这样操作的安全性并不高。如果交换机允许网络管理员通过 HTTP 进行访问，那么攻击者很容易可以通过网络设备的浏览器接口对交换机设备进行监视，甚至可以对交换机配置进行更改，达到其入侵的目的。所以对于一个熟练掌握命令行配置的网络管理员来说，关闭交换机的 Web 管理功能，也算得上是一种强化交换机自身安全的方式。

三、三层交换机的特性

中小学校园网络交换机主要分为核心交换机、汇聚交换机、接入交换机三个层级，但这并非交换机的分类，交换机所属层级主要由其所在校园网中划分的任务来决定(见图 2-2)。三个层级的交换机没有固定名称，主要视校园网络的大小、网络设备的转发能力以及在网络结构中所处位置而定。举个例子，一个二层交换机在不同的网络结构中，可能处在接入层，也可能处在汇聚层。当处于接入层时，该交换机被称为接入层交换机，同理，当处于汇聚层时，该交换机被称为汇聚层交换机。通常中小学校园网会设置两层或三层交换机，下面我们来谈一谈各层交换机的功能。

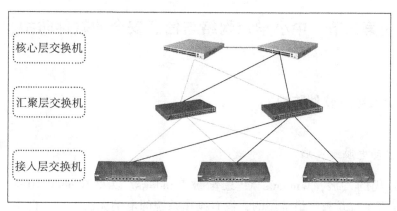

图 2-2　校园网络交换机层级图

（一）接入层

通常接入层是直接面向用户连接或访问网络的部分，相当于一位基层员工，接入层交换机具有低成本和高端口密度的特性。目前在大多数校园内部，每台个人电脑都有单独的网络接口。接入层为用户不仅提供了在本地网段访问应用系统的能力，还适当负责一些用户管理功能（如地址认证、用户认证等），以及用户信息收集工作（如 IP 地址、MAC 地址、访问日志等）。

（二）汇聚层

汇聚层也被称为分布层，它是网络接入层和核心层的"中介"，相当于一位中层管理人员，用来连接核心层和接入层，处于中间位置，它在工作站接入核心层前先做汇聚，以减轻核心层设备的负荷。通常，一个校园会包含几个不同的区域，如教学区、生活区、办公区等，在不同的区域或者教学楼层之间，通常会安装汇聚层交换机。不难理解，汇聚层具有实施策略、安全、工作组接入、虚拟局域网（VLAN）之间的路由、源地址或目的地址过滤等多种功能。在汇聚层中，应该采用支持三层交换技术和 VLAN 的交换机，以达到网络隔离和分段的目的。

（三）核心层

核心层是网络主干部分，是整个网络性能的保障，其设备包括路由器、防火墙、核心层交换机等，相当于高层管理人员。核心层一直被认为是所有流量的最终承受者和汇聚者，所以对核心层的设计以及网络设备的要求十分严格，它的功能主要是实现骨干网络之间的优化传输，骨干层设计任务的重点通常是冗余能力、可靠性和高速的传输。因此，核心层设备通常会采用双机冗余热备份，也可以达到负载均衡，从而改善网络性能，但网络控制功能最好尽量少在核心层上设置。

第三节　中小学校网络与信息安全的软件防护

一、个人电脑软件防护

（一）启动电脑防火墙

随着时代的发展，Windows XP 逐渐被 Windows7 以及 Windows10 等系统替代，Windows 操作系统是教师最常用的，没有操作系统的电脑无法运转。但是任何系统都会有其自身的不足，Windows 系统本身也存在很多系统漏洞，有些漏洞暂时不会被发现，但如果被一些不法分子所利用就会造成巨大的安全隐患，例如，当系统漏洞被恶意攻击者利用，便会威胁个人信息安全，随之而来的还有系统的安全性、可用性遭到破坏。① 系统中存在的部分漏洞甚至可以使攻击者或病毒取得系统最高权限，然后掌握进行破坏，让系统不能正常工作，甚至对一些电脑重要的文件分区进行格式化操作，盗取教师的账号、密码等。因此，校园网络用户必须掌握提升操作系统安全的相应措施，预防由于计算机操作系统漏洞引发的恶意攻击。整个操作系统安全策略的核心就是操作系统的安全配置，它可以帮助用户从系统根源上构筑出一套防护体系，通过设置本机用户名和登录密码、共享设置、端口管理和过滤、系统服务管理、本地安全策略等手段，安装相应的防护软件，最终形成一整套有效的系统安全策略。一般情况下，我们应在保证系统使用功能的基础上提高安全性，不需使用的功能可以一律禁止，需要使用的功能则加强安全监控，以此提升计算机的系统安全。

教师平时使用电脑的过程中，应该经常关注系统的更新推送通知，如果提示出现系统漏洞，应及时打上补丁。现阶段中小学校大部分电脑的操作系统都是 Windows7 或者 Windows10，相比以前的 Windows XP 系统，尽管其安全性已经有了很大的提升，但是任何一个版本的操作系统都存在漏洞，要想保障系统的安全，必须及时打上相应的系统推送补丁(见图 2-3)。

图 2-3　Windows10 及时打上相应的系统推送补丁

具体操作步骤为：(1)打开所有程序，点击系统设置；(2)在 Windows 设置里，点击系统和安全设置；(3)查看 Windows 更新信息与系统安全情况，及时打补丁。

经常给电脑打补丁是保护个人电脑数据安全的良好习惯。很多病毒都是通过 Windows 操作系统的漏洞进行攻击，破坏电脑的正常使用，给个人或学校造成不可估量的损失。一些教师没有给电脑打补丁的习惯，甚至认为给打补丁之后系统会变慢变卡顿，影响正常使用，所以直接关闭系统更新提示，其实这种做法是不正确的。系统补丁是用于修复安全漏洞与更新系统的，打补丁的频率可以是每月检查一次。例如，如果使用的操作系统是 Windows10，那就可以在"更新和安全"模块中点击"Windows 更新"，待

---

① 陈洪艳.Windows 操作系统的安全[J].电脑编程技巧与维护，2011(20)：150-151.

系统查找到相应的补丁之后下载安装即可。需要提醒的是，补丁应在所有应用程序安装完之后再安装，因为补丁程序往往要替换或修改某些系统文件，如果先安装补丁，可能无法达到应有的效果。

(二)计算机系统相关设置

为了保证计算机系统安全，我们可以提前做如下相关设置：

第一，设置个人账号和密码。由于计算机操作系统安装后就存在 Administrator(超级用户，即系统管理员权限)，无需密码即可登录。很多中小学教师对个人电脑的保护意识较弱，而且不了解给个人电脑设置账户和密码的作用，因此，大多数人的电脑开机即可登录，甚至长时间处于待机状态。一些外网攻击者利用这一点就可以轻易攻击教师的电脑，窃取校内资源。通常教师拿到一台个人电脑后，应该将 Administrator 用户名称进行更改并设置密码，设置密码可以使用字母、数字、特殊符号的组合，这样攻击者就难以破解，并注意经常更改密码，密码长度最好不要太短。另外，要密切关注管理员组的用户，时刻保证只有一个 Administrator 是该组的用户。经常检查该组的用户，发现增加的用户一律删除。

第二，设置计算机系统文件格式为 NTFS。教师在安装 Windows 操作系统时，按照安装提示，选择自定义安装，只选择必需的系统组件和服务即可，尤其在选择 Windows 文件系统时，应该选择 NTFS 文件系统。相比 FAT 文件格式，NTFS 文件系统的安全性更强，因为 NTFS 格式有安全控制功能，可以对不同的文件夹设置不同的访问权限，使文件系统具备访问保护措施。教师可以在自己电脑上设置文件夹访问权限，NTFS 文件系统可以将每个用户允许读写的文件限制在磁盘目录下的任何一个文件夹内。

第三，合理设置计算机自带的安全策略功能。Windows 操作系统本身已经做了很多安全防护设置，但是教师应对系统进行安全策略的加固设置，最好关闭不必要的服务。Windows 操作系统提供了非常丰富的功能，但是对于中小学教师而言，因为并非专业人士，很多功能是完全不需要的，如果打开了反而有可能增加被入侵系统的威胁。因此，网络管理员可以让教师们根据自己的需要，关闭无需使用和有危险性的服务或功能，降低被攻击的可能性。

第四，设置端口管理和过滤，关闭默认共享。某些不必要的开放的计算机端口是黑客入侵计算机的可选通道，许多网络蠕虫、病毒也会利用计算机端口进行传播。计算机端口是网络数据交换的出入口，做好端口的管理和过滤，对系统的安全性有着极为重要的作用。Windows 安装好以后，系统会默认创建一些隐藏共享，通过"计算机名或 IP 地址、盘符"可以访问，这为系统攻击者提供了方便的途径，应关闭默认共享或通过修改注册表来彻底禁止某些共享。

第五，安装必要的安全管理软件。虽然 Windows 系统可以进行一系列安全设置，但是任何一个操作系统都不可能做到安全防御潜在的攻击。在做好操作系统自身安全防护的前提下，安装必要的杀毒软件是计算机能够稳定运行的重要保障。

(三)安装杀毒软件或安全管家

目前我国中小学校园中大部分的电脑都安装了 Windows 系统,包括教师的个人电脑、学生学习信息技术课程的电脑、班级内的多媒体电脑等。为了使电脑系统更加安全,通常教师会选择在个人电脑上安装杀毒软件或者安全管家等软件,一般情况下建议每台电脑上安装一款杀毒软件或者安全管家即可,如果电脑上同时安装多个同类软件,有可能会引发防护软件之间的"矛盾",从而导致电脑运行速度变慢。

日常使用频率较高的杀毒软件有金山毒霸与 360 安全卫士,此外还有卡巴斯基反病毒软件、瑞星杀毒软件、江民杀毒软件、腾讯电脑管家、火绒安全软件等常用防杀病毒软件可供选择使用。

二、信息安全防护

网络技术的飞速发展给学校的教育教学带来了巨大的便利,极大地提高了教学工作效率。但是,随着网络技术的不断发展和网络信息的快速传输,校园内部或个人电脑网络安全也在不同程度上遭受着威胁。攻击者能够通过网络窃取个人电脑中的用户信息,窃取、篡改网络数据库的口令,更有甚者会通过伪造身份的方式修改数据库信息,窃取校园用户的网银密码。中小学校电脑网络的可靠性与安全性问题已经引起社会的普遍关注,必须采取有效可行的措施保障校园网络的安全性,解决校园网络安全隐患,保障网络正常、安全运行。[①]

(一)校园电脑网络面临的安全威胁

中小学校内部的电脑网络面临的安全威胁有很多种,既包含人为因素,又包含非人为因素,当然也不乏黑客等不安全因素。总结起来,主要有以下几种:

第一,部分中小学教师的信息素养相对偏低,尤其是部分年龄偏大的教师,不太能够熟练使用电脑设备。他们对电脑的安全配置的不当操作可能会导致安全威胁,如不注意杀毒软件提示、网页提示等,或将个人隐蔽账号信息随意记录在软件或者网页中。当校外恶意攻击者攻击电脑时,就能轻而易举地获取相关信息。有的教师的网络安全意识低下,对用户口令不重视保密,把自己的个人账号随便转借或者与多人共享一个账号等,都会给个人电脑或网络带来安全威胁。

第二,人为的恶意攻击。这是目前个人电脑网络面临的最大安全威胁,计算机犯罪就属于人为的恶意攻击。这类攻击主要分为以下两种:一是主动攻击,它以各种手段破坏个人电脑网络信息的完整性及有效性。二是被动攻击,这种方式不影响个人电脑网络的正常运行,但是会对信息进行窃取、截获、破译,而获取个人电脑网络的数据信息。以上这两种攻击都能够对个人电脑网络安全造成很大的威胁,并造成个人数据信息的

---

① 刘启锋. 探析个人电脑网络安全的应对措施[J]. 计算机光盘软件与应用,2012(10):84,86.

泄露。

第三，由于网络软件漏洞等因素造成的恶意攻击。网络软件是电脑正常运行不可或缺的一部分，但任何一款软件都有自身的缺陷与漏洞，正是这些缺陷与漏洞让黑客有了可乘之机。除此以外，软件的后门是各软件公司的设计编程人员为了自身的便利而设置的，对外是保密的，但如果这些后门被人利用，给校园网络造成的后果将是毁灭性的。

(二)校园电脑网络安全措施

第一，及时更新操作系统。电脑操作系统会不定期地更新，而新的操作系统在发布之初往往存在安全漏洞，这就要求用户及时对操作系统进行更新。系统漏洞是指操作系统软件在开发过程中出现的缺陷，也就是我们常说的 BUG，新出现的漏洞最先多由网络攻击者发现，微软为完善操作系统，会通过不定期地发布补丁对系统漏洞进行修补完善。漏洞修复补丁是为完善操作程序另外编制的小程序，BUG 会一直存在于操作系统中，这也就是说个人网络安全威胁一直存在，因此为保证电脑网络的安全，就必须对操作系统进行及时更新。

第二，安装病毒查杀软件。计算机病毒是威胁计算机网络安全的重要因素，会对操作系统的正常运行带来严重的破坏。为消除电脑病毒、木马以及其他恶意软件对网络安全的不利影响，网络用户应安装并及时更新杀毒软件。杀毒软件作为计算机防御系统的重要组成部分之一，对电脑病毒具有监控识别与扫描查杀的作用，部分杀毒软件还具有数据恢复功能。一般用户在接入网络前应安装正版杀毒软件，并将软件设置为实时监控状态，同时，通过对安装软件的自动升级，确保软件可以对最新的病毒攻击进行有效的抵御。当受到网络攻击时，应立即断开网络连接插口，关闭网络连接。

第三，采用安全的下载方式。下载文件的安全风险主要分为两类，一类是木马程序已被植入到文件中，另一类是通过调用浏览器弹出网页的方式，把用户引到含有木马的危险网站。在网络活动中，以欺骗手段窥探用户隐私、窃取个人信息的各种恶意软件及网络钓鱼活动严重威胁着网络安全。这类软件的制作者在对软件反编译后进行重新封装，用户在安装时，隐藏在软件中的木马与不安全控件也会被装入计算机，一旦被激活或运行，不仅用户的信息隐私得不到保障，甚至网银、账号密码等重要信息也会被窃取。因此，用户在下载时应使用正版的下载软件，因为正版下载软件可绑定病毒查杀软件，在完成下载任务后杀毒软件会对文件进行扫描，保证下载安全。举例来说，当前被普遍使用的迅雷，每日上亿次的下载量中，有近50%的文件的安全属性未知。而迅雷通过与瑞星合作，下载前就可对下载内容进行安全检测，在完成下载后又能够自动查杀病毒，有效地降低了下载文件引入病毒的概率。

第四，确保账号密码安全。在设置各类账号密码时，应尽量设置为数字与字母组合，密码的长度不应小于6位，最好在8位以上，避免使用纯数字或常用英语单词的组合——复杂的账号密码能够增加穷举破解软件的破解难度，同时，在输入密码时最好通过软键盘输入，这样不仅能够打乱密码输入的顺序，还可避免木马程序记录用户击键，进一步增加破解难度，保护用户的密码安全。网银密码等重要的密码信息，尽量采用动态密码，即密码会随时间与使用次数发生动态变化，且所有密码组合都是一次性的。动态密码锁通常使用由内置电源、显示屏与密码生成芯片组成的动态令牌。通过数字键输入用户的 PIN 码，显示屏显示动态密码。由于动态密码锁每次所使用的密码都是由动态令牌产生的，用户每次使用的密码均不相同，所以网络黑客很难计算出动态令牌下一次生成的密码组合。

第五，扫描修补漏洞。新出现的计算机病毒普遍通过操作系统漏洞进行传播。因此，要解决网络安全问题，必须对系统漏洞进行扫描并修补。要明确网络中所存在的安全漏洞，网络用户可借助第三方软件，通过安全扫描工具对系统配置进行优化，以最大限度地消除新出现的安全隐患，对于扫描发现的安全漏洞要及时下载补丁，更新操作系统。

第六，对重要数据定期进行备份。网络安全的防范措施不管多么周密，也不能保证安全无忧，而且计算机遭到攻击后，应用软件程序和操作系统能够重装，但一些重要的数据却无法恢复，因此应养成对重要数据定期备份的习惯。重要数据除了通过电脑硬盘来备份外，还可选择合适的移动硬盘，形成移动硬盘与电脑备份的双重备份形式，在出现电脑故障或数据丢失后，移动硬盘的备份作用就显现出来了。因此，个人用户为做到有备无患，应充分认识重要数据定期备份的重要性，才能保障数据安全。

第七，防范网络钓鱼网站。对于钓鱼诈骗网站，用户要时刻保持高度的警惕。IE浏览器具有防范钓鱼诈骗网页的功能，当访问这类网站时，就会发出提示信息。网络用户不要打开陌生人发来的电子邮件，不登录存在安全隐患的网站。在收发邮件时使用安全的邮件系统，安装并及时升级病毒查杀软件，对系统漏洞及时进行修补，降低钓鱼网站的安全威胁。

第八，禁止文件共享。为方便资源使用，局域网中有时会将某些文件设置为共享。在网络连接状态下，共享文件可在网络中被自由访问，存在着很大的安全威胁，有可能被网络黑客利用和攻击。因此文件共享时应设置密码，不需共享时应及时关闭共享。必须将共享文件夹的属性设置为只读状态，共享的类型不要选择"完全"选项。此外，还应避免将整个硬盘设为共享，防止因访问者删除系统文件而引起计算机系统崩溃、无法启动等问题的发生，以保证个人电脑或网络的安全。

第九，避免浏览色情、黑客网站。很多木马、病毒与间谍软件都是由这些网站侵入个人网络或电脑，如果电脑没有很好的防范措施，感染相关病毒是轻而易举的事情。

第四节 中小学校网络与信息安全的软、硬件防护体系

从上文可以看出，校园网络受到网络攻击的来源可以概括为两种：一种是外部网络攻击，另一种是内部网络用户使用不规范导致的。我们可以采取以下方式保障校园网络安全。

一、加强网络安全系统建设

校园网络受到威胁的主要原因是校内网络及软硬件存在漏洞，应及时修补漏洞，完善网络安全机制。一方面，学校要加强对网络病毒的查杀，及时修补网络、系统漏洞；另一方面，设置网络访问权限分层管理，校园网内部特殊资料须专人管理，如财务信息、师生私密信息、政府文件等，因此可将校园网络进行分段、分级管理，通过权限层级的隔离，保证资源访问的安全性。加强校园网络系统安全的具体方法有以下几种：

第一，保证物理层安全。校园内部网络硬件设备是保证整个网络顺利运行的基础，网络安全离不开物理安全。因此，学校应该配备专业人员负责维护硬件设备，定期排查设备运转情况、线路情况，尤其是校园内部的中心机房，机房设备需要单独构建、单独存放，限制非管理人员随意出入，避免因遭受水灾、火灾、人为操作失误而导致损坏或破坏，确保中心机房内常年温度恒定，有良好的通风环境，在多雨、潮湿地区还要注意防潮、防虫、防鼠等。

第二，数据加密。在计算机网络中传输或存储重要数据信息时，都应采用加密技术，数据加密技术的核心就是密钥和加密函数。数据加密即将一个明文信息通过密钥及加密函数转换，变成除有解密钥匙外的所有用户无法识别的密文。简单来说，我们可以给重要文件进行加密，如果没有密钥，那么对方即使拦截了文件也无法打开，从而保证了文件的安全。在校园网络建设中，信息窃取、数据篡改是网络病毒常见的攻击手段，而数据加密作为校园网络安全的核心策略，为数据安全提供最基础的安全防护。数据加密技术的具体措施可以有链路加密、节点加密、端对端加密等。一般情况下，学校可以结合自身硬件设施，采取多种机密方式并行的机制，从而有效保护校内资源不被网络攻击者获取或篡改。

第三，采用防病毒网关技术。中小学校内部网络主要采用 TCP/IP、WWW、电子邮件、数据库等通用技术和标准，依靠多种通讯方式与外部广域网络连接，在进行信息存储、传输、和处理过程中都存在一定风险。中小学校对网络处理能力的需求越来越大，但是又想提前预防各种网络安全隐患，安装防病毒网关设备就可以很好地满足学校的需求。网络安全系统建立的首要任务是防止病毒攻击，防病毒网关可以阻挡病毒，增强安全性。此外，防病毒网关还可以过滤邮件内容，保证邮件往来的安全。

第四，善用杀毒软件。安装杀毒软件是校园网络建设中较为重要的一个步骤。学校要部署较为完备的杀毒软件，才能有效地应对网络病毒的攻击，阻止病毒的感染和传播。此外，杀毒软件需要及时更新病毒库，以应对各种新型电脑病毒。

第五，巧用 VLAN 技术。VLAN(虚拟局域网)技术对中小学校网络划分起到了重要作用，VLAN 技术具备灵活性好和安全性高的特点。利用此技术，网络管理员可以对连接到校园网的 VLAN 的用户进行分组划分，根据学校内部用户的不同需求、不同物理位置、作用、所在部门等进行分组，从而实现虚拟工作组的搭建。网络管理员可灵活建立相应的网络软件和配置虚拟网，从而将校园网内某些特殊用户与其他用户安全隔离，达到限制用户非法访问的目的。

第六，搭建防火墙。在校园网的建设中，搭建防火墙是保证校园网络安全的比较有效的手段之一。防火墙是一种将内网及外网有效分割的方法，可根据实际需求来制定相应的安全策略，能有效控制信息的流转，是本地网络与互联网之间的一道防御系统。它能保护内部网络、校园局域网免受外部网络攻击，防止信息泄露，从而很好地保证校园数据信息的安全。

第七，构建入侵检测系统。校园网络不仅要能防御外部攻击，也要具备主动监测功能。入侵检测系统可以主动监视、检测、捕获对网络传输数据，及时进行攻击库匹配，检测发生的入侵行为并记录，针对已发现的攻击行为作出适当的反应，协助网络安全管理员加强网络安全管理，使校园的安全防护体系更加完善。

二、数据合理备份

伴随信息技术的不断发展，校园信息化建设不断推进，每个学校都会累积大量的电子信息数据。由于电子存储介质存在一定寿命，为了保护隐私，此类数据也不能上传到企业公共盘，因此数据备份显得尤为重要。在校园网络安全建设中，合理数据备份才能有备无患。一般来说，各个中小学校的基础数据大致分为校园基础设施建设数据、教学教务数据、行政管理、文件流转数据、财务数据等，并且大多采用电子化管理手段。各中小学校应根据自身不同需求及校园建设规模，指定个性化的数据备份方案。目前采用较多的备份方式主要有完全备份、增量备份、差分备份等不同策略。完全备份是将校园网内的所有数据定期行完整备份。使用此种方法便于数据恢复，但备份耗时较长，需要备份的数据量大。增量备份是将数据先完全备份，之后每次仅备份与之前有差异的数据，即在备份过程中只备份标记选中的文件，备份后清除存档属性。每次备份所占空间较小，耗时短，但如果中途有数据出现问题，后续修复数据就会相当麻烦。差分备份是指在一次全备份后，后期每次备份只备份新增和修改的数据，备份后不清除存档属性。管理员只需设置定期全备份即可。在进行数据恢复时，只需要对第一次完全备份和最后一次差异备份进行恢复即可，在减少了恢复时间的同时也节省了校园网内部的存储空间。网络数据备份系统的建成，对系统的安全运行、各种系统故障的及时排除和数据库系统的及时恢复起到关键作用。选择合适的备份方式是数据备份的基础，但要建立一套完善的备份系统，应遵循自动化、便捷化、制度化、有效化的原则，才能在合理保护校内资源的同时，减轻管理员负担，减少冗余信息的备份。

第五节　树立中小学校网络与信息安全意识

一、影响校园网络安全意识的因素

网络在中小学校师生的工作、学习、生活中起着重要作用，但如果师生的网络防范意识不足、自救能力较差，很容易变成网络犯罪分子的目标。一般来说，影响校园网络安全意识的主要因素为：

第一，师生个人原因。从教师的角度来说，由于大多数教师没有接触过相关的网络安全课程，防范意识较差，防范能力不足。从学生的角度来说，学生成长的家庭环境以及校园环境对其网络安全意识的形成起到很重要的作用，走出家庭进入学校的学生，正处于心理、身体逐渐发展的时期，世界观、人生观和价值观都未定型，网络上信息纷乱复杂，中小学生在面对这些信息时，特别容易被蛊惑，如近几年小学生利用家长手机为主播打赏、给游戏充值等，或者利用校园内部电脑登录非法网站等事件层出不穷。

第二，中小学校缺乏网络安全教育。很多中小学校将主要精力放在教学工作上，忽视网络安全教育，虽然有相关主题活动，但是活动次数较少，讲解内容单一，学生无法全面、系统地了解网络安全知识。此外，中小学校的学生在校期间较少使用网络，所以学校也容易忽视相关教育，而且目前中小学校普遍呼吁学生远离手机，减少使用手机等，却极少教育孩子如何正确利用电子产品，规范上网行为。很多意外的发生似乎离学生的生活很遥远，但等到学生被骗时才手足无措。此外，部分教师对校园网络安全的认识较少，没有引发足够的重视，少数师生不能文明上网，甚至以身试法，利用社交软件、黑客工具等手段非法窃取敏感数据、窃取钱财，为短期利益铤而走险，走上犯罪道路。

第三，社会环境的改变。随着云计算、大数据、物联网、人工智能等新技术新应用的大规模发展，校园网络不再是一片净土，安全风险直线上升。网络游戏、网络色情、网络暴力、虚假新闻、网络诈骗等网络事物的冲击，对师生的理想信念、意识形态产生了潜移默化的影响。中小学阶段是培养学生行为习惯，树立学生世界观、人生观、价值观的重要时期，教育者应致力于让学生学会正确使用网络，合理避免网络带来的伤害，而不是"一刀切"地禁止网络。

二、校园网络与信息安全建设中的突出问题

(一)大多数中小学教师欠缺网络安全的知识

相较于大学或各大职校的教师，中小学教师在网络安全或计算机应用方面的知识面较窄，他们的工作更加偏向于基层教学，较少深入地接触计算机或网络安全知识。中小学教师一旦遇到相关问题，总会比较依赖信息教师或网络管理员，自主解决问题的能力偏弱。很多教师认为自己所在的网络环境比较安全，尤其是非信息技术类专业的教师，其网络安全知识储备明显低于信息技术类专业教师。而信息技术教师的网络安全意识明显强于其他学科教师，并且具备一些维护网络安全的技能。

(二)对于个人信息隐私的保密意识薄弱

许多师生上网时使用同一个账号或密码，上网密码口令设置得很简单，而且担心记不住或记错密码，习惯在浏览器中自动记忆用户和密码，而且密码从不更换。也有些学

校采用每人一个上网账户的方式，强制要求教师设置高强度的密码，或者校园内部有专属校园无线 WiFi，教师也可以登录，这些都在一定程度上帮助教师建立了相对安全的网络环境。但是，许多教师只要有免费 WiFi 就连接；遇到打折活动广告宣传，需要扫描二维码时，就轻易暴露个人信息；安装手机软件时从未考虑过 APP 权限问题，不能有效管理 APP 对用户手机上的某些隐私信息的访问权限，如短信、通讯录、照片等。这些都为隐私保护留下隐患。目前，国家推出了"国家反诈中心"APP，各学校应有序组织教师将此 APP 安装在手机等移动设备上，为校园网络与信息安全筑起一道围墙。

（三）对于网络安全法规了解甚少

大多数中小学教师通过校园网络安全知识普及来知晓网络安全方面的法律法规，但很少关注近期颁布实施的新法规。当问及遇到网络诈骗或病毒攻击时如何处理时，大部分教师选择及时报告学校领导或信息教师，自主处理此类问题的能力不足，少有教师提及运用相关法律来维护自身合法权益。

（四）网络安全意识较差

随着教育信息化的逐步深入，有些课程不可避免地要用到网络，中小学生的好奇心强，网络相关知识储备量低，如果教师无法及时监管，学生也可能利用校园网络登录非法网站，或轻信网络骗局，给学校或学生自身带来危害。因此，不仅中小学教师要增强网络安全意识，也要及时给学生普及网络安全知识。

三、开展校园网络与信息安全教育

近年来，各地中小学校出现了类似于"砸手机""签订远离手机保证书"等活动，其目的就是禁止学生过度玩手机，教育学生远离手机、电脑等电子产品。然而，现阶段的中小学生是"数字土著居民"，无论手机，还是其他电子产品很难从身边完全脱离，更不用说网络对中小学生带来的诱惑。各个学段的学生普遍存在上网时间过长的情况，但不同年龄段又有具体差别。其中中小学生由于家长管教较严，上网时间偏长的比例较小。网络可以为人们提供海量的学习资源，但上网时间过长不仅会给学生的身体带来损伤，而且容易使学生沉浸在网络环境和网络游戏中无法自拔，甚至出现网络暴力倾向。例如，前几年频频发生中小学生将校园暴力事件录制成视频发布到网络上，这些学生完全意识不到网络传播速度之惊人，而且法律意识薄弱，有的学生已然走上了违法犯罪的道路而不自知。另一方面，中小学生对网络环境认识有限，对网络中的虚假信息、网络诈骗、网络的真实性等问题，年龄越小，认识能力越差。网络世界比现实世界更复杂，青少年甚至许多成年人都难以避免网络病毒、钓鱼网站等"陷阱"。[①] 学生的网络需求比较符合他们这个年龄段的心理特征，中小学生尤其是中学生正值青春期，他们渴望受到

① 马翔，刘艳茹. 青少年网络安全意识调查研究[J]. 长春师范大学学报，2019，38（11）：150-154.

异性关注，渴望寻找朋友，甚至想挣脱家长的管束。在网络上他们可以尽情娱乐、交友，但如果对网络认识不足，也会有一些隐患存在，如中小学生给自己喜欢的主播重金打赏。我们应建立多元机制来培养中小学生的网络安全意识，主要应注意以下几个方面。

第一，很多国家早就开始通过立法保护未成年人的网络安全，如美国出台了《儿童在线保护法案》《儿童在线隐私保护法案》《儿童互联网保护法案》。我国已经制定了《网络安全法》《信息网络传播权保护条例》《互联网信息服务管理办法》《计算机信息系统安全保护条例》等一系列法律法规，并针对青少年专门颁布了《全国青少年网络文明公约》，引导青少年文明上网，不浏览不良信息，不侮辱他人，不随意约会网友，不破坏网络秩序，不沉溺于虚拟时空。这些法律法规对提高中小学生的网络安全意识有一定作用，但还需不断完善。

第二，加强网络平台管理。国家应加强对互联网企业的管理，要求企业在追求经济效益的同时，还要承担一定的社会责任，加强对中小学生的保护，尤其是游戏平台，应实行实名认证，尽量从根源上杜绝中小学生沉迷游戏。此外，运用网络技术、大数据技术分析青少年网络行为的特点并采取相应的措施，能有效规避网络安全隐患。

第三，学校应加强网络行为规范教育。学校要不断更新信息技术课程教学内容，紧跟目前形势，突出网络安全意识培养，积极引导学生学会正确使用网络工具。未来的信息技术课程不仅要让学生学习软硬件知识，掌握软硬件操作技能，更要让学生充分运用网络解决学习和生活中遇到的问题。此外，教师应当增强网络安全意识，利用宣传栏、网络安全知识竞赛、网络安全讲座等形式向学生宣传、推广网络安全知识，引导学生学会辨别网络上的不良信息，帮助学生解决不良网恋、网络成瘾等问题。

第四，家长应该加强引导。家长对中小学生网络安全意识培养有两种方法：一种是引导型，即给孩子树立榜样。家长的行为直接影响孩子，家长少玩手机、电脑，多利用网络进行学习，孩子自然而然就会向家长学习；另一种是"强制型"，即合理控制学生上网。家长可以有效控制学生上网的设备、时间、地点，或者陪孩子一起上网，与孩子一起探讨相关话题，教给孩子上网的规范操作，提醒孩子如何辨别网络信息的真假。

当今的中小学生是数字原住民，在享受互联网"红利"的同时，也容易受到不良网络信息的影响。个人隐私泄露、网络欺诈、网络霸凌等各类网络安全问题已经成为影响中小学生身心健康成长的重大隐患。[①] 因此，中小学校园应做好相关防护工作。无论是学生上课所用的电脑还是教师的电脑，如果需要连接外部互联网，都应该安装净化软件，尽量阻止不良信息。尤其是登录网页时，应该对网页进行设置，如关闭弹窗、广告推送等。同时，要强化网络知识与技能教育，培养学生应对网络风险的辨别能力。在具体教学过程中，可以在现有课程内容的基础上增加网络安全知识主题教学，或在平时的教学过程中嵌入相关的网络安全知识与技能教育。尤其在信息技术教学中，教师要高度重视网络安全的内容，结合当前网络热点事件，以案例教学的形式深度剖析事件，分析其中的网络风险类型、特点等，探讨事发前的防范措施、事发后的有效补救手段等。在

---

① 谢英香. 青少年网络安全教育困境与对策研究[J]. 上海教育科研，2020(07)：93-96.

教学过程中结合知识与技能教育，网络安全教育也较容易获得实效，既增强了学生的风险防范意识，又增加了自我保护的基础知识与技能。此外，学校应丰富网络安全教育形式，生动有趣、内容贴近中小学生生活的网络安全教育活动更容易引起共鸣。实施网络安全教育要基于青少年的个性化需求，根据他们的网络使用情况，结合他们经常参与且安全问题较突出的网络活动实施教学。例如，可以利用班会课开展主题教育，让学生讲述在上网过程中遇到的问题，还可以利用学校的电子班牌定期展示热点网络事件，或组织相关的网络安全事件辩论赛等，这样不仅能够让学生学会客观看待、分析社会热点，更能有效提升他们的综合能力。多样的宣传形式不仅能够增加学生的参与度，增强体验感，还有利于相关知识向态度与行为层面的转化。

四、拒绝网络广告

随着互联网的快速发展和智能手机的普及，数字经济、大数据成为当下经济社会发展的新高地，网上购物逐渐成为一种潮流，网络广告也随之而来。① 互联网广告具有效率高、成本低等优势，其中网络弹窗广告是一种常见的形式。如果电脑上未及时设置阻止广告弹窗或者安装阻止弹窗的软件，就有可能会长期被动接受广告，并且广告种类会越来越多，影响正常使用。尤其是各个班级内的电脑，一般教师为了给学生观看相关教学资源，会在班级电脑上面安装一些常用的 APP，由此也导致弹窗不断。

一般情况下，网络弹窗广告主要依托主流门户网站（如搜狐、新浪、淘宝等）、视频网站（如优酷、腾讯视频、爱奇艺等）以及部分带有开机启动功能的软件等多种载体呈现。下面我们来仔细分析下广告弹窗的主要形式以及应对方法。

（一）主流门户网站的弹出式广告

主流门户网站的弹出式广告是最常见的，也最让人困扰。一般用户在打开网页时，广告通常以长条状或方块状的形式从网页底部或两侧位置弹出。但是目前，如果不对软件进行设置，即使用户没有打开网页，广告弹窗依然会从电脑桌面的右下角弹出来，这是为什么呢？可能是我们在安装浏览器过程中，同时不小心安装了该公司的其他产品，或者开机就启动了浏览器或者广告软件，这些浏览器和软件通常隐藏在了桌面的右下角。国内门户网站或者各大浏览器的运营都离不开广告的支持，早在 15 年前，诸如搜狐、新浪等各大主流门户网站就开始向弹窗广告"进军"。随着技术的优化，主流门户网站的弹出式广告的图片更加鲜艳、动画更加精致，同时加入互动式技巧吸引用户进行点击，甚至有的网站直接弹出黄色网页、寻医问诊、大学招考等不良广告链接。这些广告弹窗给教师或学生正常使用网络带来了较大的困扰。

① 黄洪珍，罗定康.网络弹窗广告的主要类型、社会危害及其治理对策[J].长沙大学学报，2021，35(01)：34-39.

（二）视频网站的弹出式广告

一般安装完成视频软件以后，如腾讯、爱奇艺、优酷等，要及时设置开机不启动，否则此类广告会以视频播放页面为载体，常出现在播放页面的角落位置，或出现在视频暂停后的居中部位，难以关闭，用户极易误触后进入广告页面。这类弹窗广告大多会遮挡部分画面、遮盖字幕，影响观众的正常收看，其广告内容以网站其他收视资源企业信息或产品为主。

（三）软件自带开机启动的弹出式广告

软件自带开机启动的弹出式广告是指具有固定的弹出时间，即开机启动后自动出现在屏幕中央或右下角的弹窗广告。通常我们会将这类广告设置为永久关闭或者近期关闭，但是在一次关闭之后它们并不会永远消失，而是随着每次开机就弹出，要想永久关闭的步骤极其复杂，甚至特别不容易找出引起广告弹窗的软件，也很难将其卸载。这类广告的内容多是假新闻、假消息和低俗内容，甚至还有诈骗陷阱，给校园环境带来不好的影响。

如果想解决弹窗问题，教师可以关闭网页或各类应用程序里的推送功能，非必要的软件不要设置成开机启动。即使如此，目前弹窗广告还经常通过各种非正当途径出现，如果想要解决此问题，可在个人电脑上安装阻止弹窗的软件，如火绒安全软件等。

五、抵制网络诈骗

2016 年发生的徐玉玉电信诈骗案让全国人民为之震惊，而中小学生在网络上受骗或被诱导以至财产受到损失的情况屡见不鲜。教师作为成年人，分辨意识较强，但是也无法完全避免网络诈骗。中小学校园里的学生是未成年人，对于网络中的不良信息缺乏分辨能力，通常情况下，中小学生在家长的监督下，难以获得上网的工具，也没有过多的钱财，因此中小学生较少会遭受网络诈骗，但是极有可能为了获得钱财而走上违法犯罪的道路。网络安全事件频发，师生的生命财产受到威胁，归根结底是因为网络安全意识淡薄。中小学校网络安全教育应进一步深入，学校应该定期组织网络诈骗案例宣传活动，让师生增强防骗意识，提高师生的网络安全防范技能，传授辨识网络欺诈等网络危险的基本方法，增强师生应对网络突发事件的能力，维护校园安全。[①]

---

① 刘垣，潘栋．试论师生网络安全意识的培养[J]．文化创新比较研究，2020，4（28）：124-126.

第三章　中小学校网络与信息安全常用工具

什么是网络安全工具？目前并没有统一标准的定义，根据笔者个人理解，网络与信息安全工具是指用于保护网络系统的硬件、软件及其系统中的数据，不因偶然或恶意的原因而遭受破坏、更改、泄露，保障系统连续可靠正常地运行，网络服务不中断的工具。

本章结合区教育城域网的网络与信息安全及中小学校校园网络与信息安全的运维和管理实践，从中小学校网络与信息安全常用设备工具、常用命令工具、自带常用功能工具、常用第三方软件工具等方面做了总结和梳理，还针对部分工具提出应用举例，以期为提升网络管理和服务助力。

第一节　中小学校网络与信息安全常用设备工具

工欲善其事，必先利其器。熟练地使用工具可以让人们轻松地完成复杂的工作。在日常的中小学校网络维护中，一般须备齐以下硬件工具：

一、"十字"螺丝刀

其主要应用范围为校园中的办公设备、网络机柜及相关网络设备、网络线盒、计算机主机螺丝之类的拆卸、安装等，是日常维护中不可缺少的工具。

二、网线钳

网线钳又称压线钳，可用来制作网络线或者电话线等接头。当网络线、电话线接头损坏、氧化失灵时，用网线钳加上水晶接头即可解决问题。

三、网线/电话线线路测试仪

顾名思义，该工具可以用来检测网线/电话线是否正常(见图3-1)。使用时，首先要打开测试仪开关，再把网线的两端或网线与模块的连接端接到测试仪上，细心观察主机和副机的两排显示灯上的数字，是否同时对称显示——若对称显示，即代表该网线良好，检测仪上对应各灯依次从1至8号灯或8至1号灯同时依次闪亮；若不对称显示或个别灯不亮，就代表网线断开或制作网线接头时线芯排列错误，或可能内部存在某条线路故障。在日常使用中，网线有两种制作方法(见表3-1)，一种是交叉线，交叉线的制作方法是：一头采用568A标准，另一头采用568B标准。另一种是平行(直通)线。平行(直通)线的制作方法是：两头同为568A标准或568B标准(一般使用568B平行(直通)线)。

图3-1　网络测试仪

表3-1　　　　　　　　　　　　网线的568A标准和568B标准线序

网线制作方法	网线排序(颜色区分)							
568A标准线序	绿白	绿	橙白	蓝	蓝白	橙	棕白	棕
568B标准线序	橙白	橙	绿白	蓝	蓝白	绿	棕白	棕

四、线路寻线仪

线路寻线仪又叫聪明鼠、精明鼠(见图3-2)。寻线仪由信号震荡发声器和寻线器及相应的适配线组成，是网络线缆、通讯线缆以及各种金属线路施工工程和日常维护过程中查找线缆的必备工具。寻线仪信号震荡发声器发出的声音信号通过RJ45/RJ11通用接口接入目标线缆的端口上，使目标线缆回路周围产生环绕的声音信号场，然后利用高灵敏度的感应式寻线器能很快在回路沿途和末端识别它发出的信号场，利用脉冲音频感应寻线原理来寻找线缆。它可用测试模式和脉冲音频扫描模式，不需打开线缆的绝缘层，靠近在线缆外皮上即可找到对应线缆，从而高效地从大量繁杂的线缆群束中，或地毯下、装饰墙内、天花上等处迅速找到所需电缆或其断点的大概位置，从而确定故障点，进而进行检修。

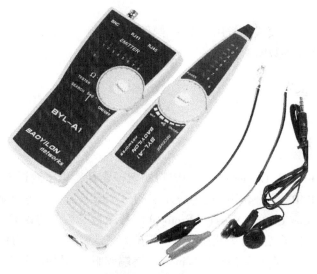

图 3-2　线路寻线仪

五、笔记本电脑

笔记本电脑带有有线网卡接口(方便监测有线端口)与加配 USB 接口的串口调试线缆(方便通过 CONSOL 接口调试设备)，在排查网络故障的过程中，可以随时调试网络和检测线路的通断情况，通过网络测试工具和 DOS 网络操作命令等快速排查故障，进而有针对性地解决问题，恢复网络功能，确保线路通畅(见图 3-3)。

图 3-3　笔记本电脑

第二节　中小学校网络与信息安全的常用命令工具

本小节以 Windows 模式下常用的 DOS 操作命令为例，Linux 等系统也有相应的命令工具，但语法和操作参数略有不同。

一、ping 命令

（一）命令详解

ping（Packet Internet Groper）是一种因特网包探索器，用于测试网络连接量的程序。ping 是工作在 TCP/IP 网络体系结构中应用层的一个服务命令，主要是向特定的目的主机发送 ICMP（Internet Control Message Protocol 因特网报文控制协议）Echo 请求报文，测试目的站是否可达及了解其有关状态[1]。一般作为测试网络连通性时使用，可以测试 IP 或网址的连通性。为了防止被攻击，Windows 终端或服务器默认开启防火墙，会关闭对 ping 的响应，如果要测试不同网段的连通性，须手动关闭防火墙，才能正常响应 ping 请求。

命令的语法获取及参数解析：cmd 模式下，输入 ping/？回车键

ping [−t] [−a] [−n count] [−l size] [−f] [−i TTL] [−v TOS]
　　　　　[−r count] [−s count] [[−j host−list] | [−k host−list]]
　　　　　[−w timeout] [−R] [−S srcaddr] [−4] [−6] target_name

−t	ping 指定的主机，直到停止。
	若要查看统计信息并继续操作，请键入 Ctrl+Break；
	若要停止，请键入 Ctrl+C。
−a	将地址解析成主机名。
−n count	要发送的回显请求数。
−l size	发送缓冲区大小。
−f	在数据包中设置"不分段"标志（仅适用于 IPv4）。
−i TTL	生存时间。
−v TOS	服务类型（仅适用于 IPv4。该设置已不赞成使用，且对 IP 标头中的服务字段类型没有任何影响）。
−r count	记录计数跃点的路由（仅适用于 IPv4）。
−s count	计数跃点的时间戳（仅适用于 IPv4）。
−j host-list	与主机列表一起的松散源路由（仅适用于 IPv4）。

---

[1]　https：//baike. baidu. com/item/ping/6235? fr=aladdin.

–k host-list	与主机列表一起的严格源路由(仅适用于 IPv4)。
–w timeout	等待每次回复的超时时间(毫秒)。
–R	同样使用路由标头测试反向路由(仅适用于 IPv6)。
–S srcaddr	要使用的源地址。
–4	强制使用 IPv4。
–6	强制使用 IPv6。

图 3-4 中 pingcn. baoan. edu. cn 请求超时的反馈信息是因为服务器对 ping 命令做了处理,禁用了 ICMP 功能,所以我们收不到发给 cn. baoan. edu. cn 服务器的反馈信息。

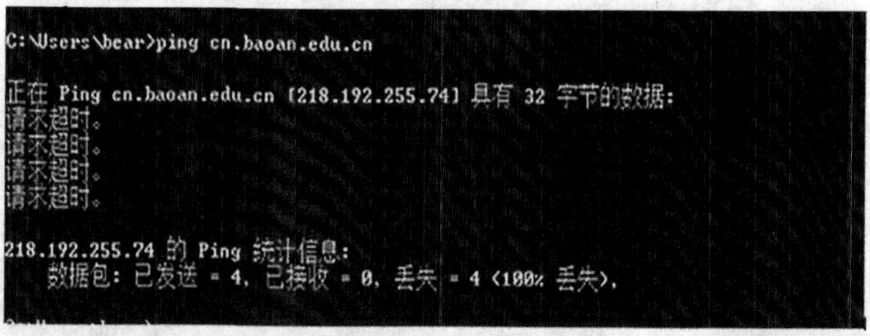

图 3-4 ping 网络不可达

当 ping 命令后发出后,会接收到对方发送的回馈信息,其中记录着对方的 IP 地址、延时和 TTL。TTL 是指定 IP 包被路由器丢弃之前允许通过的最大生存跳数,每经过一台路由器就会减 1。例如,IP 包在服务器中发送前设置的 TTL 是 128,使用 ping 命令后,得到服务器反馈的信息,其中的 TTL 为 127,说明途中一共经过了一台路由器的转发,每经过一台路由,TTL 减 1。

需要注意的是,ping 成功并不一定就代表 TCP/IP 配置正确,有可能还要执行大量的本地主机与远程主机的数据包交换,才能确信 TCP/IP 配置的正确性。如果执行 ping 成功而网络仍无法使用,那么问题很可能出在网络系统的软件配置方面,ping 成功只保证当前主机与目的主机间存在一条连通的物理路径①。

当计算机不能访问 Internet 时,首先需要判断是外网故障还是本地局域网的故障。假定本地局域网的网关 IP 地址为 192. 168. 16. 1,可以使用 ping 192. 168. 16. 1 命令查看本机与网关 IP 的连通性。ping 命令使用如图 3-5 所示。

如果需要进行长时间的 ping 测试,可输入:ping 网址或 IP –t(注意要使用小写的 t),再回车(见图 3-6):

---

① https: //baike. baidu. com/item/ping/6235? fr=aladdin.

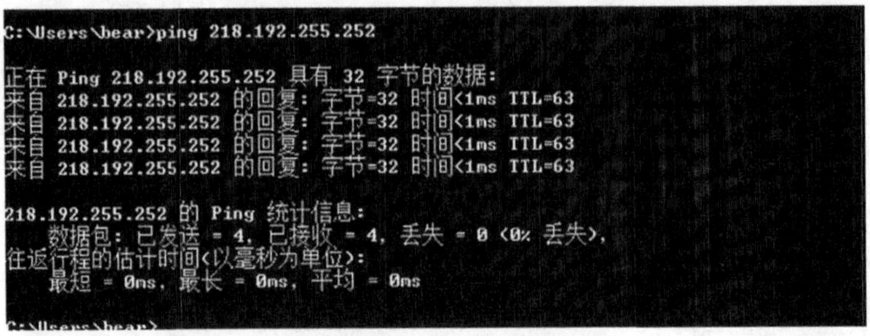

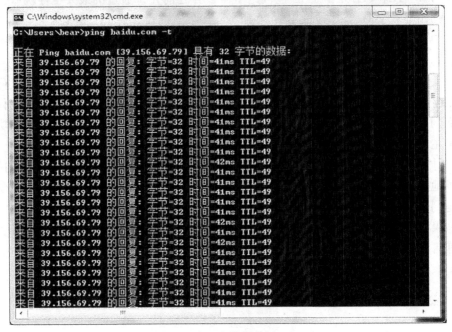

图 3-5　ping 网络可达

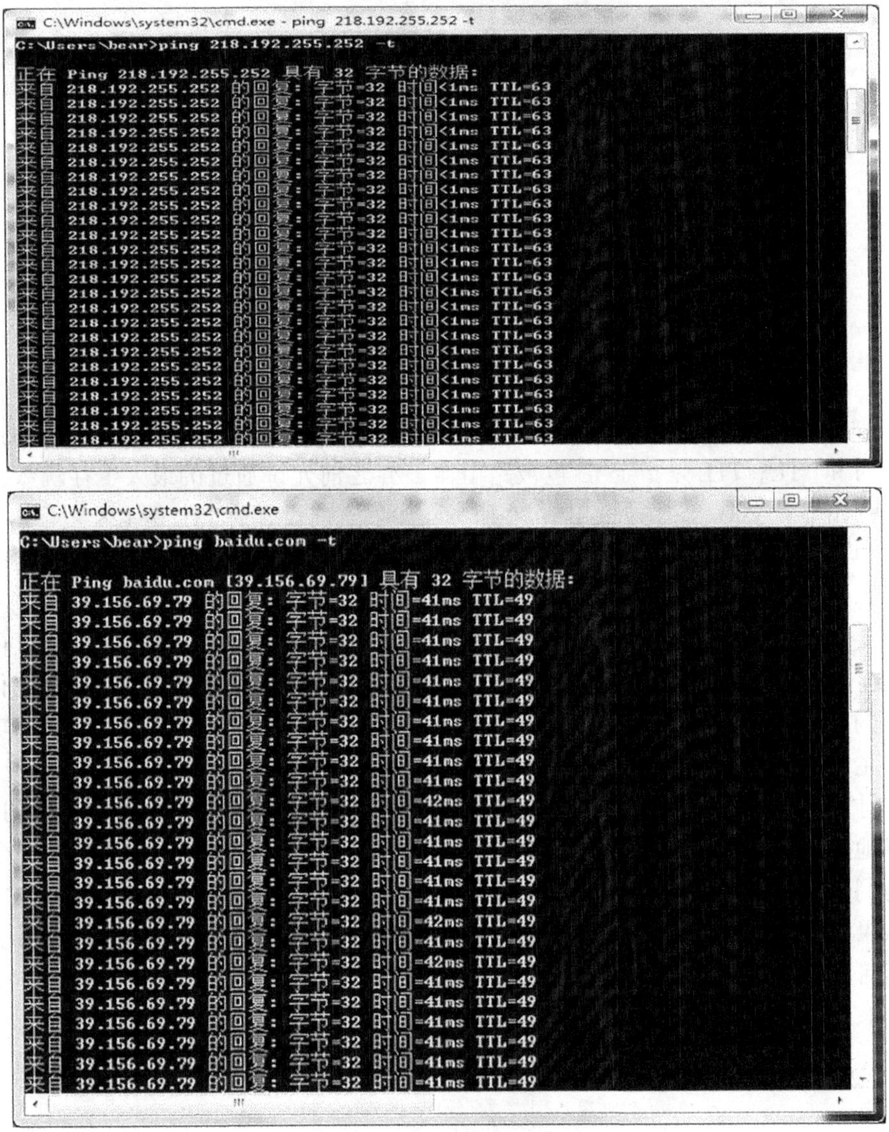

图 3-6　加 t 参数长时间 ping

ping 命令默认发送 32 个字节，如果需要进行大数据包测试，那么应输入：ping 网址或 IP −t −l 字节数，再回车，例如，ping 218.192.255.252 −t −l 1000，表示持续发送1000 个字节的 ping 请求(见图 3-7)：

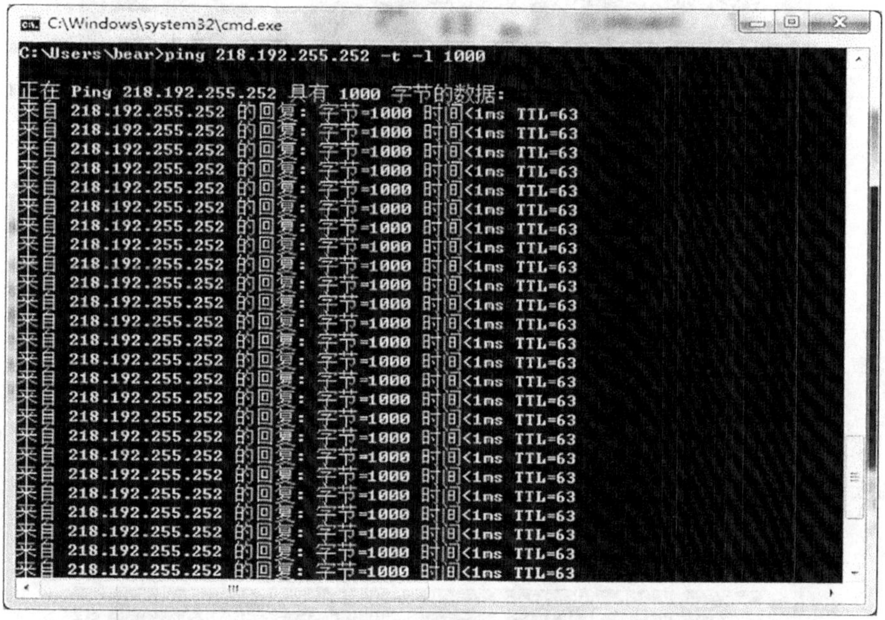

图 3-7　加 l 参数的 ping 大数据包

当我们要收集指定数量的测量值时，那么这时应该输入：ping 网址或 IP −t −n 100，例如，ping 218.192.255.252 −t −n 100，表示让系统 ping 完 100 次就可以结束(见图 3-8)：

图 3-8　加 n 参数限定 ping 的次数

有时候我们还要查询经过的路由数，那么可以输入：ping 网址或 IP −r 9（见图 3-9），最多只能填 9 个，表示经过的路由数量。①

图 3-9 加 r 参数查询 ping 经过的路由

当然，我们都知道路由器是分段转发的，为了让路由器整段转发出去，可以输入：ping 网址或 IP −f −t（见图 3-10）：

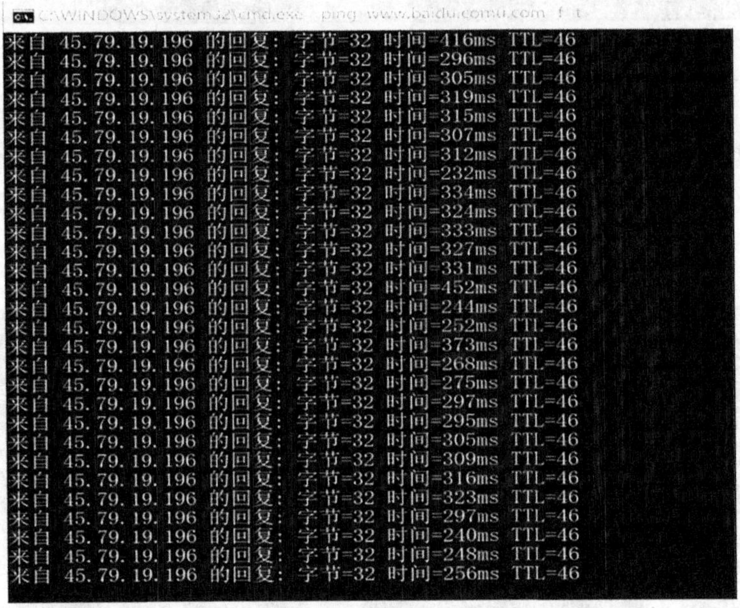

图 3-10 加 f 参数分段转发 ping

批量 ping 网段时，一个网段的 IP 地址众多，如果逐个检测实在麻烦，那么可以直接批量 ping 网段检测，哪个 IP 地址出了问题，一目了然（见图 3-11），直接在命令行窗

① https：//www.sohu.com/a/326696863_99906077.

口输入：for/L %D in（1，1，255）do ping 10.168.1.%D

其中，可将 IP 地址段修改成要检查的 IP 地址段。

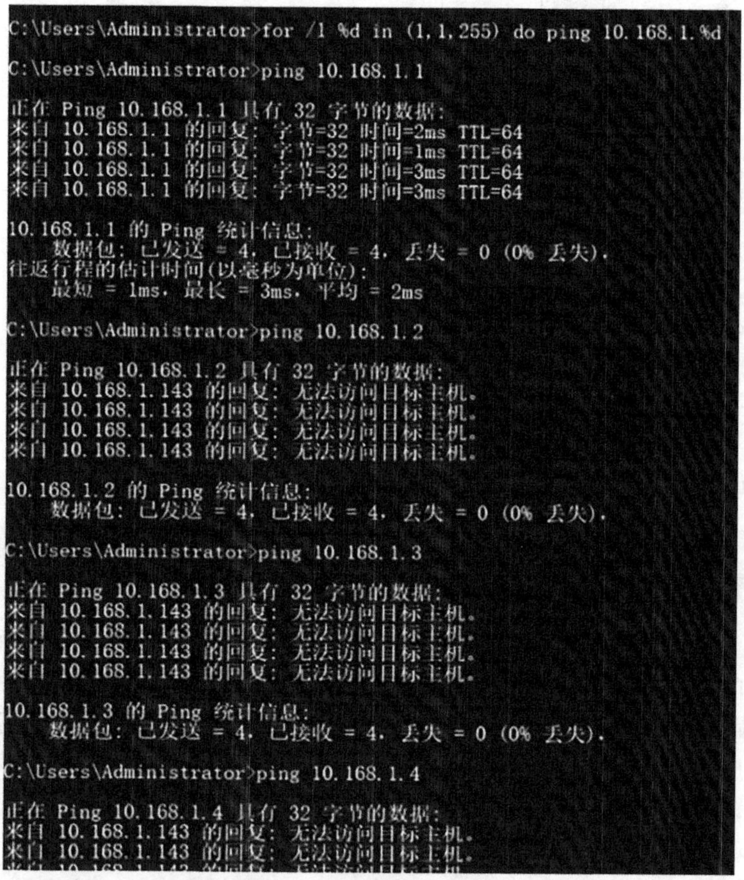

图 3-11　使用通配符 ping 网段

当输入批量命令后，就会自动把网段内所有的 IP 地址都 ping 完为止。

那么这段"for/L %D in（1，1，255）do ping 10.168.1.%D"代码是什么意思呢？

代码中的（1，1，255）是网段起与始，即检测网段 10.168.1.1 到 10.168.1.255 之间的所有的 ip 地址，每次递增 1，直到将 1 至 255 这 255 个 IP 检测完为止[①]。

（二）应用举例

接入区教育城域网的中小学校，终端网络网线连接状态显示为保持连通但无法上网时，可以通过使用 ping 命令逐级检查各相关环节的网络连通状态（见图 3-12）：

———————————

① 　https：//www.sohu.com/a/326696863_99906077.

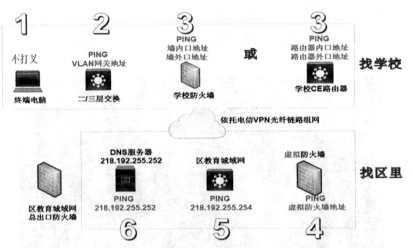

图 3-12 使用 ping 命令逐级检查各相关环节的网络连通状态

二、Tracert 命令

(一)命令详解

Tracert(跟踪路由)是路由跟踪实用程序,用于确定 IP 数据包访问目标所采取的路径。Tracert 命令用 IP 生存时间(TTL)字段和 ICMP 错误消息来确定从一个主机到网络上其他主机的路由。通过向目标发送不同 IP 生存时间(TTL)值的"Internet 控制消息协议(ICMP)"回应数据包,Tracert 诊断程序能确定到目标所采取的路径,要求路径上的每个路由器在转发数据包之前至少将数据包上的 TTL 递减 1。数据包上的 TTL 减为 0 时,路由器应该将"ICMP 已超时"的消息发回源系统。Tracert 先发送 TTL 为 1 的回应数据包,并在随后的每次发送过程将 TTL 递增 1,直到目标响应或 TTL 达到最大值,从而确定路由。如果某些路由器不经询问而直接丢弃 TTL 过期的数据包,这在 Tracert 实用程序中是看不到的①。其命令功能同 ping 类似,但所获得的信息要比 ping 命令详细得多,它把数据包所走的全部路径、节点的 IP 以及花费的时间都显示出来,该命令比较适用于大型网络。

命令的语法获取及参数解析:cmd 模式下,输入 tracert/? 回车键

tracert [-d] [-h maximum_hops] [-j host-list] [-w timeout]
    [-R] [-S srcaddr] [-4] [-6] target_name

-d	不将地址解析成主机名。
-h maximum_hops	搜索目标的最大跃点数。
-j host-list	与主机列表一起的松散源路由(仅适用于 IPv4)。
-w timeout	等待每个回复的超时时间(以毫秒为单位)。

---

① https://baike.baidu.com/item/跟踪路由/8971154?fromtitle=tracert&fromid=7578188&fr=aladdin.

–R	跟踪往返行程路径(仅适用于 IPv6)。
–S srcaddr	要使用的源地址(仅适用于 IPv6)。
–4	强制使用 IPv4。
–6	强制使用 IPv6。

如图 3-13 中，我们测试到新浪的路径经过了 15 个路由：

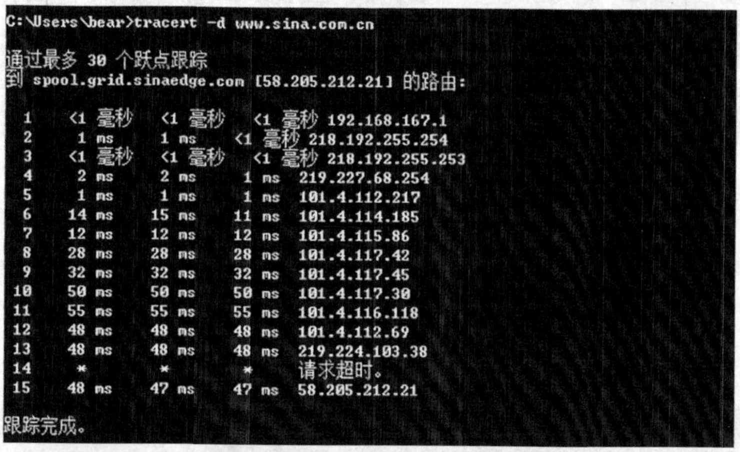

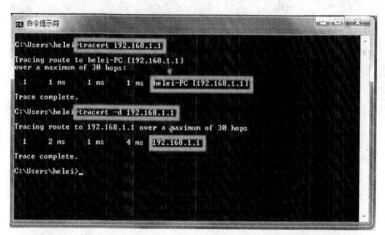

图 3-13　使用 tracert 命令测试新浪网的路径情况

在"tracert"命令与 IP 地址或 URL 地址中间输入"–d"，可以不将 IP 地址解析到主机名称。从图 3-14 可以看出，添加了"–d"后将不显示出"PC-helei"字样，即不显示主机名称。

图 3-14　使用 d 参数不将 IP 地址解析到主机名称的 tracert 测试

在"tracert"命令与 IP 地址或 URL 地址中间输入"–h"，并在其后添加一个数字，可以指定本次 tracert 程序搜索的最大跳数。如图 3-15 所示，加入"–h 5"后，搜索只在路由器间跳转 5 次，就无条件结束了。

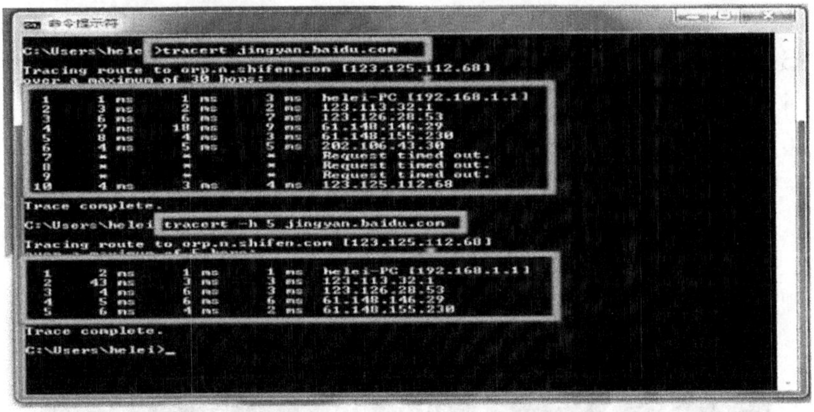

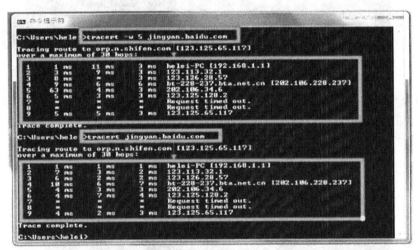

图 3-15　使用 h 参数限定 tracert 测试的最大跳数

在"tracert"命令与 IP 地址或 URL 地址中间输入"−w"，并在其后添加一个数字，如图 3-16，可以限定 tracert 每次回复所指定的毫秒数①。

图 3-16　使用 w 参数限定 tracert 测试每次回复所指定的毫秒数

(二)应用举例

2019 年，深圳市宝安区全区的 197 所样本校参加国家义务教育质量监测，为确保教育城域网接入的全区各参测学校高速、稳定地访问国测系统，区教育城域网中心根据相关测试数据分析，提出了有效的保障方案，以下为关键环节分析：

1. 域名分析

通过 nslookup 命令，分析国测系统 eachina.changyan.cn 的域名解析指向服务器的 IP 分布情况，使用城域网 DNS 218.192.255.252，解析结果为 60.205.130.30；使用电

---

① https：//jingyan.baidu.com/article/9c69d48f4df25713c8024e66.html.

信 DNS 202.96.134.133，解析结果为 60.205.130.30（同上）；使用教育网 DNS 218.192.240.2，解析结果为 60.205.130.30(同上)；使用联通 DNS 221.5.88.88，解析结果为 60.205.130.30（同上）；使用移动 DNS：120.196.165.7，解析结果为：60.205.130.30(同上)。综上，国测系统 eachina.changyan.cn，域名全部解析到阿里云 60.205.130.30。

2. 路由跟踪

统一使用 tracert -d -w 500 60.205.130.30，分别测试教育网免费专线链路出口、教育网付费专线链路出口、移动专线链路出口、联通专线链路出口、电信专线链路出口访问国测系统的响应速度(见图 3-17、图 3-18)：

图 3-17　从联通专线链路出口访问国测系统路由情况，其他出口类同

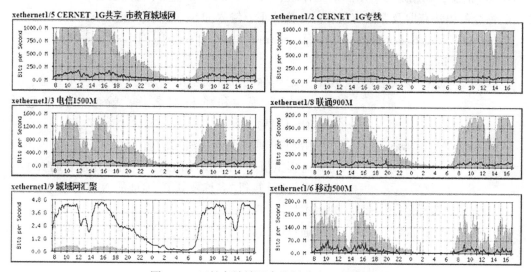

图 3-18　区教育城域网专线链路出口负载情况

表 3-2 区教育城域网用户访问国测系统数据分析表

教育城域网出口链路	响应时间	出口带宽	出口负载	国测路由选择
教育网免费专线链路出口	延迟 489ms	1000M	高峰期满载	
教育网付费专线链路出口	延迟 582ms	1000M	高峰期满载	
移动专线链路出口	延迟 42ms	500M		主出口
联通专线链路出口	延迟 41ms	900M	高峰期将满载	
电信专线链路出口	延迟 39ms	1500M	高峰期将满载	备出口

3. 出口选定

综合测试结果，制作了区教育城域网用户访问国测系统数据分析表（见表 3-2），经评测，全区参测学校及用户访问国测系统使用区教育城域网选用移动专线链路出口作为主出口，电信专线链路出口作为备出口。以上案例，也为我们针对重点业务系统的网络分析及保障提出了具体可行的分析思路。

三、nbtstat 命令

（一）命令详解

NetBIOS 是许多早期 windows 网络中使用的名称解析系统。Nbtstat（NETBIOS over TCP/IP statistics）工具用于查看在 TCP/IP 协议之上运行 NetBIOS 服务的统计数据，并可以查看本地远程计算机上的 NetBIOS 名称列表[1]。使用这个命令可以得到远程主机的 NetBIOS 信息，如用户名、所属的工作组、网卡的 MAC 地址等（见图 3-19）：

命令的语法获取及参数解析：cmd 模式下，输入 nbtstat/？回车键

nbtstat ［［-a RemoteName］［-A IP address］［-c］［-n］［-r］［-R］［-RR］［-s］［-S］［interval］］

  -a （适配器状态） 列出指定名称的远程机器的名称表（使用这个参数，只要知道了远程主机的机器名称，就可以得到它的 NetBIOS 信息）。

  -A （适配器状态） 列出指定 IP 地址的远程机器的名称表（这个参数也可以得到远程主机的 NETBIOS 信息，但需要知道它的 IP）。

  -c （缓存） 列出远程［计算机］名称及其 IP 地址的 NBT 缓存。

  -n （名称） 列出本地 NetBIOS 名称。

  -r （已解析） 列出通过广播和经由 WINS 解析的名称。

---

[1] https：//baike. baidu. com/item/nbtstat/7578115？fr＝aladdin.

-R　　（重新加载）　　清除和重新加载远程缓存名称表。

-S　　（会话）　　　　列出具有目标 IP 地址的会话表。

-s　　（会话）　　　　列出将目标 IP 地址转换成计算机 NetBIOS 名称的会话表。

-RR　（释放刷新）　　将名称释放包发送到 WINS，然后启动刷新。

RemoteName　远程主机计算机名。

IP address　用点分隔的十进制表示的 IP 地址。

interval　重新显示选定的统计、每次显示之间暂停的间隔秒数。
　　　　　按 Ctrl+C 停止重新显示统计。

如图 3-19 所示，本机的机器名为 BEAR-PC，拥有多块网络适配器(网卡)：

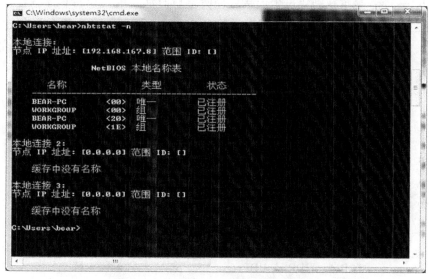

图 3-19　nbtstat 命令操作测试截图

(二)应用举例

对接入中小学校园网的终端进行实名制登记和管理，一本实名的"使用者姓名，终端实名名称、分配的 IP 地址、终端所在办公室位置"台账表，非常有利于故障的快速定位及处置。

四、netstat 命令

(一)命令详解

在 Internet RFC 标准中，Netstat 是在内核中访问网络连接状态及其相关信息的程序，它能提供 TCP 连接，TCP 和 UDP 监听，进程内存管理的相关报告。Netstat 是控制台命令，是监控 TCP/IP 网络的非常有用的工具，它可以显示路由表、实际的网络连接以及每一个网络接口设备的状态信息。Netstat 可显示与 IP、TCP、UDP 和 ICMP 协议相关的统计数据，一般用于检验本机各端口的网络连接情况。如果用户的计算机有时候接收到的数据包导致出错数据或故障，不必感到奇怪，TCP/IP 可以容许这些类型的错误，并能够自动重发数据包。但如果累计的出错情况数目占到所接收的 IP 数据包相当大的百分比，或者它的数目正迅速增加，那么你就应该使用 Netstat 查一查为什么会出现这些情况了①。

命令的语法获取及参数解析：cmd 模式下，输入 netstat/？回车键

netstat［-a］［-b］［-e］［-f］［-n］［-o］［-p proto］［-r］［-s］［-t］［interval］

    -a　　　　显示所有连接和侦听端口。

    -b　　　　显示在创建每个连接或侦听端口时涉及的可执行程序。在某些情况下，已知可执行程序承载多个独立的组件，此时则显示创建连接或侦听端口时涉及的组件序列，并且可执行程序的名称位于底部［］中，它调用的组件位于顶部，直至达到 TCP/IP。注意，此选项可能很耗时，并且在您没有足够权限时可能失败。

    -e　　　　显示以太网统计。此选项可以与-s 选项结合使用。

    -f　　　　显示外部地址的完全限定域名(FQDN)。

    -n　　　　以数字形式显示地址和端口号。

    -o　　　　显示拥有的与每个连接关联的进程 ID。

    -p proto　显示 proto 指定的协议的连接；proto 可以是下列任何一个：TCP、UDP、TCPv6 或 UDPv6。如果与-s 选项一起用来显示每个协议的统计，proto 可以是下列任何一个：IP、IPv6、ICMP、ICMPv6、TCP、TCPv6、UDP 或 UDPv6。

    -r　　　　显示路由表。

    -s　　　　显示每个协议的统计。默认情况下，显示 IP、IPv6、ICMP、ICMPv6、TCP、TCPv6、UDP 和 UDPv6 的统计；-p 选项可用于指定默认的子网。

    -t　　　　显示当前连接卸载状态。

    interval　重新显示选定的统计，各个显示间暂停的间隔秒数。按 ctrl+C 停止重新显示统计。如果省略，则 netstat 将打印当前的配置信息一次。

如果在原模式中没有状态，在用户数据包协议中也经常没有状态，于是状态列可以空出来。若有状态，通常取值为：

LISTEN 侦听来自远方的 TCP 端口的连接请求。

SYN-SENT 在发送连接请求后等待匹配的连接请求。

---

① 　https：//baike. baidu. com/item/Netstat/527020？fr=aladdin.

SYN-RECEIVED 在收到和发送一个连接请求后等待对方对连接请求的确认。

ESTABLISHED 代表一个打开的连接。

FIN-WAIT-1 等待远程 TCP 连接中断请求，或先前的连接中断请求的确认。

FIN-WAIT-2 从远程 TCP 等待连接中断请求。

CLOSE-WAIT 等待从本地用户发来的连接中断请求。

CLOSING 等待远程 TCP 对连接中断的确认。

LAST-ACK 等待原来的发向远程 TCP 的连接中断请求的确认。

TIME-WAIT 等待足够的时间以确保远程 TCP 接收到连接中断请求的确认。

CLOSED 没有任何连接状态。

(二)应用举例

如果浏览器无法访问 http：//cn. baoan. eud. cn：2000，用浏览器继续访问的同时，在 CMD 命令模式下执行 netstat -a，可以看到端口为 2000 的连接状态为"SYN_SENT"，则说明该系统的 2000 端口无法访问，此时须检查出口防火墙或者系统本身的 2000 端口是否允许访问(见图 3-20)：

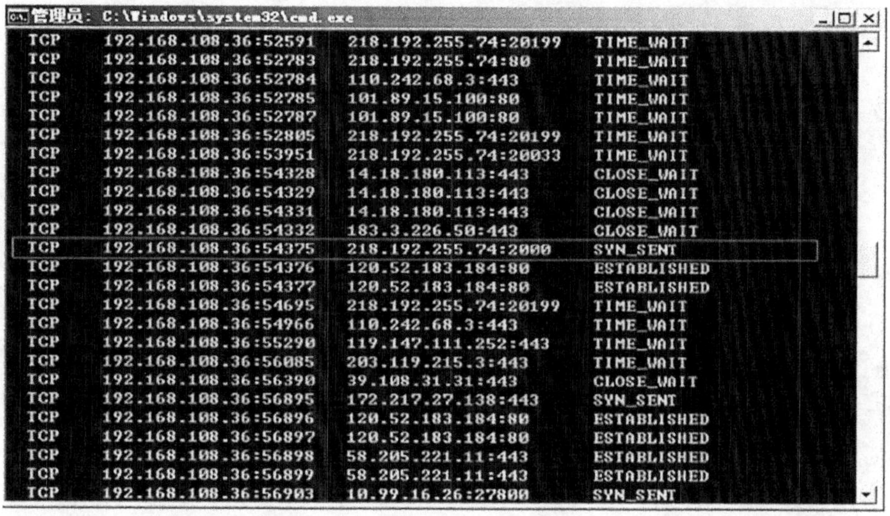

图 3-20 使用 netstat 检查网络访问的服务端口是否打开

五、telnet 命令

(一)命令详解

Telnet 协议是 TCP/IP 协议族中的一员，是 Internet 远程登录服务的标准协议和主要方式。它为用户提供了在本地计算机上完成远程主机工作的能力。在终端使用者的电脑上使用 telnet 程序，用它连接到服务器，然后在 telnet 程序中输入命令，这些命令会在服务器上运行，就像直接在服务器的控制台上输入一样，可以在本地控制服务器，还可以用于调试网络设备。要开始一个 telnet 会话，必须输入用户名和密码来登录服务器。

命令的语法获取及参数解析：cmd 模式下，输入 telnet/？回车键

telnet [-a][-e escape char][-f log file][-l user][-t term][host [port]]

-a 企图自动登录。除了用当前已登录的用户名以外，与-l 选项相同。

-e 跳过字符来进入 telnet 客户端提示。

-f 客户端登录的文件名。

-l 指定远程系统上登录用的用户名称。

   要求远程系统支持 TELNET ENVIRON 选项。

-t 指定终端类型。

   支持的终端类型仅为 vt100、vt52、ansi 和 vtnt。

host 指定要连接的远程计算机的主机名或 IP 地址。

port 指定端口号或服务名。

telnet 命令通常用来远程登录，使用方法如图 3-21 所示：

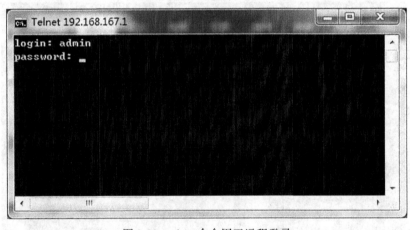

图 3-21 telnet 命令用于远程登录

但是，telnet 因为采用明文传送报文，安全性不好，很多服务器都不开放 telnet 服务，而改用更安全的 ssh 方式了，但弄清楚 telnet 客户端的使用方式仍是很有必要的。

telnet 命令还可用做别的用途，比如确定远程服务的状态，确定远程服务器的某个端口是否能访问，dos 界面下输入：telnet IP 地址端口，然后回车(见图 3-22)：

图 3-22　telnet 命令检查服务端口是否开放

如果请求的服务端口是开放的，则会跳转到如图 3-23 所示的界面：

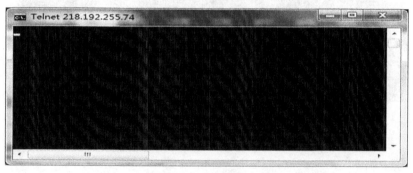

图 3-23　telnet 命令检查到服务端口已经开放

如果请求的服务端口是不正确或未开放的，则会出现如图 3-24 所示的提示：

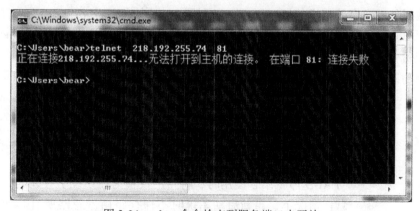

图 3-24　telnet 命令检查到服务端口未开放

（二）应用举例

telnet 命令可用于特殊端口的访问异常检查，如浏览器无法访问 http：//cn.baoan.eud.cn：2000，一般在 CMD 命令模式下输入 telnet cn.baoan.edu.cn 2000，结合上面提到的 netstat 命令可以看到端口为 2000 的连接状态为"SYN_SENT"，则说明该系统的 2000 端口无法访问，需要检查出口防火墙或者系统本身的 2000 端口是否允许访问（见图 3-25）：

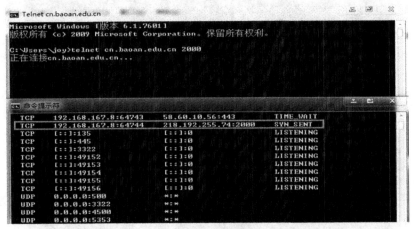

图 3-25　用 telnet 和 netstat 命令检查服务端口是否开放

六、route

（一）命令详解

在数据包没有有效传递的情况下，可以利用 route 命令查看路由表；如果 traceroute 命令揭示出一条异常或低效的传输路径，则可以用 route 命令来确认为何选择该路径，而且能配置一个更有效的路由①。

命令的语法获取及参数解析：cmd 模式下，输入 route/? 回车键

route［-f］［-p］［-4｜-6］command［destination］

　　　　　　　　　　　　［MASK netmask］　［gateway］［METRIC metric］　［IF interface］

　-f　　　　　清除所有网关项的路由表。如果与某个命令结合使用，在运行该命令前，应清除路由表。

　-p　　　　　与 ADD 命令结合使用时，将路由设置为在系统引导期间保持不变。默认情况下，重新启动系统时不保存路由。忽略所有其他的命令，

---

① https：//baike.baidu.com/item/ROUTE 命令/6698201？fr=aladdin.

这始终会影响相应的永久路由。Windows 95 不支持此选项。

-4	强制使用 IPv4。
-6	强制使用 IPv6。
command	其中之一：

	PRINT	打印路由。
	ADD	添加路由。
	DELETE	删除路由。
	CHANGE	修改现有路由。

destination	指定主机。
MASK	指定下一个参数为"网络掩码"值。
netmask	指定此路由项的子网掩码值。
	如果未指定，其默认设置为 255.255.255.255。
gateway	指定网关。
interface	指定路由的接口号码。
METRIC	指定跃点数，如目标的成本。

用于目标的所有符号名都可以在网络数据库文件 Networks 中进行查找，用于网关的符号名称都可以在主机名称数据库文件 hosts 中进行查找。

如果命令为 PRINT 或 DELETE，目标或网关可以为通配符(通配符指定为星号" * ")，否则可能会忽略网关参数。

如果 Dest 包含一个 * 或?，则会将其视为 Shell 模式，并且只打印匹配目标路由。" * "匹配任意字符串，而"?"匹配任意一个字符。示例：157. * .1、157. * 、127. * 、* 224 * 。

示例：

```
> route PRINT
> route PRINT -4
> route PRINT -6
> route PRINT 157 *          ... 只打印那些匹配  157 * 的项。
> route ADD 157.0.0.0 MASK 255.0.0.0   157.55.80.1 METRIC 3 IF 2
        destination^        ^mask       ^gateway      metric^    ^
                                                             Interface^
```

如果未给出 IF，它将尝试查找给定网关的最佳接口。

```
> route ADD 3ffe:: /32 3ffe:: 1
> route CHANGE 157.0.0.0 MASK 255.0.0.0 157.55.80.5 METRIC 2 IF 2
        CHANGE 只用于修改网关和/或跃点数。
> route DELETE 157.0.0.0
```

添加路由是基本技能，假设自己的网关是 192.168.0.1，要访问同事的 192.168.2.56 的电脑，ping 不通同事的 IP，但可以 ping 通同事的电脑所在的网关 192.168.2.1，这时候就可以加个路由 route add 192.168.2.0 mask 255.255.255.0

192.168.2.1 实现路由连通。如果最后加上 -p，那就是永久路由了，下次开机依然存在：route add 192.168.2.0 mask 255.255.255.0 192.168.2.1 -p。如果只想访问同事的电脑，不想访问同事这一台电脑所在的整个网段，则可以输出：route add 192.168.2.56 mask 255.255.255.255 192.168.2.1 -p，如不想访问则删除：route delete 192.168.2.0。

查看本机路由信息，输入：route print，如图 3-26 所示：

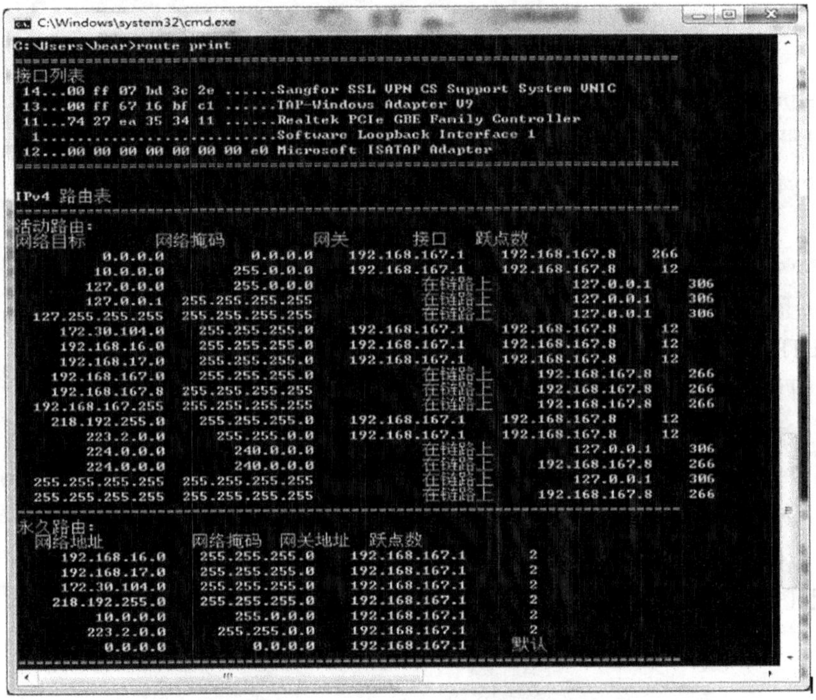

图 3-26　route print 命令查看本机路由信息

删除本机某条路由信息输入：route delete IP，如图 3-27 所示：

图 3-27　route delete 命令删除本机某条路由信息

（二）应用举例

多网卡服务系统控制访问，默认路由解决外网用户的访问，静态路由解决校内授权网段用户的访问，结合校内 DNS 的智能解析，可实现校内与校外用户通过域名无感访问服务系统，提升校内用户访问系统的安全性。例如，宝安中学网站，域名的外网指向记录为 61.144.170.142，域名的内网指向记录为 172.28.0.21，默认路由解决外网用户的访问，静态路由解决校内授权网段（172.22.0.0/24，172.28.1.0/24，172.28.2.0/24，172.28.3.0/24 等校内网段的静态路由全部通过 172.28.0.254 服务系统内网网卡的三层网关地址授权访问，如能结合核心交换机的 VLAN ACL 权限控制，则安全性更好）用户的访问。

七、ARP 命令

（一）命令详解

ARP 命令用于显示和修改"地址解析协议（Address Resolution Protocol）"缓存中的项目。在以太网中，某机器 A 要向主机 B 发送报文，会查询本地的 ARP 缓存表，找到主机 B 的 IP 地址对应的 MAC 地址，然后进行数据传输。如果未找到，则广播 A 一个 ARP 请求报文（携带主机 A 的 IP 地址 Ia——物理地址 Pa），请求 IP 地址为 Ib 的主机 B 回答物理地址 Pb。网上所有主机，包括主机 B 都收到 ARP 请求，但只有主机 B 识别自己的 IP 地址，于是向主机 A 发回一个 ARP 响应报文，其中就包含有 B 的 MAC 地址，A 接收到 B 的应答后，就会更新本地的 ARP 缓存。接着使用这个 MAC 地址发送数据（由网卡附加 MAC 地址）。因此，本地高速缓存的 ARP 表是本地网络流通的基础，而且此缓存是动态的。ARP 表为了加快通信的速度，最近常用的 MAC 地址与 IP 的转换不用依靠交换机来进行，而是在本机上建立一个用来记录常用主机 IP-MAC 的映射表。ARP 协议用于将网络中的 IP 地址解析为目标硬件地址（MAC 地址），以保证通信的顺利进行。如果在没有参数的情况下使用，则 ARP 命令将显示帮助信息。只有当 TCP/IP 协议在网络连接中安装为网络适配器属性的组件时，该命令才可用[1]。虽然 ARP 在 IPv4 中网络层是必不可少的协议，但在 IPv6 协议中已经不再使用，其替代者是发现协议（NDP）。

命令的语法获取及参数解析：cmd 模式下，输入 arp/？回车键

arp -s inet_addr eth_addr [if_addr]

arp -d inet_addr [if_addr]

arp -a [inet_addr] [-N if_addr] [-v]

　　-a　　　　　　　　通过询问当前协议数据，显示当前 ARP 项。如果指定 inet_addr，则只显示指定计算机的 IP 地址和物理地址。如果不止一个网络

---

[1]　https：//baike.baidu.com/item/Arp 命令/3968381？fr=aladdin.

接口使用 ARP，则显示每个 ARP 项。

-g	与-a 相同。
-v	在详细模式下显示当前 ARP 项。所有无效项和环回接口上的项都将显示。
inet_addr	指定 Internet 地址。
-N if_addr	显示 if_addr 指定的网络接口的 ARP 项。
-d	删除 inet_addr 指定的主机。inet_addr 可以是通配符 *，以删除所有主机。
-s	添加主机并将 Internet 地址 inet_addr 与物理地址 eth_addr 相关联。物理地址是用连字符分隔的 6 个十六进制字节。该项是永久的。
eth_addr	指定物理地址。
if_addr	如果存在，此项指定地址转换为应修改的接口的 Internet 地址。如果不存在，则使用第一个适用的接口。

示例：

> arp -s 157. 55. 85. 212　　00-aa-00-62-c6-09... 添加静态项。

> arp -a 　　　　　　　　　　　　　　　　... 显示 ARP 表。

我们常用的是其中的查询显示、添加记录、删除记录三个功能，至于其他的功能，用户可以自己去实践操作。

(1)在命令提示符中输入 arp -a 参数回车，可读取当前网络设备的 IP 地址对应的 MAC 地址关系表，如图 3-28 所示：

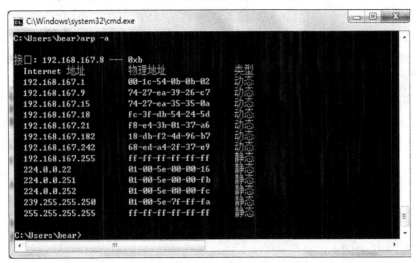

图 3-28　arp 命令查看 IP 地址对应的 MAC 地址关系

(2)arp -s 参数的作用是在办公网络或者是监控项目中，为了防止用户乱改 IP 地址或者遇到 IP 地址冲突，给 IP 地址绑定设备的 MAC 地址。只要出现网络故障，就可以用 MAC 地址定位到电脑。

其具体的用法就是先用 arp -s ＊＊＊.＊＊＊.＊＊＊.＊＊＊（此为 IP 地址）＊＊-＊＊-＊＊-＊＊-＊＊-＊＊（此为 MAC 地址）绑定一条记录，然后用 arp -a 查询 arp 记录添加是否成功，如图 3-29 所示：

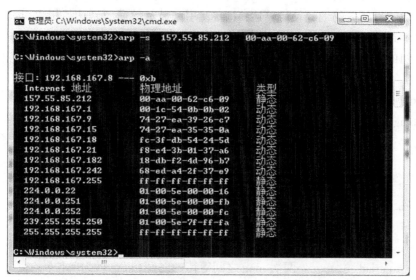

图 3-29　arp 命令增加静态 IP 地址对应的 MAC 地址关系

（3）在网络出现问题，IP 地址发生冲突，其对应的 MAC 地址有误时，可以用 arp -d 命令来删除其中出问题的 arp 记录，然后重新添加新的 arp 记录，网络问题也自然得到解决。

如果想要彻底地清空 ARP 列表，则需要禁止所有的网络连接信息，否则在网络交互过程中仍然会产生新的 ARP 列表。

（二）应用举例

一般情况下，使用设备的动态 ARP 学习与管理机制即可；特殊情况下，可把核心互联设备、出口防火墙设备、审计设备、服务器设备、存储设备等核心主干设备的 ARP 地址做静态绑定，可有效管控 ARP 地址欺骗风险。但不建议对一般上网终端做 ARP 静态绑定，特别是网络规模较大时，工作量巨大且繁琐。

八、pathping 命令

（一）命令详解

Pathping 提供有关在源和目标之间的中间跃点处网络滞后和网络丢失的信息。Pathping 在一段时间内将多个回响请求报文发送到源和目标之间的各个路由器，然后根据各个路由器返回的数据包计算结果。因为 pathping 能显示在任何特定路由器或链接处的数据包的丢失程度，所以用户可据此确定存在网络问题的路由器或子网。Pathping 通过识别路径上的路由器来执行与 tracert 命令相同的功能，该命令会在一段指定的时间内定期将 ping 命令发送到所有的路由器，并根据每个路由器的返回数值生成统计结果[①]。

在此，将 ping、tracert、pathping 三个命令作简单对比：Ping 用来检测目标主机的连通性，确认想要去的地方是否可达；tracert 用来显示数据包到达目标主机所经过的路径，并显示到达每个节点的时间，即了解想去的地方如何到达；pathping 用来跟踪在源和目标之间的中间跃点处网络滞后和网络丢失的详细信息，即了解所走路径的路状如何。

命令的语法获取及参数解析：cmd 模式下，输入 pathping/？回车键

pathping ［-g host-list］［-h maximum_hops］［-i address］［-n］
　　　　　　　　［-p period］［-q num_queries］［-w timeout］
　　　　　　　　［-4］［-6］target_name

-g host-list	与主机列表一起的松散源路由。
-h maximum_hops	搜索目标的最大跃点数。
-i address	使用指定的源地址。
-n	不将地址解析成主机名。
-p period	两次 ping 之间等待的时间(以毫秒为单位)。
-q num_queries	每个跃点的查询数。
-w timeout	每次回复等待的超时时间(以毫秒为单位)。
-4	强制使用 IPv4。
-6	强制使用 IPv6。

Pathping 命令综合了 ping 和 tracert 命令二者的功能。Pathping 会先显示中间通过的路由器(类似 tracert 命令得到的信息)，然后对每个中间路由器(节点)发送一定数量的 ping 包，通过统计对 ping 包响应的数据包来分析通信质量。有的路由器对 ping 关闭了响应，所以有的节点的丢包率会达到 100%，丢弃 ping 包可能只是节点本身对 ping 的处理，并不一定影响通信，如果关闭 ping 命令，节点的下一个节点返回到数据是正常的，说明回复的包都成功发送回来。由于命令显示数据包在任何给定路由器或链接上丢失的程度，因此可以很容易地确定可能导致网络问题的路由器或链接。

在默认情况下，pathping 命令不带选项，只须输入 pathping tragert_name 即可。

(二)应用举例

pathping www.163.com 返回两部分内容，第一部分显示到达目的地经过了哪些路由；第二部分显示了路径中每个路由器上数据包丢失的信息(见图 3-30)，反映出数据包从源主机到目标主机所经过的路径、网络延时以及丢包率[②]。

---

① 　https：//baike. baidu. com/item/pathping/813134？fr＝aladdin.

② 　https：//www. jb51. net/network/546153. html.

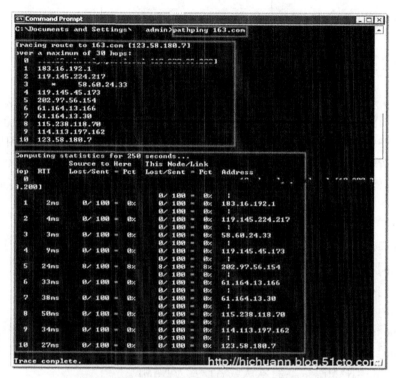

图 3-30 pathping 命令测试网络可达的目标

如果测试至某一节点网络超时，会中断测试过程，如图 3-31 所示，测试到第 3 条时即中止了测试过程，第二部分的统计信息提示数据包丢失率为 100%。

图 3-31 pathping 命令测试网络不可达的目标

九、nslookup 命令

(一)命令详解

Nslookup 是 Windows NT、Windows 2000 中用于连接 DNS 服务器、查询域名信息的一个非常有用的命令,可以指定查询的类型,查询 DNS 记录的生存时间,还可以指定使用哪个 DNS 服务器进行解释。在已安装 TCP/IP 协议的电脑上均可以使用这个命令,主要用来诊断域名系统(DNS)基础结构的信息①。

命令的语法获取及参数解析:cmd 模式下,输入 nslookup 回车键或 nslookup? 回车键

all	打印选项、当前服务器和主机。
[no]debug	打印调试信息。
[no]d2	打印详细的调试信息。
[no]defname	将域名附加到每个查询。
[no]recurse	询问查询的递归应答。
[no]search	使用域搜索列表。
[no]vc	始终使用虚拟电路。
domain=NAME	将默认域名设置为 NAME。
srchlist=N1[/N2/.../N6]	将域设置为 N1,并将搜索列表设置为 N1、N2 等。
root=NAME	将根服务器设置为 NAME。
retry=X	将重试次数设置为 X。
timeout=X	将初始超时间隔设置为 X 秒。
type=X	设置查询类型(如 A、AAAA、A+AAAA、ANY、CNAME、MX、NS、PTR、SOA 和 SRV)。
querytype=X	与类型相同。
class=X	设置查询类(如 IN(Internet)和 ANY)。
[no]msxfr	使用 MS 快速区域传送。
ixfrver=X	用于 IXFR 传送请求的当前版本。
server NAME	将默认服务器设置为 NAME,使用当前默认服务器。
lserver NAME	将默认服务器设置为 NAME,使用初始服务器。
root	将当前默认服务器设置为根服务器。
ls [opt] DOMAIN [> FILE]-列出 DOMAIN 中的地址(可选:输出到文件 FILE)。	
-a	列出规范名称和别名。
-d	列出所有记录。
-t TYPE	列出给定 RFC 记录类型(如 A、CNAME、MX、NS 和 PTR

_____

① https://baike.baidu.com/item/Nslookup 命令/7305522? fr=aladdin.

等)的记录。

view FILE　　　　　　　对'ls'输出文件排序,并使用 pg 查看。

exit　　　　　　　　　退出程序。

此命令一般用来检测本机的 DNS 设置是否配置正确,例如,输入 nslookup 网站域名,即可解析出网站的 IP 地址。如图 3-32 所示,对 www. baidu. com 使用该命令,可以解析出它所有的 IP 地址:

图 3-32　nslookup 命令测试网站域名可解析出网站的 IP 地址

而如果网络出现异常或者无法收到服务器发送来的信息时,会出现如图 3-33 显示的内容。服务器和 Address 代表着解析这些 IP 地址和域名的 DNS 服务器信息。

图 3-33　nslookup 命令测试无法解析的域名

(二)应用举例

通过 nslookup 命令使用 server 参数切换不同运营商的 DNS 来分析服务器情况,再通过 tracert -d -w 分析得出的服务器 IP，分别测试各出口链路到目标服务器的访问速度，从而找出访问目标服务器的最优出路路由。

第三节　中小学校网络与信息安全设备自带的工具

笔者学校的网络架构为：出口防火墙→审计→华为核心交换机→华为汇聚交换机→各网络接入点。为了有效预防网络广播风暴，各楼层或者各网络都划分了不同的VLAN，VLAN 规划有调整时比较方便，另外，个别室内由于增加了使用设备和人员座位，会临时增加一个普通小交换机。这样做有利有弊：利是能够减少工作量，不需要做大的网络调整；弊是一旦遇到网络故障时不易直接确定故障的位置，需要排查多处网络节点和线路，才能确定故障或问题所在——很多网络故障就是出在临时增加的这个普通的不可网管的小交换机上。

目前主流网络设备厂商基本配备了网管诊断工具，熟练用好这些诊断工具可以让我们快速定位一些网络故障。例如，学校边界防火墙自带工具，有利于学校网络故障边界的快速、准确判断是校内还是校外故障，有利于缩小排障范围，大大提高了工作效率。下面简单介绍几款主流厂商网络设备的故障诊断工具。

一、山石防火墙

在山石防火墙软件界面中，依次点击系统→诊断工具→测试工具，菜单中包含DNS 查询、ping、Traceroute 项目(见图 3-34、图 3-35)。

图 3-34　山石防火墙自带 ping 测试结果的截图 1

图 3-35　山石防火墙自带 ping 测试结果的截图 2

二、深信服防火墙

在深信服防火墙软件界面中，依次点击系统→排障→分析工具，菜单中包含 Arp、ping、Traceroute、Telnet 等常用工具(见图 3-36)。

图 3-36　深信服防火墙自带 Arp、ping、Traceroute、Telnet 等常用工具

深信服防火墙也自带抓包工具，当需要对学校的进出流量进行数据包分析时，可直接在抓包选项中设置网口、IP 地址及端口等信息，抓取指定信息(见图 3-37)。

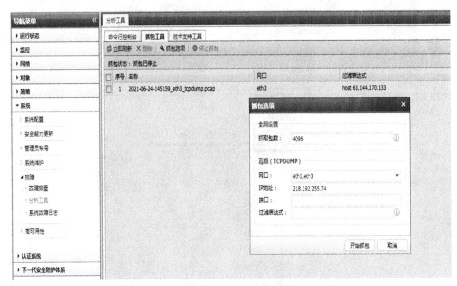

图 3-37　深信服防火墙自带的抓包工具

三、华为防火墙

在华为防火墙软件界面中，依次点击监控→诊断中心，菜单里包含 IPSec 诊断、网页诊断、报文示踪诊断、ping 诊断、Tracert 诊断和信息采集（见图 3-38）。

图 3-38　华为防火墙自带 IPSec 诊断、网页诊断、报文示踪诊断等工具

同样的，当需要对学校的进出流量进行数据包分析时，可以选择报文示踪诊断，根据需要选择接口、协议、源目 IP、源目 MAC、源目端口等信息进行抓包分析（见图 3-39）：

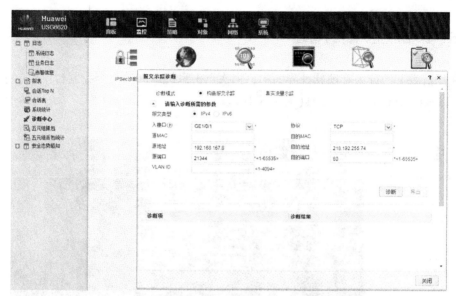

图 3-39　华为防火墙自带的抓包工具

四、华三防火墙

在华三防火墙软件界面中，依次点击网络→探测工具，菜单里包含 ping、Tracert 工具(见图 3-40)：

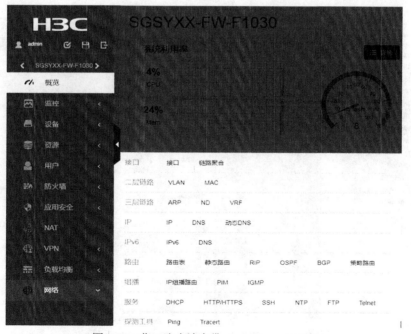

图 3-40　华三防火墙自带 ping、Tracert 工具

五、深信服上网行为管理

在深信服上网行为管理软件界面中，依次点击系统诊断→命令控制台，菜单里包含 ping、Telnet、Traceroute 等工具（见图 3-41）。

图 3-41　深信服上网行为管理自带 ping、Telnet、Traceroute 等工具

与深信服防火墙一样，它也自带了抓包工具，需要对学校进出流量进行数据包分析时，可直接在抓包选项中设置抓包数、IP 地址及端口等信息，抓取指定信息（见图 3-42）。

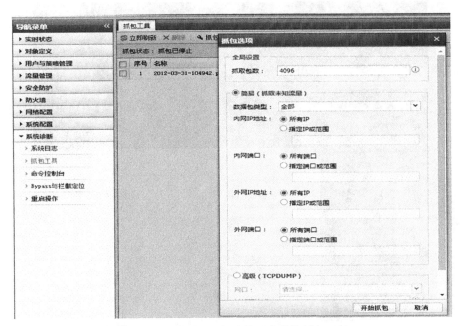

图 3-42　深信服上网行为管理自带的抓包工具

六、任子行网络安全审计

在任子行网络安全审计软件界面中，依次点击系统管理→系统配置→网络诊断（见图 3-43），可诊断 IP 地址。

图 3-43　任子行网络安全审计自带的网络诊断工具

以上目前主流厂商的防火墙、上网行为审计等网络设备的 WEB 网管页面基本上都自带了一些诊断测试工具，其他厂商的设备自带诊断工具所在菜单位置、功能列表、显示界面设置区域等方面略微不同，但操作步骤、使用效果大同小异，在此就不一一赘述。

第四节　中小学校网络与信息安全常用的第三方软件工具

一、Wireshark

（一）软件简介

Wireshark 是一款非常棒的 Unix 和 Windows 上的开源网络协议分析器。它可以实时检测网络通信数据，也可以检测其抓取的网络通信数据快照文件。用户能通过图形界面浏览这些数据，查看网络通信数据包中每一层的详细内容。Wireshark 拥有许多强大的特性，包括强显示过滤器语言（rich display filter language）、查看 TCP 会话重构流、支持上百种协议和媒体类型、拥有一个类似 tcpdump（一个 Linux 下的网络协议分析工具）的名为 ethereal 的命令行版本，等等。

Wireshark（前称 Ethereal）是一个网络封包分析软件。网络封包分析软件的功能是撷取网络封包，并尽可能显示出最为详细的网络封包资料。其功能可想象成"电工技师使用电表来量测电流、电压、电阻"的工作，只是将场景移植到网络上，并将电线替换成网络线。在 GNU 通用许可证的保障范围下，使用者可以免费获得软件与其程式码，并拥有针对其原始码修改及定制化的权利。它是目前全世界最广泛的网络封包分析软件之一。

WireShark 抓包界面如图 3-44 所示。数据包列表区中不同的协议使用了不同的颜色区分。协议颜色标识定位在菜单栏 View→Coloring Rules（见图 3-45）。

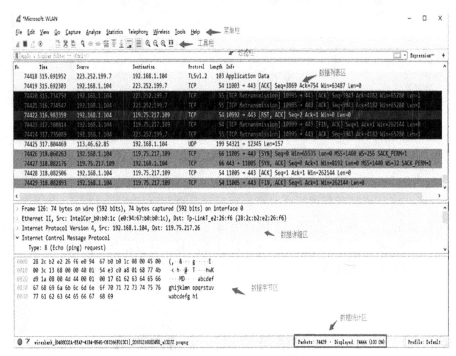

图 3-44 WireShark 的抓包界面

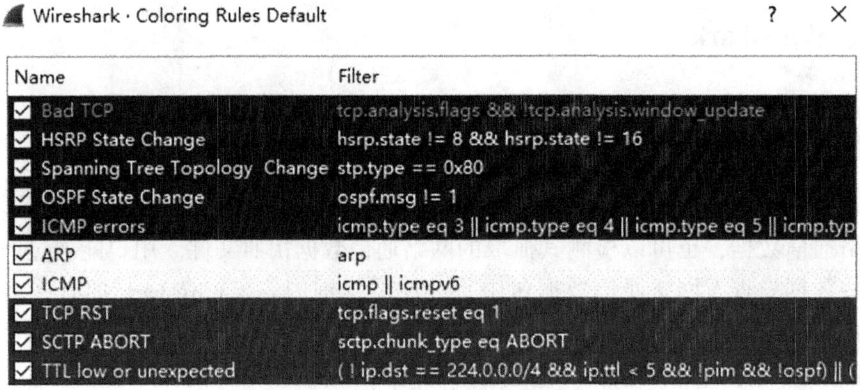

图 3-45 WireShark 的协议颜色标识

(二)WireShark 的主要界面

1. Display Filter(显示过滤器)

它用于设置过滤条件进行数据包列表过滤，如图 3-46 所示，菜单路径为 Analyze→Display Filters。

Apply a display filter … <Ctrl-/>

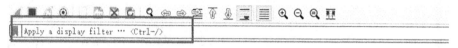

图 3-46　WireShark 的显示过滤器设置

2. Packet List Pane(数据包列表)

它能显示捕获到的数据包，每个数据包包含编号、时间戳、源地址、目标地址、协议、长度以及数据包信息(见图 3-47)，不同协议的数据包使用了不同的颜色来区分显示。

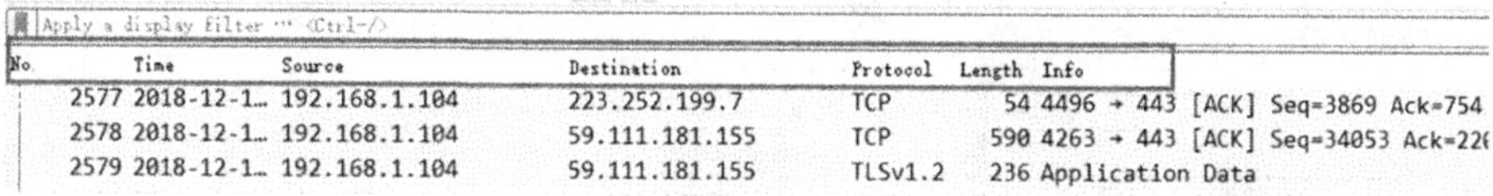

Apply a display filter … <Ctrl-/>
No. Time Source Destination Protocol Length Info
2577 2018-12-1… 192.168.1.104 223.252.199.7 TCP 54 4496 → 443 [ACK] Seq=3869 Ack=754
2578 2018-12-1… 192.168.1.104 59.111.181.155 TCP 590 4263 → 443 [ACK] Seq=34053 Ack=22
2579 2018-12-1… 192.168.1.104 59.111.181.155 TLSv1.2 236 Application Data

图 3-47　WireShark 的数据包列表设置

3. Packet Details Pane(数据包详细信息)

在数据包列表中选择指定数据包，在 Packet Details Pare 中会显示数据包的所有详细信息内容。数据包详细信息面板可用来查看协议中的每一个字段(见图 3-48)，各行信息分别为：①Frame：物理层的数据帧概况，②Ethernet II：数据链路层以太网帧头部信息，③Internet Protocol Version 4：互联网层 IP 包头部信息，④Transmission Control Protocol：传输层 T 的数据段头部信息，此处是 TCP，⑤Hypertext Transfer Protocol：应用层的信息，此处是 HTTP 协议。

图 3-49 显示了 Wireshark 捕获到的 TCP 包中的每个字段。

4. Dissector Pane(数据包字节区)

初学者在使用 Wireshark 时，将会得到大量的冗余数据包列表，以至于很难找到自己抓取的数据包部分。Wireshark 工具中自带了两种类型的过滤器，学会使用这两种过滤器会帮助我们在大量的数据中迅速找到需要的信息。

(1)抓包过滤器。捕获过滤器的菜单栏路径为 Capture→Capture Filters，用于在抓取数据包前设置(见图 3-50)。

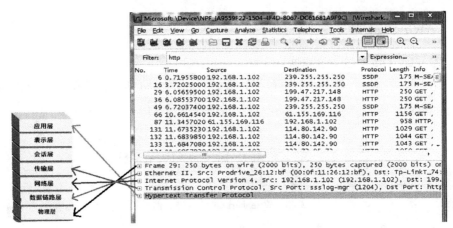

图 3-48　WireShark 的数据包详细信息面板

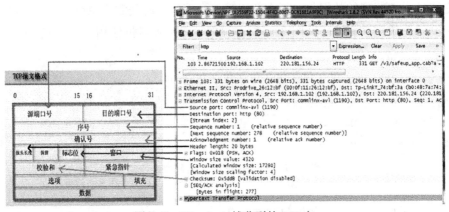

图 3-49　Wireshark 捕获到的 TCP 包

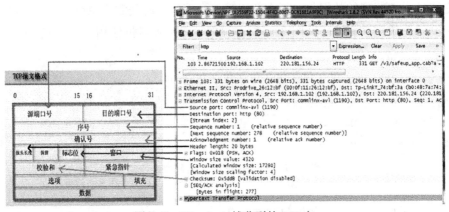

图 3-50　Wireshark 的抓包过滤器选择

在抓取数据包前先进行相关设置，如图 3-51 所示。ip host 60. 207. 246. 216 and icmp 表示只捕获主机 IP 为 60. 207. 246. 216 的 ICMP 数据包，获取结果如图 3-52 所示：

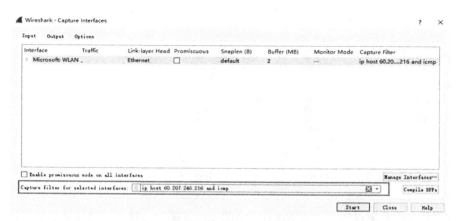

图 3-51　Wireshark 抓取数据包前的目标地址设置

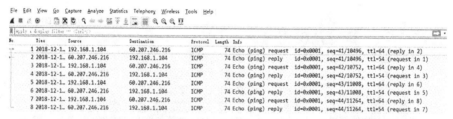

图 3-52　Wireshark 抓取主机 IP 为 60. 207. 246. 216 的 ICMP 数据包

（2）显示过滤器。显示过滤器是用于在抓取数据包后设置过滤条件并过滤数据包。通常是在设置条件相对宽泛，抓取的数据包内容较多时使用显示过滤器设置条件以方便分析。上述场景中，在捕获时未设置捕获规则则直接通过网卡抓取所有数据包，如图 3-53 所示：

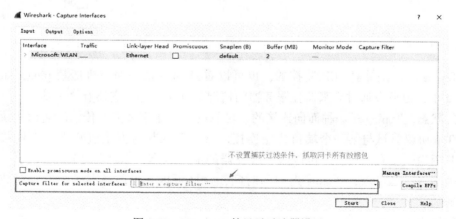

图 3-53　Wireshark 的显示过滤器设置

执行 ping www. huawei. com 获取的数据包列表，如图 3-54 所示：

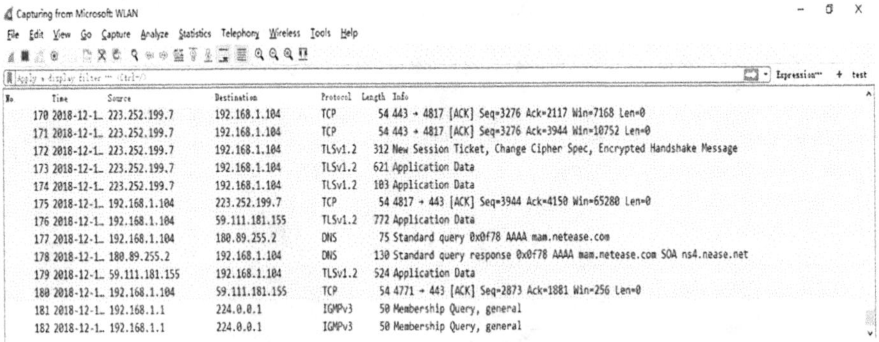

图 3-54　Wireshark 执行 ping www. huawei. com 所获取的数据包

观察获取的数据包列表，发现含有大量的无效数据。这时可以通过设置显示器过滤条件并提取分析信息：ip. addr＝＝211. 162. 2. 183 and icmp，并进行过滤，如图 3-55 所示：

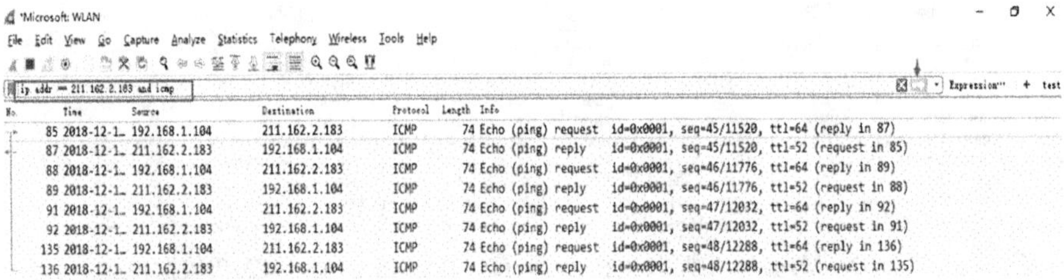

图 3-55　Wireshark 设置显示器过滤条件 211. 162. 2. 183 and icmp 提取分析信息

在组网不复杂或者流量不大的情况下，使用显示器过滤器进行抓包后处理就可以满足使用需求。

二、Tcping

(一)软件简介

Tcping 软件是针对 TCP 监控的，也可以看到 ping 值，即使机房禁 ping，服务器禁 ping 了，也可以通过它来监控服务器的情况。除了 ping，它还有一个功能——监听端口的状态。Tcping 是一种面向连接的、可靠的、基于字节流的传输层通信协议，它使用 Tcp 协议尝试与某一个端口建立连接，然后获取与对方主机建立一次连接的回复。其用途主要有两点：一可以监听服务器的端口状态，默认是 80 端口，也可以指定其他端口。二可以看到 ping 返回的时间，这样可以知道服务器是否有延时或者端口不通的状态。

软件的使用非常方法比较简单：

（1）将下载的文件放在 C：\ WINDOWS \ system32 目录下。

（2）接着在 Windows 命令提示符里可以直接使用此命令，相关的参数可以自己查询，查询的命令是：tcping/？

（二）使用方法示例

tcping www. baidu. com，如图 3-56 所示：

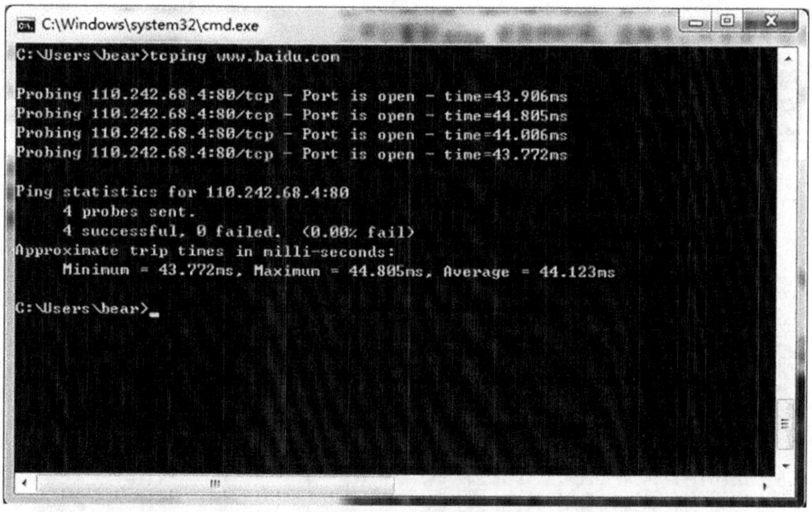

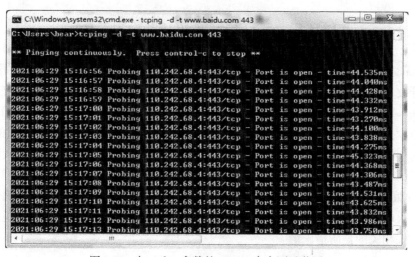

图 3-56　Tcping www. baidu. com 的截图

tcping -d -t www. baidu. com 443（参数-t 是让命令一直运行 ping，参数-d 是显示时间，443 是需要监听的端口），如图 3-57 所示：

图 3-57　加 d 和 t 参数的 Tcping 命令测试截图

(三)应用举例

带时间参数的监测对于无人值守且需要长时间监测某个系统或链路特别方便，例如，要监测上网终端访问百度的网络稳定性，可通过 tcping -d -t www. baidu. com >d：\ 1. txt，把带时间的监测结果通过管道命令导入 D 盘中的 1. txt 文件，观测该文件记录各时段的状态就可以达到无人值守且需要长时间监测某个系统或链路的需求(见图 3-58)。

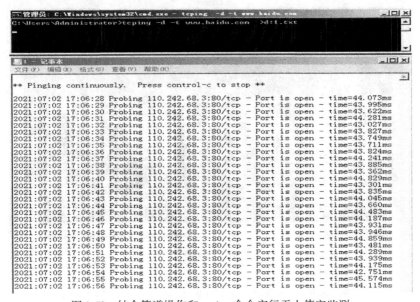

图 3-58　结合管道操作和 tcping 命令实行无人值守监测

三、Advanced Port Scanner(局域网 PORT 检测工具)

Advanced Port Scanner[1] 是一款免费的网络扫描工具，能让用户快速找到网络计算机上的开放端口，并对检测到的端口上运行的程序版本进行检索。该程序具有友好的用户界面和丰富的功能。使用这个高级端口扫描程序，将能够同时扫描数百个 IP 地址并以最高速度扫描。该工具能够扫描网络计算机的端口，查找和打开众所周知的 TCP 端口以及它们的计算机名称和地址。除此之外，该工具还允许用户远程关闭或唤醒特定网络上的任何计算机。该工具适用于 Windows XP，Windows 7 和 Windows 8.1，有 32 位和 64 位两种版本，并提供了便携式和安装版软件包。使用这款软件扫描网络机器后，可以结合防火墙、网络安全审计设备等，快速查清楚有问题的网络设备端口，提前关闭端口或者做好相关的预防措施。

---

① 　https：//www. advanced-port-scanner. com/

四、Network Scanner(局域网 IP 检测工具)

Network Scanner[1](局域网 IP 扫描工具)是一个免费的多线程的 IP、NetBIOS 和 SNMP 的扫描仪。其功能是为系统管理员检测用户自定义的端口并报告已打开的端口，解析主机域名和自动检测本地 IP，监听 TCP 端口扫描，查看哪些类型的资源共享在网络上的(包括系统和隐藏)显示器。可以让用户建立网络驱动器共享文件夹，然后使用 Windows 资源管理器，筛选结果列表。Network Scanner(局域网 IP 扫描工具)还可以检查用户定义的端口并报告，如果是开放的，它也可以解析主机名，自动检测本地和外部 IP 范围，还支持远程关机和唤醒局域网。

五、系统文件监控软件(系统文件安全监测工具)

Phrozen Windows Files Monitor[2]是一款用来捕获任何修改 Windows 文件系统行为的系统文件监控软件，它对检测系统是否存在潜在的非必要活动行为特别有用。例如，当首次执行一个潜在的可疑软件时，Phrozen Win File Monitor 将在文件系统中检测任何可疑的活动。

Phrozen Windows Files Monitor 还是一个可用来分析 Windows 系统正发生什么的完美工具，具有非常友好的用户界面，支持树和列表两种活动显示模式，包含许多过滤器，便于通过特定文件和路径来检测可疑文件。

六、MiTeC's Network Scanner 网络扫描仪

MiTeC's Network Scanner[3] 是一个免费的多线程 ICMP、端口、IP、NetBIOS、ActiveDirectory 和 SNMP 扫描程序。该程序执行 ping 扫描，扫描打开的 TCP 和 UDP 端口，并实现资源共享。对于具有 SNMP 功能的设备，它将检测可用的接口并显示基本属性，还可以解析主机名并自动检测用户的本地 IP 范围，扫描结果支持保存到 CSV 中，并支持从 CSV 中加载结果以及打印网络设备列表，任何部分中的任何数据都可导出到 CSV。

该工具提供三种不同的选项：用户可以自动扫描网络，可以扫描 Active Directory，也可以根据用户自定义的适配器来检测。整个扫描过程不会花费太多时间，应用程序将显示每个 IP 地址以及更多有用的详细信息，包括操作系统、CPU 及其描述、MAC 地址、域和用户。它可在所有 Windows 平台上运行，包括服务器版本。

---

[1] https：//www.crsky.com/soft/7623.html.

[2] https：//www.onlinedown.net/soft/1225104.htm.

[3] http：//www.mitec.cz/netscan.html.

七、网络波动检测程序

网络波动检测程序[1]能同时检查网关和外网——检查网关能判断路由器是否拥堵，检查外网能判断是否 ISP 不稳定或者网内有大流量的访问。

其中，平均速度指所有 Ping 的平均值，此平均值不包含丢包情况。次数指一共 Ping 了多少次；"丢包"指超时包的百分比。"快"：Ping 值在 0~80 毫秒的百分比；"中"：Ping 值在 80~240 毫秒的百分比；"缓"：Ping 值在 240~400 毫秒的百分比；"慢"：Ping 值在 400 毫秒以上的百分比；Ping 值大于 5000 毫秒或者出现网络故障都算作"超时"（≥5000ms）。

八、SecureCRT（终端模拟器）

Secure CRT[2] 是一款支持 SSH2、SSH1、Telnet、Telnet/SSH、Relogin、Serial、TAPI、RAW 等协议的终端仿真程序，最吸引用户的是，SecureCRT 支持标签化 SSH 对话，从而方便地管理多个 SSH 连接，设置项也极为丰富，它能用于 Windows 系统下登录 UNIX、Linux 服务器主机，支持 SSH，同时支持 Telnet 和 rlogin 协议，一般用于网管设备的集中命令平台。

SecureCRT 是一款用于连接运行包括 Windows、UNIX、VMS 的理想工具，通过使用内置的 VCP 命令行程序可以进行加密传输，支持自动注册，并对不同主机设置不同的特性、打印功能、颜色设置、可变屏幕尺寸、用户定义的键位图，能从命令行中运行或从浏览器中运行，其他特点包括文本手稿、易于使用的工具条、用户的键位图编辑器、可定制的 ANSI 颜色等。SecureCRT 的 SSH 协议支持 DES，3DES 和 RC4 密码和密码与 RSA 鉴别。但 SecureCRT 连接后，如果稍长时间不用就会掉线，往往造成工作状态的丢失，按照如图 3-59 和图 3-60 所示来设置，可以始终保持 SecureCRT 的连接。

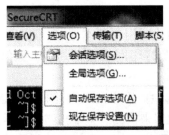

图 3-59 SecureCRT 始终保持连接的设置方法 1

---

① https://www.pcsoft.com.cn/soft/187479.html.

② https://www.vandyke.com/download/securecrt/6.7/index.html.

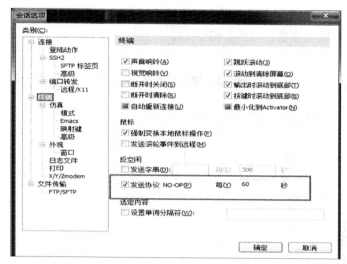

图 3-60　SecureCRT 始终保持连接的设置方法 2

1. SecureCRT 配置颜色

（1）直接修改全局选项，如图 3-61、图 3-62 所示，以免每加一个服务器都要重新设置一次。

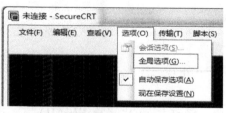

图 3-61　全局设置

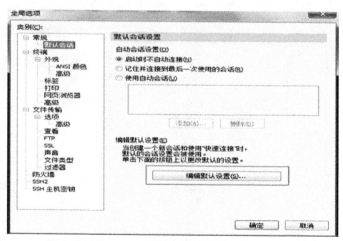

图 3-62　SecureCRT 配置颜色全局选项的设置方法

（2）键盘方案的选择：终端→仿真。终端选择"Linux"，勾选"ANSI 颜色"和"使用颜色方案"来配置终端颜色，如图 3-63 所示：

图 3-63　SecureCRT 键盘方案的设置方法

（3）字体的配置：终端→外观。注意颜色方案选"白/黑"，设置字体大小：字体（F）。

（4）如果出现中文乱码，修改上面的"字符编码（H）"，一般为"UTF-8"。注意下面的字符集一定要选择"中文 GB2312"（中文选用，英文不必），如图 3-64 所示：

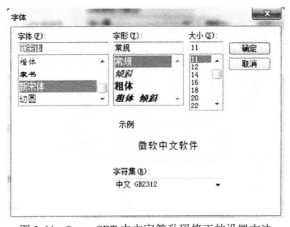

图 3-64　SecureCRT 中文字符乱码修正的设置方法

（5）配置完后，登录终端，可见目录颜色与底色（黑色）非常相近，如图 3-65 所示：

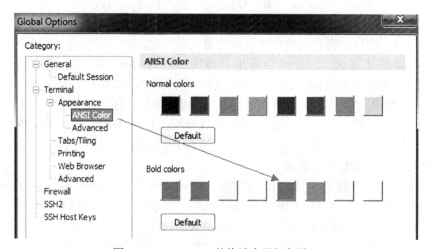

图 3-65　SecureCRT 登录终端默认颜色

2. 终端全局颜色设置

（1）Options→Global Options→Terminal→Appearance→ANSI Color。设置"Bold Colors"蓝色的颜色为自己喜欢的、清晰的颜色，如图 3-66 所示：

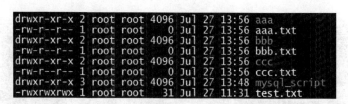

图 3-66　SecureCRT 的终端全局颜色设置

（2）设置蓝色后的效果。

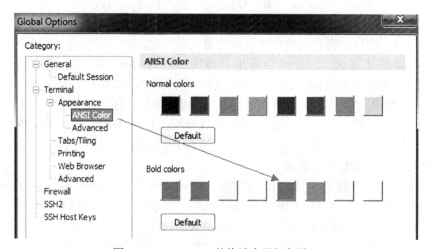

图 3-67　SecureCRT 的终端全局颜色设置后文件和目录显示的效果

（3）shell 脚本中的颜色，也会由深蓝色变为淡蓝色。

```
mysql_login=''
mysql_drop_db=''
mysql_create_db=''
mysql_create_table=''

function create_order(){

    for((i=0; i<$DB_NUM; i++))
    do
        echo "i = $i"
        db="$DB_NAME$i"
        create_db $db

    done
}
```

图 3-68　SecureCRT 的终端全局颜色设置后 shell 脚本中的效果

九、MRTG(Multi Router Traffic Grapher)

Multi Router Traffic Grapher①(MRTG)是一个监控网络链路流量负载的工具，能通过 SNMP 协议得到设备的流量信息，并将流量负载以包含 PNG 格式图形的 HTML 文档方式显示给用户，即以非常直观的形式显示流量负载情况。

MRTG 以 Perl 写成，因此可以跨平台使用，它利用 SNMP 送出带有物件识别码(OIDs)的请求给要查询的网络设备，因此设备本身需支援 SNMP。MRTG 再以所收集到的资料产生 HTML 档案并以 GIF 或 PNG 格式绘制出图形，还可以日、周、月为单位分别绘出，也可产生最大值、最小值的资料供统计用。原本 MRTG 只能绘出网络设备的流量图，后来发展出了各种 plug-in，因此网络以外的设备也可由 MRTG 监控，如服务器的硬盘使用量、CPU 的负载等。

最常用的管理协议就是简单的网络管理协议(SNMP，Simple Network Management Protocol)。而我们用的 MRTG(Multi Router Traffic Grapher)就是通过 SNMP 协议实现管理工作站与设备代理进程间的通信，完成对设备的管理和运行状态的监视。

按照笔者在 Windows 服务器上部署安装的经验，有几个关键点需要注意：

(1)切换到 MRTG 安装目录的 BIN 子目录下，如 cd C：\ mrtg-2. 17. 4 \ bin。

(2)进入 MRTG 文件夹，如图 3-69 所示。然后使用 CMD 进入 MRTG 目录下的 bin 文件夹。

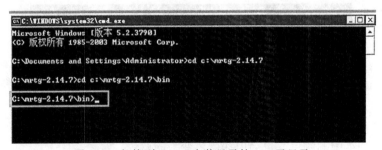

图 3-69　切换到 MRTG 安装目录的 BIN 子目录

①　https：//baike. baidu. com/item/MRTG/8916516？ fr＝aladdin.

（3）生成配置文件，如图 3-70 所示，然后在 CMD 中输入：perl cfgmaker public@ 218. 192. 255. 254::::: 2 --global " WorkDir：d：\ htdocs" --output test. cfg（要监控的设备的 IP 地址可根据实际情况改变）。

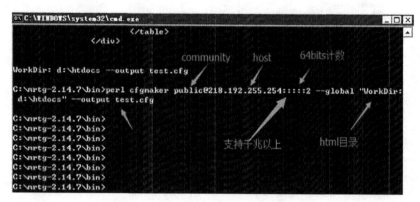

图 3-70　MRTG 生成配置文件

（4）查看是否生成配置文件，如图 3-71 所示。

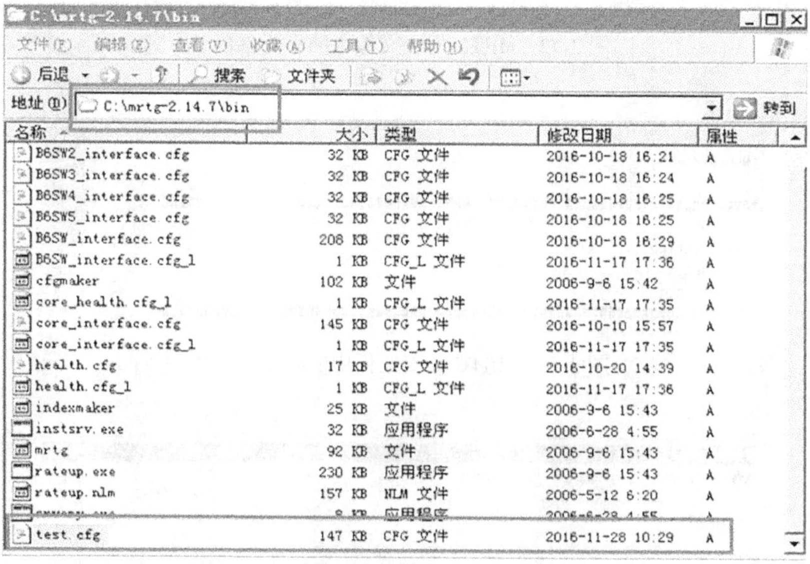

图 3-71　查看是否生成 MRTG 配置文件

（5）配置文件中的必要参数，配置具体参数如图 3-72 所示，然后继续添加配置参数，如图 3-73 所示。

（6）创建快捷方式，如图 3-74 所示，然后进入 D：\ mrtg_start 下创建快捷方式，如图 3-75 所示。

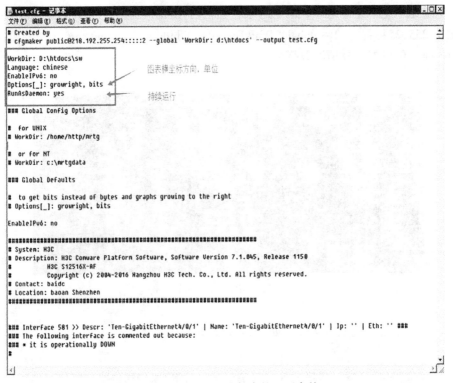
图 3-72　MRTG 配置文件中的必要参数 1

图 3-73　MRTG 配置文件中的必要参数 2

图 3-74　创建 MRTG 启动的快捷方式 1

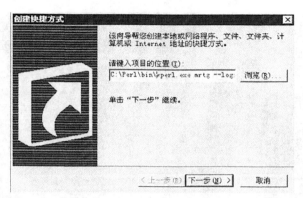

图 3-75 创建 MRTG 启动的快捷方式 2

项目位置为 C \ Perl \ bin \ wperl. exe mrtg --loging＝eventlog test. cfg(要与前面的配置文件名相同)，并修改快捷方式的起始位置为 C：\ mrtg-2. 14. 7 \ bin，如图 3-76 所示。

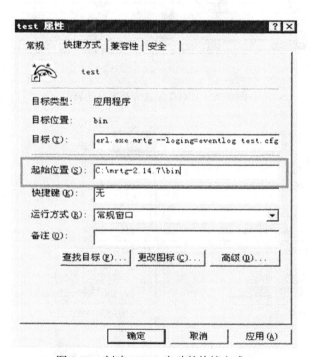

图 3-76 创建 MRTG 启动的快捷方式 3

(7)生成被监控设备的首页，如图 3-77 所示。WWW 目录为存放 HTML 文件的目录。

(8)配置为开机自动启动，如图 3-78 所示。编辑 mart_start. bat，添加快捷方式到 bat 文件中。

(9)配置完成后效果如图 3-79 所示。

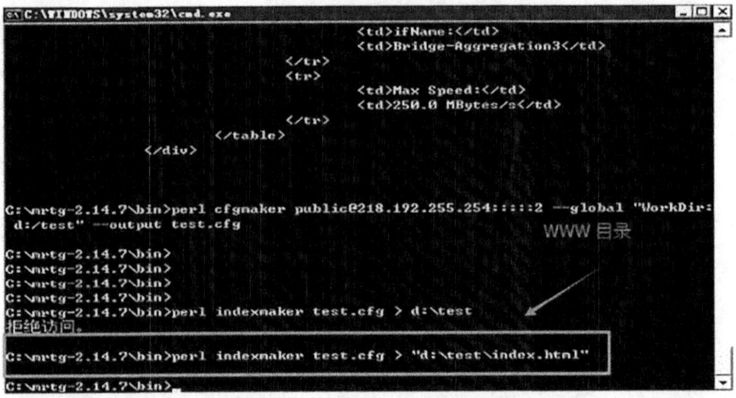

图 3-77　MRTG 生成被监控设备的首页文件

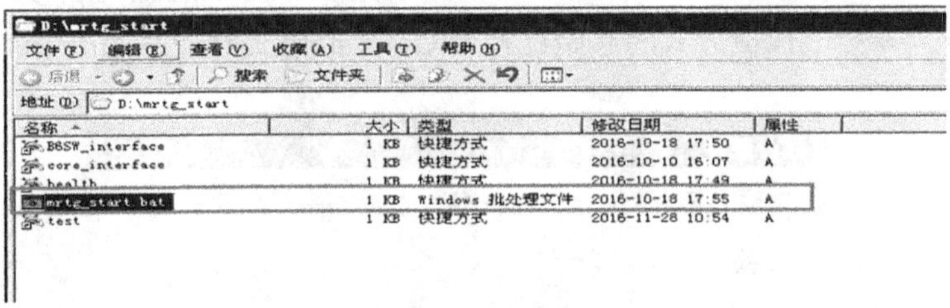

图 3-78　MRTG 配置为开机自动启动

出口流量图

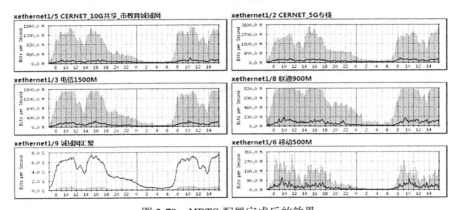

图 3-79　MRTG 配置完成后的效果

十、Ping 检测工具(Friendly Pinger)

Friendly Pinger[①] 是一款没有采用 SNMP 而采用了 Ping 的管理方式检测对方主机(设

————————————

① http：//www.kilievich.com/.

备）是否正常的网管软件。但随着网络节点不断增多、结构越发复杂，网络中出现故障的概率也越来越大，Friendly Pinger 可以由用户自主生成拓扑图，将各个需要监控的学校按照分类进行监控，出现故障时可以快速定位问题区域和设备所在位置，方便对故障进行快速排查。参考配置如下：

（1）配置终端的 IP 地址，如 218.192.255.134，如图 3-80 所示。

（2）添加新增学校链路监控，如图 3-81 所示。

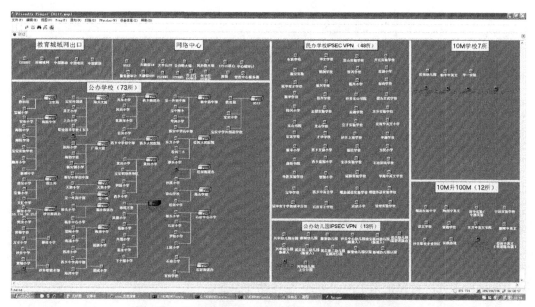

图 3-80　Friendly Pinger 配置监测对象终端的 IP 地址

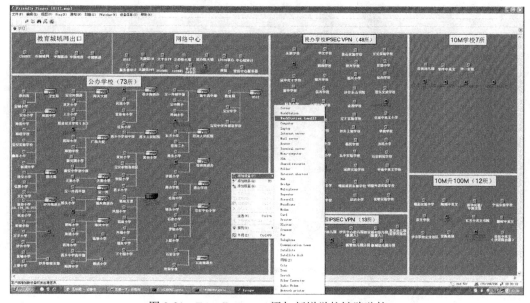

图 3-81　Friendly Pinger 添加新增学校链路监控

（3）填写学校信息和 IP 地址，如图 3-82 所示。在"地址"栏中填写学校防火墙的出口 IP 地址，在描述中填写学校或者单位的名称信息并保存。

图 3-82　Friendly Pinger 填写监控对象学校的信息和 IP 地址

（4）添加光纤链路汇聚节点，如图 3-83 所示。

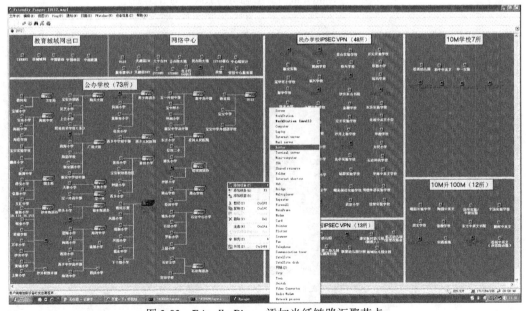

图 3-83　Friendly Pinger 添加光纤链路汇聚节点

（5）设置报警的邮件服务器，如图 3-84 所示。

图 3-84　Friendly Pinger 设置报警的邮件服务器

除邮箱报警外，在办公和值班时段通常还会配置声音报警，实时提醒工作人员关注。操作完成后记得要保存，否则重启后数据会丢失。

（6）简单的网络处理。宝安区教育城域网通过使用 Friendly Pinger，实现了全区超过 600 个接入单位的网络链路状态的可视化实时监控及无人值守。

第四章　中小学校网络与信息安全隐患排查

如今，我国大部分的中小学校教育信息化应用已经呈现出无纸化、网络化等趋势。中小学校园网络是集成了多个校园平台的集成性网络集群，由包括系统管理平台、办公自动化系统、教学资源库、校园公共系统、校园管理信息等多个校园系统网络组合而成，一方面为校园生活、学习、工作带来了极大的便利，另一方面网络信息安全问题也随之而来并很难得到及时解决，互联网技术的发展迅速，中小学校园网络管理存在一定的滞后性，可能实行了一两年的管理制度就跟不上技术发展，对校园网络的安全也造成一定的不良影响。

随着我国网络快速发展以及国家"互联网+"战略方针的实施，网络的大面积普及以及应用范围的扩大，网络与信息安全越来越受到了人们的关注与重视。同时，《国家教育信息化 2.0 行动计划》强调要实施好教育信息化"奋进之笔"，加快推动教育信息化升级，积极推进"互联网+教育"，坚持高质量发展，以教育信息化支撑和引领教育现代化发展。为指导更好地开展教育信息化进程以及教育信息化中的网络信息安全工作，我国制定了相关的网络安全制度，同时明确了以网络强国战略为方针，以国家总体安全观和网络安全观为指引，坚持以人民为中心的发展思想，坚持"创新、协调、绿色、开放、共享"的发展理念，坚持"安全是发展的前提，发展是安全的保障，安全和发展要同步推进"的指导思想，提出创新引领、统筹协调、动态集约、开放合作、共治共享的基本原则，由此网络与信息安全的地位更加重要。中小学校园网络是否健全将直接或间接影响学生的能力训练与素质培养以及一线教师的教育、教学等，中小学校园网络与信息安全的重要性愈加凸显。

中小学校园网络虽然没有过于复杂的网络架设结构，也没有网络信息加密的要求，但是稳定的、流畅的校园网络是一所学校进行日常教育、教学的重要前提条件。一些常见的、不起眼的网络隐患或许会导致整个校园网络的瘫痪，校园网络与信息安全绝对不容忽视，网络信息安全是一门涉及计算机科学、网络技术、通信技术、密码技术、信息安全技术、应用数学、数论、信息论等多个领域的综合性学科。具体而言，网络与信息安全主要是指校园网络系统的硬件、软件及其系统中的数据受到保护，不受偶然的或者恶意的原因而遭到破坏、更改、泄露，系统持续正常地运行，网络服务不中断。由网络与信息安全所涉及范围的广度，其隐患排查是极具复杂性和不确定性的，也不仅仅只是利用杀毒软件进行杀毒这一简单行为。同时，随着互联网普及速度的加快，全球范围内频繁发生影响恶劣的网络信息安全事件，如黑客侵袭、病毒攻击、数据信息盗取等，严重影响了计算机网络的正常运转，甚至使存储在网络中的信息遭到非法的滥用，这就需要在每一个网络节点都做好网络安全的落实工作。总之，校园网络安全问题的出现警示着中小学校园网络存在一定的安全隐患，需要我们对常见隐患以及产生的原因进行研究，以维护校园网络的安全。[①]

第一节　外部环境风险隐患

计算机网络技术存在一定的滞后性和脆弱性，易受到攻击或损害，加之人们的安全意识缺乏，形成诸多威胁网络信息安全的风险隐患。环境因素是整个校园网络系统的外部环境，是保证校园网络系统安全、稳定运行的必要条件。

一、网络机房环境

一些自然因素所引发的环境安全隐患，如火灾、涝灾、地震等，往往会对校园网络系统造成不可挽回的破坏。为了防止外部环境因素对校园网络产生破坏，就要求中小学校园中的机房等设备具备必要的防火、防水、避雷、防漏电等措施，防护等级要符合国家标准。校园网络环境防护不当，轻则导致数据丢失、设备损坏、影响学校教育教学有序进行，重则会使人的生命安全受到威胁和伤害，破坏力极大。国家对建设校园网络硬件设施具有一定的要求及标准，主要包括以下几个方面：

(一)电气环境方面的要求

防电气干扰和防静电是控制机房电气环境工作的重要内容。在计算机机房的建设过程中，应当科学地设置接地的抗静电底板，保证设备免受静电的影响。与此同时，还应当针对机房内壁进行防静电处理，严格避免化纤材质的应用。机房中绝大部分设备需要二十四小时连续运行，为了避免设备因为清理不及时而产生问题，机房管理人员应当定期对设备进行清理。例如，机房内的插电板在灰尘较多的情况下会产生发热的问题，通过彻底清理灰尘就能有效解决。同时应当合理地设置机房内的布局，很多设备在运行中会产生电磁辐射，干扰其他设备的运行，甚至相互影响。因此抗电磁干扰是机房建设中应当考虑的重点问题。

(二)湿度、温度方面要求

机房中的交换机等设备在机房内温度过高的情况下无法正常散热，严重影响电路运行稳定性，甚至使内部元器件损毁。通常情况下，计算机机房温度保持 19 摄氏度至 24 摄氏度，最利于设备的稳定运行。此外，机房设备对环境湿度也有一定的要求，很多机房设备的裸露插接件和金属件在湿度较大的情况下会生锈，进而产生短路。但是机房湿度过低也会对设备造成影响，过于干燥会导致设备受到静电效应影响，此时可运用加湿器增加湿度。通常情况下 40% 至 60% 的湿度最利于机房设备的运行。

---

① 　徐波涛. 校园网网络安全方案设计与工程实践[D]. 北京：北京邮电大学，2012.

(三)防尘方面要求

机房空气中的细微漂浮物会影响机房内部设备运行，尤其是很多电子器件和金属接插件，当其表面存在灰尘时就会产生接触不良或者绝缘性降低等问题，进而引发短路等，严重危害计算机机房安全。落在电路板上的灰尘长时间地累积后，大量带电灰尘就会对设备的使用造成影响。①

很多中小学校对机房环境的重要性认识不足，对机房环境的关注度不够，给校园网络与信息安全埋下了隐患。

二、计算机病毒入侵

电脑病毒是一个程序或一段可执行代码，由于它具有传染性、潜伏性、破坏性、可触发性等特点，轻者导致计算机软硬件无法正常运行，重者甚至能导致系统瘫痪，并造成机密数据泄密，对个人或单位造成难以想象的损失。随着计算机网络规模的不断发展和扩大，计算机病毒也更加隐蔽化、多样化和智能化，如何防御病毒入侵已成为目前计算机网络信息安全面临的主要难题。计算机病毒目前已然成为威胁校园网络安全的棘手问题之一，随着计算机网络技术的发展，网络硬件以及软件层面的漏洞也逐渐被不法分子所知晓，各类计算机病毒也层出不穷，虽然计算机会安装安全软件以及系统本身会定期进行系统漏洞修复，但是计算机病毒仍然较难防范。计算机病毒对校园网络的破坏从简单的窃取教师和学校机构的重要或价值信息，到破坏整个校园网络，造成网络瘫痪。由于中小学校园使用群体的特殊性，并且校园网络结构比较简单，一旦计算机病毒入侵到校园网络，就会产生不可逆转的影响。例如，"冲击波""尼姆达"等计算机病毒都是通过网络系统漏洞进行传播的，同时会携带木马等恶意代码，对网络安全的危害不可忽视。对于校园网络这个局域网来讲，一旦少数几台计算机感染病毒，可能会造成大面积的破坏。②

电脑中病毒后，如果没有触发，很难觉察到病毒的存在。常见的计算机病毒的破坏性主要体现在以下几个方面：

第一，病毒会影响计算机正常运行。大部分病毒被激发后将直接破坏计算机的重要信息数据，如直接破坏 CMOS 设置或者删除重要文件，格式化磁盘或者改写目录区，用"垃圾"数据来改写文件，等等。计算机病毒会占用计算机的内存空间，有些大的病毒还会在计算机内部自我复制，导致计算机内存大幅度减少，病毒运行时还抢占终端、修改终端地址并在此过程中加入病毒自带的"私货"，干扰系统的正常运行。某些病毒侵入系统后会自动搜集用户的重要数据，窃取、泄露信息和数据，造成信息大量泄露，给用户带来不可估量的损失。

第二，消耗内存以及磁盘空间。比如，用户并没有进行存取，但磁盘指示灯闪烁不

---

① 梁镜洪，郑曼. 计算机机房环境保障与安全管理策略研究[J]. 科技风，2015(21)：211.
② 王睿. 校园网中存在的安全隐患及防御措施[J]. 考试周刊，2013(79)：128.

停，或者其实并没有运行多少程序时却发现系统已经被占用了不少内存，这就有可能是病毒在作怪了。很多病毒在活动状态下都是常驻内存的，一些文件型病毒能在短时间内感染大量文件，让每个文件都不同程度地加长，造成磁盘空间的严重浪费。

第三，计算机病毒给用户造成严重的心理压力。病毒的泛滥使用户提心吊胆，时刻担心遭受病毒的感染，由于大部分人对病毒并不是很了解，一旦出现诸如死机、软件运行异常等，人们往往就会怀疑可能是计算机病毒造成的。据统计，计算机用户怀疑"计算机有病毒"是一种常见的现象，超过70%的计算机用户担心自己的计算机侵入了病毒，而实际上计算机发生的异常现象并不全是病毒导致的。[1]

如果计算机感染病毒之后，一般情况下都会出现某些特征，可以作为我们日常排查计算机病毒的依据。

(1)计算机经常性毫无预兆地死机。大多数情况下，计算机病毒感染了计算机之后，会驻留在系统盘中，也就是操作系统安装的 C 盘位置。病毒会修改终端处理程序等，引起操作系统工作不稳定，造成死机现象发生。

(2)操作系统无法正常启动。当用户开机时，系统提示"无法加载系统，请重新安装电脑操作系统"等，就可能是因为计算机病毒感染系统文件后使得系统文件结构发生变化，无法被操作系统加载、引导。

(3)计算机运行速度明显变慢。如果用户发现个人电脑无端地卡顿，加载文档或者软件的时长明显变久了，可能是因为计算机病毒占用了大量的系统资源，并且病毒自身的复制运行占用了大量的处理器时间和存储空间，造成系统资源不足，使计算机运行变慢、卡顿。

(4)计算机磁盘空间迅速减少。在没有安装新的应用程序的情况下，操作系统其他盘符可用的磁盘空间占用速度明显加快。这可能是因为计算机病毒感染造成的。需要注意的是经常浏览网页、回收站中的文件过多，临时文件夹下的文件数量过多过大，计算机系统有过意外断电等情况也可能会造成可用的磁盘空间迅速减少。

(5)以前能正常运行的软件经常发生内存不足或其他命令提醒错误。以前能够正常运行的程序，再次启动的时候系统提示内存不足，或者使用应用程序中的某个功能时系统提示内存不足。这可能是因为计算机病毒驻留后台，占用了大量的内存空间，使得系统可用的内存空间减少了。

(6)系统文件的时间、日期、大小无端地发生变化。这是最明显的计算机病毒感染迹象。计算机病毒感染应用程序文件后，会隐藏在原始文件的后面，文件大小一般会有所增加，文件的访问和修改日期和时间也会被改成感染时的时间。需要强调的是，C 盘中的一些系统文件，绝大多数情况下是不会修改，除非是官方推送的系统升级或补丁。

(7)在正常使用计算机的情况下，电脑会自动链接到一些陌生的网站。例如，并没有上网，计算机会自动拨号并连接到因特网上某个陌生的站点，或者在上网的时候发现网络特别慢。这很有可能是因为计算机感染了病毒，我们可以通过 netstat 命令查看当

---

① 胡茂龙．浅论计算机病毒及防范措施[J]．企业家天地(理论版)，2011(05)：254-255.

前建立的网络链接，再比照访问的网站来排查计算机是否中了病毒。

三、黑客攻击

除了计算机病毒对校园网络的影响，来自外部网络的黑客攻击也越来越常见。这些攻击有的是针对一些特定的安装软件或系统，有的是针对硬件设备，但都会对校园网络的安全造成巨大威胁。一般情况下，电脑黑客的网络攻击的目的有两个，一是盗取电脑上的个人信息或者隐私数据，如开机密码、网银口令、支付密码等，也有一些网络黑客会破坏计算机的操作系统，使被入侵的计算机无法正常运行，主要表现是计算机蓝屏、黑屏或重复启动。黑客攻击已成为计算机网络安全面临的最严重威胁，卡巴斯基安全公司 Kaspersky Lab 曾对黑客攻击某游戏主机平台进行调查，结果显示主机平台每天会受到约 3.4 万次黑客攻击，并且已经至少有 460 万个恶意软件植入主机内。目前，关于校园网遭到黑客攻击，教务系统中的成绩遭到篡改的新闻已屡见不鲜。校园网络管理大多数没有固定的岗位人员，大部分情况下，校园网络的维护是由信息技术教师负责，但是信息技术教师既要完成教学任务又要维护校园网络安全，这就导致了在特殊情况下，校园网络面对黑客的攻击往往束手无策。因此，我们必须在硬件及软件防护层面保证校园网络的安全性，同时有计划地、定期地对校园网络进行安全隐患排查，保证校园网络的正常运行。黑客通过发现计算机的漏洞和缺陷，对其进行攻击。黑客攻击主要分为两种性质——破坏性和非破坏性，前者使计算机网络系统不能正常运行，系统信息支离破碎；后者表面上不影响计算机系统正常运转，却在后端对隐私数据进行盗取。[①]

常见的黑客攻击手段有以下几种：

第一，电子邮件攻击是大部分黑客利用网络展开攻击的惯用手段。个人邮箱被电子邮件攻击主要表现在两个方面：一是电子邮件轰炸，又被称为"邮件炸弹"，黑客通过一些伪造的 IP 地址将重复性内容的邮件进行病毒式传播发送，最终造成网络稳定性变差，甚至直接造成网络系统瘫痪；二是电子邮件欺诈，也就是通常所说的"诈骗邮件"，这些邮件非常善于伪装，伪装为一般性邮件，但却潜藏着木马病毒，邮件的接收者一旦接受并打开邮件，就会对自身的网络系统造成灾难性的影响。所以，我们一方面要排查自己的邮箱中是否有恶意邮件，另一方面也不能随意打开陌生邮件。

第二，网络监听也是黑客实施攻击常用的手段，网络监听是指黑客采取一定的技术手段对网络传播过程中的数据、信息进行实时拦截，并对上述信息设置监控模式，从而达到监听的目的。

此外，还有一些针对校园网络端口的攻击，端口扫描是一种常用的网络探测技术，可以搜索到网络上开放的服务以及存在的安全漏洞。连接在网络中的所有计算机都会运行许多使用 TCP 或者 UDP 端口的服务，攻击者实施端口扫描可能会降低系统的性能，不至于造成直接的损失，但是网络攻击者有可能利用获取的端口和服务进行进一步的攻击，因此具有很大的潜在安全威胁。DoS 也是一种常见的恶意攻击，DoS 是 Denial of

---

① 李伟清. 校园网安全系统设计[D]. 西安：西安电子科技大学，2013.

Service 的简称，拒绝服务攻击的目的是让目标电脑终端或者网络停止提供服务，进一步使终端无法正常进行，导致 Internet 连接中断和网络系统失效。除此之外，还有针对 WWW、FTP 等服务的拒绝服务攻击。近年来又出现了分布式拒绝服务攻击 DDoS 攻击，成倍地提高了拒绝服务攻击的威力。

四、安全意识欠缺

很多人只体会到网络带给我们的便利，但是对网络知识了解不多，信息安全意识也不强，常常忽视网络信息安全的重要性以及个人信息被泄密所带来的危害和后果。虽然校园里的师生能够熟练使用计算机和网络，但是网络的应用水平还比较基础、较为简单，没有较强的网络安全意识和应对网络安全事故的能力。例如，在登录个人信息系统和社交软件时，缺乏保密个人信息、管理登录密码的意识；在下载教学资源或娱乐资源如音乐、电影时，不具备分辨网络和信息安全性的能力，某些不规范操作极易造成网络瘫痪或下载携带病毒的文件，导致病毒的传播。另外，某些专业知识丰富，个人能力较强的学生，在好奇心的驱使下，对校园网络系统尝试进行攻击，会在一定程度上导致重要信息的丢失或者校园网络的瘫痪。中小学生以及教师对网络与信息安全意识的认识不到位、网络信息意识的教育缺失也是中小学校园网络出现安全隐患的重要原因。

由于个人网络信息安全意识薄弱，一些教师会在一些非正规网站下载一些绿化版软件或者文本资料，虽然这些软件可以为师生在一定时间内带来便利，但是这些盗版软件经常会带有捆绑插件；制作者甚至会在其中写入病毒程序，轻则导致电脑设备卡顿等问题，重则会造成师生个人信息的泄露或者被盗取。根据美国微软公司发布的《获取和使用盗版软件的风险》白皮书中的调查得到的结论：25% 提供算号器等破解工具的网站试图安装恶意或有害软件；从网站下载的破解工具有 11% 含有恶意或有害软件；从点对点网络下载的破解工具中 59% 含有恶意或有害软件。这种含有病毒或者恶意代码的盗版软件一旦在校园网络中传播和使用，病毒就会在校园网络中大规模感染，其潜在的安全威胁以及可能造成的损失将是不可估量的。

此外，当前在中小学生网络安全意识的培养方面也出现了以下问题：

一是网络安全防范意识培养观念意识淡薄。中小学生较注重文化知识的学习，虽然他们是数字原住民，整个成长都伴随着网络技术的进步，但是熟练应用网络并不意味着他们具备较高的安全防范意识，在网络活动中容易受骗。

二是家庭教育中网络安全教育的缺失。家长和孩子都能够熟练应用网络，但是家庭教育在中小学生网络安全意识培养中基本处于缺位或者无效的状态。首先，部分家长尚未完全意识到网络安全教育的重要性，更不能准确把握家庭教育的方式方法，而且不少家长本身就沉浸在互联网世界之中，不能很好地关注孩子在网络世界的所见所思。其次，家长的教育行为多为强制要求，缺乏正面的积极疏导，容易导致小学生产生反感情绪和逆反心理。

三是学校信息安全教育的滞后。中小学生的信息技术应用水平有了很大提高，信息化教育出现了长足发展，取得了不少成果，得到社会各界的肯定。但仍然存在城乡信息化教育发展不均衡、信息技术课程中网络安全教育基本缺失、中小学教师的信息技术能力有待于进一步提高等突出问题，在大部分的信息技术教材中，仅用一节课的内容向学生展示网络安全带来的不良后果，没有在学习中贯彻和渗透网络安全教育理念。①

第二节 内部环境风险隐患

除了外部的风险隐患，在中小学校园网络内部也有一些因素会影响网络的稳定、持久地运行，如操作系统的漏洞、日常教育教学中常用程序的漏洞、U盘的违规使用等。

一、操作系统或程序的漏洞

目前主流的计算机操作系统如UNIX、MacOS和常用的Windows等，均存在一定程度的网络安全漏洞，这些安全漏洞虽然会被官方的定期补丁修复，但还是会有一些未发现的漏洞被不法分子利用。因程序代码本身具有的开源性、冗余性、繁复性、可修改性等特性，计算机网络无可避免地存在不同程度的漏洞。此外，部分技术人员在系统开发阶段也会在编写的代码中留有"后门"，以提高系统的应变能力。这些系统漏洞和"后门"程序使恶意攻击者能在未取得权限的情况下对系统进行修改和破坏，若系统安全配置级别低，将面临严重的安全隐患。校园网络整体架构涵盖了拓扑结构和结构中连接的网络设备，网络拓扑结构并不是单一的，而是一个包含了总线型、星型等结构的混合体系。在网络部署中所使用的各类网络产品，多多少少也存在着安全隐患。网络硬件产品和软件产品的多样化，再加上拓扑结构的复杂性，无形之中增加了网络安全管理的难度，如果被攻击者利用并发起攻击，将给整个系统网络造成致命的严重影响。②

常见的操作系统安全漏洞有两种类型：一种是由缓冲区产生的漏洞，经由网络传输信息时，操作系统若不对传递的信息长度加以判断而直接接收，传输的长信息会产生溢出指令，溢出部分会被储存在堆栈中，在这种情况下，黑客可以通过向计算机发出超过操作系统处理能力的长指令来破坏计算机运行的稳定，并进一步威胁计算机中储存的信息的安全；另一种是DoS漏洞，即拒绝服务漏洞。这种漏洞可以通过干扰TCP/IP的连接顺序占用甚至损毁计算机的系统有限资源，从而给计算机操作系统中正常运行的程序带来影响。另外，分布式DoS信息服务拒绝服务时会带来更大的破坏，波及的计算机操作系统数量将大大增加。③

除了操作系统的漏洞隐患，日常办公教学所使用的电脑程序的漏洞也是中小学校园网络与信息安全的重要隐患排查方向。例如，在中小学校日常教学工作中，浏览器是一

① 张丛. 小学生网络安全意识的培养路径[J]. 中国多媒体与网络教学学报(电子版)，2018(03)：89-90.

② 李伟清. 校园网安全系统设计[D]. 西安：西安电子科技大学，2013.

③ 但通. 网络信息的安全与对策[J]. 电子技术与软件工程，2017(13)：202.

个常态化的应用，给中小学师生的工作、学习等方面都带来了极大的便利。与此同时，近年来由网络浏览器的安全隐患带来的用户隐私以及财产问题愈加严重，浏览器内核漏洞、网页挂马、钓鱼邮件、XSS 等，包括最近几年 APT 事件中最常见的水坑攻击，都与常用的浏览器相关。① 国内常用的浏览器有百度浏览器、搜狗浏览器、猎豹浏览器、Fire fox、QQ 浏览器、Google Chrome、360 浏览器、UC 浏览器等。很多基于浏览器的网络攻击都是以浏览器自身的安全漏洞为导火索，如果用户没有及时打补丁或修复漏洞，一些恶意网络攻击就会乘虚而入。由于浏览器的应用广泛，就成为众多黑客的重点目标。若浏览器被非法劫持，用户浏览器的页面往往会自动跳转到一些商业网站或恶意网站，甚至浏览器后台会自动添加恶意网站为"信任站点"。浏览器被劫持的后果很严重，用户隐私信息会受到严重威胁。除了浏览者劫持，还有网页木马，黑客传播木马的最主要手段就是在网页上加挂木马。黑客在网页中嵌入一段恶意代码，用户在浏览该网页时会自动触发木马下载程序，若恶意代码被激活，后台会自动将木马植入用户端，进而用户的计算机会被黑客控制，账号、密码等会被接连窃取，如支付宝、微信、电子银行卡的账号或口令等。网页加挂木马已成为目前最主要的互联网安全威胁之一。此外，随着网络购物、网上银行、网游的兴起，网络钓鱼也日趋多见。不法分子会先建造一个山寨网站，并取一个不易被人发觉的域名，再通过微信、电子邮件或浏览器劫持、DNS 欺骗等方式诱导用户访问这个山寨网站，然后在后台截获用户输入的个人信息（如支付宝账号、口令等），从而盗取用户隐私信息并获取利益。还有我们经常使用的自动记录功能，即浏览器在访问过程中，系统默认开启用户操作留痕功能，很多信息会被浏览器自动记录下来，如访问的地址栏记录、搜寻关键字记录、历史访问记录、缓存文件、Cookies 等，虽然自动记录功能非常便利，可以帮助用户记住烦琐的密码以及曾经浏览过的网址，但是这些信息就可能涉及个人隐私。若不法分子根据这些信息进行大数据分析，结合云计算技术，用户的个人生活习惯可能也会被获取，将给人身和财产安全带来隐患。

随着 Web 技术的快速发展，HTML5、ECMAScript6、CSS3 等前端新技术和标准不断出现，浏览器安全问题愈加复杂。浏览器常用的附加组件也可能导致计算机安全受到威胁。附加组件是指浏览器扩展或者插件，如常用的 Flash 插件等，能够增强浏览器的功能，进而提高用户的使用体验。目前，几乎所有的主流浏览器，Google、火狐、360安全浏览器等都广泛支持附加组件，但是，附加组件的引入也为浏览器的使用带来了安全隐患。曾有专业研究人员对 Google 应用商店中 48000 个扩展进行了分析，检测出了130 个恶意扩展，受到影响的用户量高达 550 万，此外，在 Google 扩展官方网站中也有4700 多个可疑拓展。赛门铁克在其发布的高斯病毒技术报告中指出，Gauss 病毒中的winshell. ocx 就利用了火狐浏览器中的恶意拓展来搜集用户的历史记录、cookies、密码等私密信息。②

---

① 李敏 . Edge 浏览器安全风险与防御技术研究［D］. 北京：北京邮电大学，2018.

② 郝耀鸿，顾茜 . 浏览器安全——一个容易被忽视的信息安全隐患［J］. 保密科学技术，2019（05）：66-68.

二、存储介质隐患

当下，越来越多的学校将信息数据和档案资料保存在计算机移动硬盘、U盘、存储卡等便捷存储设备中，这些存储设备在管理、使用过程中存在较大的安全隐患。一是在使用过程中信息容易被窃取或中毒；二是利用磁盘剩磁可对废旧计算机和存储设备中已删除的信息进行恢复；三是在计算机维修时，未对私密信息进行处理，维修过程中无人进行监督等，都可能造成网络信息安全事故。其中，U盘感染计算机病毒是目前中小学校园信息安全隐患中的典型案例。经常在多媒体教室上课的教师都遇到过这样的情况：将自己辛辛苦苦制作的课件拷贝到U盘中，然后插入上课用的电脑，却发现课件不见了，或者课件变成了可执行的EXE文件，这就是因为U盘感染了病毒。不少教师都很纳闷，自己的电脑安装了各种杀毒软件，也对U盘查过病毒，为什么还会出现这样的情况呢？产生这种情况的主要原因大致有以下几点：一是学生违规使用教学电脑，导致感染了病毒；二是某些教师将U盘病毒带入教学电脑中；三是电脑在校园网中感染网络病毒。

U盘存储容量大且便捷使用的优点，逐渐成为使用最广泛、最频繁的移动存储介质，但同时也为病毒的寄生提供了更好的场所。早在网络还没有普及时，软盘、光盘是广泛使用且移动较频繁的存储介质，是计算机病毒主要传播的载体。随着新科技的发展，U盘、移动硬盘等各类移动设备成为计算机病毒攻击的对象。由于U盘自身不会防毒，用户通过U盘与电脑进行数据交换时，如果没有进行扫描病毒的习惯，病毒很容易感染U盘，为病毒的传播提供了更好的条件。现在U盘也成了一些计算机病毒的寄生体，例如，病毒"U盘寄生虫"一出现就以高感染率常居病毒榜前三名，"熊猫烧香"等重大计算机病毒都是以U盘作为主要传播途径，很多木马、病毒的原始发源地都是U盘，其藏毒率已接近80%。据"全国信息网络安全状况与计算机病毒疫情调查分析报告"显示，在最流行的十大计算机病毒中，"U盘杀手"和"AutoRun"分别排在了第三和第四位。"U盘杀手"是一种专门窃取U盘资料的病毒，会在多个系统文件夹下生成不同的可执行病毒文件，只要用户点击这些病毒文件，病毒就会启动运行。"AutoRun"病毒是通过Autorun.inf文件自动调用移动存储介质中的计算机病毒程序并感染计算机系统。当一个带计算机病毒的U盘与一台没有计算机病毒的主机接触，病毒就会利用计算机系统的自动播放功能自动运行或借机复制代码到此主机上，同时某些U盘病毒会修改或删除U盘上的文件，或建立一些病毒文件，以达到更快传播的目的。主机上的U盘病毒还能监控系统所有接口的状态，只要有存储设备连入主机，它就会复制病毒代码到存储设备。这样U盘病毒能在用户不知情的情况下感染主机或U盘。如何控制及消灭U盘病毒的传播，为U盘用户提供安全、健康的使用环境已成为急需解决的问题。

三、校园网管理隐患

网络信息安全问题除了技术保障，还涉及管理问题，而人是管理的关键。若计算机管理人员缺少必要的安全意识和专业知识，在操作不规范的情况下，对废旧设备不进行技术处理，都有可能造成存有私密信息的存储介质丢失或被盗；网络管理员缺乏职业操守，可利用其合法身份和访问权限，对数据库进行恶意删除或毁坏；又或者操作人员变更后，没有及时变更系统权限和密令，可能导致重要信息被窃取等。此外，网络安全审计不严格、监控不到位、管理制度不健全等，也是内部管理过程中存在的隐患。

目前，绝大多数学校的校园网络管理都是交由信息技术教师负责，但是在实际操作中，信息技术教师一方面需要承担学校信息技术课程的教学任务，另一方面还需要负责校园网络维护，很多信息技术教师并没有专业的网络维护知识，这样也给校园网络安全埋下了隐患。

第三节　安全隐患的排查与整改策略

一、加强机房环境管控

根据中国《电子信息系统机房设计规范》（GB 50174—2008）的要求，数据中心可以根据使用性质、管理要求及其在经济和社会中的重要性划分为A、B、C三个级别。

第一，A类是容错的。A类电子信息系统机房的现场设备应根据容错系统进行配置。在电子信息系统运行期间，现场设备不应由操作错误引起设备故障、外部电源中断、维护和大修信息系统中断。

应用案例包括国家气象台，国家信息中心、计算中心；重要军事指挥部，大中城市机场、广播电台、电视台、应急指挥中心；银行总行电子信息系统室，国家和地区电力调度中心等和重要的控制室。

第二，B类是冗余的。B类电子信息系统机房设备应根据冗余要求进行配置。在系统运行过程中，现场设备应具备冗余能力，电子信息系统的运行不得因设备故障而中断。

应用案例包括研究所；高等院校，三级医院；大中城市气象台、信息中心、疾病预防控制中心、电力调度中心、交通（铁路、公路、水运）指挥调度中心；国际会议中心；大型博物馆、档案馆、会展中心、国际体育场馆；省级以上政府办公楼；电子信息系统室和大型工矿企业的重要控制室。

第三，C类是基本类型。在现场设备的正常运行下，应保证电子信息系统的运行。

在国际上，数据中心根据数据中心支持的正常运行时间分为四个级别。根据不同级别，数据中心的设施要求也会有所不同。级别要求越高，越严格。第一级是最基本的配置，没有冗余，第四级则提供最高级别的容错。在四个不同的定义级别，都包括了对建筑结构、电信基础设施、安全、电气，接地、机械和防火等方面的要求。

中小学校园网络由于具有其特殊性，在整体的网络环境建设方面需要选择合理、适当的标准，同时需要遵循以下设计和建设原则。

（1）设计标准性。尽量按照国家关于计算机的有关标准设计并建设。

（2）先进性。在满足可靠性和实用性的前提下，采用先进技术和设备施工。

（3）可靠性。采用优良的材料和性能优越可靠的设备，配套规范的施工工艺技术，确保机房建设的各个环节都可靠、安全。

（4）实用性。分区合理，工艺流程简便，系统配置周到、全面，管理严谨方便，不同功能区选择不同等级材料，使性价比达到最优。

（5）整体性。机房工程是一个整体，应实际考虑各系统的色调、布局、格调以及效果的一致性和整体性。

（6）扩展性。既能支持现有的系统，又能在空间布局、系统容量等方面有充分的扩展余地，便于系统适应未来发展的需要。

（7）安全性。机房的设计与建设必须确保机房的安全可靠，充分考虑防火、防水、接地、防雷、防电磁干扰、降噪以及地面承重等安全问题并采取有效措施。

核心网络设备机房在具体建设中还需要进一步细化注意以下要求：

（1）温度、湿度。网络设备应当处于环境温度为 15~30℃，湿度为 40%~70% 的环境中。

（2）尘埃。大于或者等于 0.5um，粒子数<18000 粒/升。

（3）照明。计算机机房内在离地面 0.8m 处，照度不应低于 200Lx。

（4）噪声。开机时机房内的噪声，在中央控制台处测量应小于 70dB。

（5）电磁场干扰。无线电干扰场强，在频率范围为 0.15~1000MHz 时不大于 120dB。磁场干扰环境场强，机房内磁场干扰场强不大于 800A/m（相当于 100e），主机房内磁场干扰场强应低于 800A/m。

（6）防火等级要求：B 类安全机房和重要的记录媒体存放间，其建筑物的耐火等级必须符合《高层民用建筑设计防火规范》中规定的二级耐火等级，A、B 类安全机房相关的其余基本工作房间及辅助房间，其建筑物的耐火等级不应低于《建筑设计防火规范》中规定的二级耐火等级。

（7）机房内部装修。①机房装修材料应使用《建筑设计防火规范》中规定的难燃材料和非燃材料，应能防潮、吸音、不起尘、抗静电等。②活动地板应是难燃材料或非燃材料，有稳定的抗静电性能和承载能力，同时耐油、耐腐蚀、柔光、不起尘等。具体应符合《计算机机房用活动地板技术条件》的要求。活动地板提供的各种规格的电线、电缆进出口应做得光滑，防止损伤电线、电缆。活动地板下的建筑地面应平整、光洁、防潮、防尘。在安装活动地板时，应采取相应措施，防止地板支脚倾斜、移位、横梁坠落等。

（8）供配电系统。电源直接影响着网络系统的可靠运转，造成电源不可靠的因素有电压瞬变、瞬时停电和电压不足等，为了确保网络不间断运行，确保重要的数据信息不因断电而丢失，在实际工作中应当采取一些安全措施。①应设置专用可靠的供电线路，配备 UPS 不间断电源系统。在停电时持续供给电能的设备就是 UPS 电源，电池组是电能的主要来源，反应速度快是电池组的重要特点。网络设备和计算机获得的电流是经机房 UPS 设备传输的变电站工频交流电，由于 UPS 在计算机机房供给电流过程中具有较大的作用，因此信息系统设备中 UPS 地位可见一斑。三相输出、三相输入和单相输出、三相输入两类方式通常应用于计算机机房的大中功率 UPS 电源。计算机机房建设中应当以负载为依据确定 UPS 的型号，避免过小或者过大。最后在计算机机房的运行过程中，需要对 UPS 电池组进行定期放电，并且将 UPS 电源环境的湿度和温度控制在一定范围内。供电电源设备的容量应具有一定的余量。计算机系统的供电电源技术指标应按《计算站场地技术要求》的规定执行。从电源室到计算机电源系统的分电盘使用的电缆，除应符合《金属材料弯曲试验方法》中配线工程中的规定外，载流量应不超 50%。计算机系统用的分电盘应设置在计算机机房内，并应采取防触电措施。从分电盘到计算机系统的各种设备的电缆应为耐燃铜芯屏蔽的电缆。计算机系统的各设备走线不得与空调设备、电源设备的无电磁屏蔽的线路走线平行。交叉时，应尽量以接近于垂直的角度交叉，并采取防燃措施。计算机系统应选用铜芯电缆，严禁铜、铝混用，若不能避免时，应采用铜铝过渡头连接。计算机电源系统的所有接点均应镀铅锡处理，冷压连接。在计算机机房出入口处或值班室，应设置交通电话和交通断电装置。① ②专用地线的引线应和大楼的钢筋网及各种金属管道绝缘。计算机系统几种接地技术应符合《计算站场地技术要求》中的规定。③计算机机房应设置交通照明和安全口的指示灯。

（9）空调系统。①计算机机房应采用专用空调设备，若与其他系统共用时，应保证空调效果和采取防火措施。计算机机房环境与普通的工作生活环境不同，应当使用恒湿、恒温空调。计算机机房设备能耗取决于机房内的主机设备工作状态，并会引发机房内 10%至 20%的热负荷变化。通过机房空调系统，机房内的湿度和温度能够得到有效控制，让机房内的设备能够在适宜的湿度和温度环境下运行，进而为相应设备的有序稳定运行提供保证。若在计算机机房使用普通空调，机房内的空气难以在有限的风力下产生较大的流速，机房中的尘埃就无法从空气中带到过滤器上，随着时间的延长，计算机机房设备中堆积的尘埃越来越多，进而影响设备的正常运行和性能。专门应用于计算机机房的空调具有较大的风力，能够促进空气的有效流动，加之设置在空调中的空气过滤器更为专业，能够有效过滤掉空气中的灰尘，使得计算机机房具有符合要求的洁净度。空调系统的主要设备应有备份，空调设备在能量上应有一定的余量，应尽量采用风冷式空调设备，且空调设备的室外部分应安装在便于维修和安全的地方。空调设备中安装的电加热器和电加湿器应有防火护衬，并尽可能使电加热器远离用易燃材料制成的空气过滤器。空调设备的管道、消声器、防火阀接头、衬垫以及管道和配管用的隔热材料应采用难燃材料或非燃材料。②安装在活动地板上及吊顶上的送、回风口应采用难燃材料或非燃材料。新风系统应安装空气过滤器，新风设备主体部分应采用难燃材料或非燃材料。③有条件的学校，可以尝试配备当前主流的一体化智能机柜系统，有利于集中式、智能化管理机房的供电、制冷、温湿度、环控、状态监测等综合情况。

（10）火灾报警及消防设施要求。①A、B 类安全机房应设置火灾报警装置。在机房内、基本工作房间内、活动地板下、吊顶里、主要空调管道中及易燃物附近部位应设置

---

① 梁镜洪，郑曼．计算机机房环境保障与安全管理策略研究[J]．科技风，2015(21)：211.

烟、温感探测器。②除纸介质等易燃物质外，禁止使用水、干粉或泡沫等易产生二次破坏的灭火剂。

（11）防护和安全管理。①防水。有暖气装置的计算机机房，机房地面周围应设排水沟，应注意对暖气管道定期检查和维修。位于用水设备下层的计算机机房，应在吊顶上设防水层，并设漏水检查装置。②防静电。计算机机房的安全接地应符合《计算站场地技术要求》中的规定，系统接地电阻小于1欧姆，零地电压小于1V。接地是防静电的最基本措施。计算机机房的相对湿度应符合《计算站场地技术要求》中的规定。在易产生静电的地方，可采用静电消除剂和静电消除器，绝缘体静电位<1KV。③防雷击。防雷系统能够保证计算机机房在雷雨天气正常运行和不被破坏。雷电通常会从两个方面对计算机机房造成危害：首先是物体遭受雷击，计算机机房中正在使用的设备和计算机流入沿着各种设备传入的雷击电流，进而严重损毁机房设备。其次是发生雷击时物体未被击中，但在相邻导体上产生电磁效应和静电效应，并通过导体快速向用电设备传播，进而使得用电设备受到影响。通常情况下应当采用以下措施给予解决：一方面可以在防雷保护区内部建设计算机机房，这样在雷雨多发季节就可以避免直接被雷电击中，另一方面增加防浪涌设备与业务系统的信号和供电连接点，使因设备启停和感应雷等引起的浪涌危害得到防治，即使在雷雨多发季节，机房内系统能够通过严格的防雷措施得到安全运行。计算机机房应符合《建筑防雷设计规范》中规定的防雷措施，应装设浪涌电压吸收装置。防雷施工应该具备相应资质，验收需聘请第三方具备验收资质的机构监测并出具报告，不达标的须整改复测，直至通过为止。④防鼠害。鼠患严重机房内的电缆和电线上应涂敷驱鼠药剂，计算机机房内应设置捕鼠或驱鼠装置。在施工过程中，所有进出机房的洞口需密封防鼠。⑤安全管道。在施工时应建立严格的防范措施和监视规程。

校园网络的机房环境是校园网络平稳、有序进行的必要条件，在建设校园网络机房之初就要考虑到未来的学校网络的发展需求，同时规划校园网络的可拓展性，方便在网络需求加大时进行进一步升级改造。

二、提升校园网络防护功能

校园网是规模较大、功能较为单一的区域网络——这是大部分人对校园网络的认知。正是由于大家对于校园网络的定位以及规模的固有看法，导致了校园网络整体架构较为分散，经常出现哪里缺什么补什么，没有统筹性的长期规划，这也给校园网络带来了安全隐患。

目前大部分校园网络是由多个星型结构组合而成，属于网状结构。星型结构是最基础的一种连接方式，如大家每天都使用的电话就属于这种结构。星型结构是指各工作站以星型方式连接成网。网络有中央节点，其他节点(工作站、服务器)都与中央节点直接相连，这种结构以中央节点为中心，因此又称为集中式网络。这种结构便于集中控制，因为端用户之间的通信必须经过中心站。由于这一特点，星形结构具备易于维护和安全等优点。端用户设备因为故障而停机时也不会影响其他端用户间的通信；同时其网络延迟时间较小，传输误差较低。校园网络基于这种结构架设在一定程度上提升了校园网络信息安全的系数，降低了后期维护的难度系数。网络拓扑结构是校园网络的硬件基础，是校园网络安全的第一道防线，此外，在校园网络和信息安全隐患整改工作中有一个非常重要的因素就是校园网络防火墙，防火墙是组建安全网络的重要组成部分。防火墙就像是一道大门，将局域网和外网进行分隔开来，它能限制被保护的内网和外网之间的信息交流，它是不同的网络或者网络安全区域之间的唯一的信息出入口，并按照管理人员设定的安全策略控制流经的信息，其本身也具有很强的抗攻击能力。防火墙作为一种隔离器，有效控制了内网和外网之间的活动，保证了内网的信息安全。但是防火墙是一种被动防御技术，它假设了网络的边界和服务，对来自内部的非法访问难以实现有效的控制（见图 4-1）。①

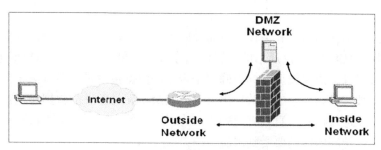

图 4-1 防火墙在网络中的常规部署位置

很多中小学校园网络在架设中要么忽略防火墙的重要作用，要么把防火墙认为是可以抵挡任何网络攻击的"利器"。很多校园网络管理人员并没有充分认识到防火墙的功能以及防火墙的具体划分，只有充分了解这些基础知识，才能在校园网络与信息安全隐患排查整改工作中做到有的放矢。

在没有防火墙的网络环境中，网络的安全性完全依赖于机房主系统的安全性，校园分布子网越大，给主系统造成的负担就越大，将主系统保持在较高安全性水平上的可能性就越小，这就为外部入侵提供了可乘之机。如果校园网络中设立了防火墙，那么防火墙就可以保护网络不被另一个外部网络攻击，对内部网络的保护一般包括拒绝未经授权的用户访问、阻止未经授权的用户存取敏感数据、允许合法的用户无障碍访问想要的资源等。防火墙的主要功能体现在以下四个方面；第一，架设防火墙之后可以很好地提升内部网络的安全程度，过滤掉一些不安全的服务，降低内部网络系统受到攻击的风险。只有经过防火墙许可的流量才能进入内部网络。防火墙还具有保护网络免受某些基于路由攻击的能力，如源路由攻击和基于 ICMP 重定向中的重定向攻击。第二，对网络信息存取和网络访问进行监控。防火墙能够记录所有流经防火墙的访问，同时可以获取相关的日志记录，还能够对网络的使用情况进行统计，对可疑的操作，防护墙能及时报警并提供相应的信息，如校园网络是否受到监测和攻击。第三，防止校园网内部的重要信息未经许可的泄露。内部网络的划分一般是依据防火墙进行的，以实现隔离内部重点网

---

① 李伟清 . 校园网安全系统设计［D］. 西安：西安电子科技大学，2013.

段，减少局部重点或者敏感网络安全对整体校园网络的影响。内部网络中的系统漏洞很有可能会被不法分子发现并攻击，给内部网络带来极大的安全风险，甚至增加全局网络的安全负担。校园网络设置了防火墙就可以隐藏那些容易透露内部细节的服务，如Finger 和 DNS 等服务。第四，可以作为部署 NAT 的位置。网络地址转换（NAT）是一种将私有地址转换为合法 IP 地址的技术，它被广泛应用于各种类型的 Internet 接入。NAT技术能够很好地解决 IP 地址不足的问题，还能够隐藏内部主机的 IP 地址，避免受到来自网络外部的攻击。

防火墙的实现网络安全防护的方式有很多，如果从实现技术方式来划分，防火墙主要分为数据包过滤、应用代理、状态监测等。

（一）数据包过滤

数据包过滤即在网络层和传输层对流经防火墙的数据包依据系统设置的过滤规则进行检查和选择。TCP/IP 协议通信的数据包可分为数据和包头两部分，根据包头源地址、目的地址、端口号、协议类型等标志确定是否允许数据包通过，只有满足预设过滤规则的数据包才能被转发到相应的目的地出口端，其余不满足条件的数据包则被丢弃，数据包过滤时按顺序进行检查，直到有规则匹配为止。这就实现了内部主机允许直接访问外网，而外网主机访问内网则要受到限制。

数据包过滤技术具有速度快、效率高的优点，并且对用户透明，对网络的性能影响不大，适合于应用环境简单的网络环境。但由于其工作在网络层和传输层，它过滤信息的能力较为有限，这就导致很多其他方面的安全要求不能得到满足，随着访问限制规则数量的增加，防火墙的防护性能就会大打折扣。

（二）应用代理

应用代理型防火墙作用在应用层，它完全隔离了网络之间的通信流，对每种应用服务设定专门的代理程序，从而实现监视和控制应用层通信流的功能。客户机和服务器之间的数据交流被代理服务器完全阻挡，当终端需要数据时，先将请求发给代理，由代理向服务器发送请求，同样由代理向终端返回数据，在这种情况下，内外主机之间没有直接的数据通道，阻断了外部网络对内网的侵入。

该种类型的防火墙的安全性能较高，它工作在 OSI 的最高层，起着监视和隔绝应用层通信流的作用。但是由于其管理机制的限定也往往会增加系统管理的复杂性，降低系统的整体性能。

（三）状态监测

状态监测防火墙采用了状态检测包过滤技术，在网络层有一个检查引擎截获数据包并抽取与应用层状态有关的信息，并以此为依据决定该连接的状态是接受还是拒绝，该技术提供了高度安全的解决方案，具有较好的适应性和扩展性。该防火墙摒弃了数据包过滤防火墙仅检查输入网络的数据包，而不关心数据包连接状态的缺点，在防火墙的核心建立状态连接表，在对数据包进行检查时，除了依据预先设定的规则条目，也会将数据包能否符合会话所处的状态考虑进来，因此提供了完整的对传输层的控制能力。状态监测防火墙工作在数据链路层和网络层之间，确保了截取和检查所有通过网络的原始数据包。它工作在较低层，但是它能够检测所有应用层的数据包，从中提取有用信息，如 IP 地址、端口号、数据内容等，使得安全性得到很大提高。状态监测防火墙和应用代理防火墙不同，它不需要为每个应用都建立一个服务程序，只是根据从数据包中提取出的信息、对应的安全策略及过滤规则处理数据包，具有很好的伸缩性和扩展性。

不同的校园网络可以选定其所需要的防火墙技术，防火墙技术是防火墙的自身属性，但是防火墙结构的建设是考虑整体校园网络负载以及应用需求的具体体现。

虽然防火墙可以作为抵御外部恶意网络攻击的一种必要手段，但是防火墙不是完美的，它也有一些无法完善的之处，如无法消灭攻击源。对于互联网上的病毒、木马、恶意试探等攻击行为，设置得当的防火墙能够阻挡它们，但是无法清除攻击源。即使防火墙进行了适宜的设置，使得攻击无法穿透防火墙，但各种攻击仍然会源源不断地向防火墙发出尝试。例如，接主干网 1000M 网络宽带的某站点，其日常流量中平均有 10M 是攻击行为。那么，即使成功设置了防火墙后，这 10M 的攻击流量依然不会有丝毫减少。它也无法防御病毒攻击，计算机病毒攻击的方式多种多样，如果病毒针对系统存在的漏洞进行攻击，防火墙是无能为力的。在内部网络用户下载外网的带毒文件的时候，防火墙无法阻止内部攻击，"外紧内松"是一般局域网络的特点。在一道严密防守的防火墙背后，内部网络一片混乱也很有可能。例如，外部攻击者通过发送带木马的邮件、带木马的 URL 等方式在内部主机上注入木马，然后由感染木马的机器主动攻击，可以将看似很牢固、铁壁一样的防火墙瞬间破坏掉。另外，对于内部各主机之间的攻击行为，防火墙也无能为力。

所以防火墙的技术革新是必要的，防火墙体系建构需要综合考量校园网络的各方面因素，但是防火墙终究一种被动型的防御策略，还是需要提升网络使用者的网络安全意识以及掌握相应的网络安全防范的技能。①

三、提升用户的网络与信息安全能力

校园网络防火墙虽然可以在一定程度上保障校园网络正常、稳定的运行，但是使用校园网络的师生也要提升自身的网络与信息安全能力。

第一，教师应该加强对计算机的管理和保护。计算机是中小学教师教育教学工作的重要工具，如课程教学设计离不开计算机提供素材和资源，对学生进行评价离不开查询计算机内存储的各阶段成绩和有关数据，进行远距离交流离不开计算机提供技术支持等。中小学教师使用计算机时，常会遇到文件存储混乱的问题，不仅影响了工作效率，还可能导致系统遭到非法入侵或重要文件丢失。虽然用户会想方设法把文件组织得很有条理，但系统中运行的程序默认将文件保存在不同的位置，许多应用程序使用不同的默

①　陈文惠. 防火墙系统策略配置研究［D］. 合肥：中国科学技术大学，2007.

认目录来保存文件，导致文档、电子表格、图像及其他文件分散在众多文件夹中。因此教师首先要了解硬盘上有什么资料，最好将重要文件都组织在一起，以便于管理和保护。

第二，为了防范病毒对系统的破坏，消除恶意程序的威胁，中小学教师要在计算机上安装防病毒软件。防病毒软件其实是一种程序，它可以搜索硬盘和可移动媒介（如光盘、U盘等）上存在的已知病毒，当找到被病毒感染的文件时，可删除病毒代码以修复文件，或删除文件以防止其他文件被病毒感染。

第三，保护电子邮件的私密性。电子邮件是中小学教师与他人交流的重要手段，现在，很多网站通过电子邮件发送个人认证、密码等重要信息。如果电子邮件的私密性被破坏，使用者的个人隐私信息就可能被窃取。保护电子邮件私密性有利于保证教师正常的工作和交流，有利于教师管理和指导学生的网络行为。保护电子邮件私密性的方法包括查看Web站点的隐私声明，处理垃圾邮件和加密电子邮件等。中小学教师常常会收到大量的垃圾邮件，这些邮件不仅会影响正常的邮件接收，还可能含有不良信息和病毒。

第四，在使用浏览器时应注意以下几个方面：

一是谨慎使用"保存密码"选项。目前主流浏览器的连接对话框中有一个方便用户使用的"保存密码"选项。但尽管系统将其所保存的密码以"＊"号显示在屏幕上，仍然可以通过相关破解工具软件将"＊"号的内容翻译出来，从而造成用户账户及密码的泄露。因此，为了避免造成的网络登录密码泄露以及因此可能带来的不必要的损失，建议用户在公共场合如网吧等处上网时不要使用"保存密码"选项。

二是对Cookies的使用进行必要的限制。Cookie是一种包含了一些用户信息的文件，是Web服务器通过浏览器放在用户本地硬盘上、自动记录用户浏览信息的文本文件，也是Web服务器通过IE浏览器为用户提供针对性信息浏览服务的基础。由于Cookie记录了用户的浏览信息，也就自然记录了用户的浏览行为"，所以，出于安全的考虑，用户有可能需要对Cookies的使用进行必要的限制。具体的限制办法是：在浏览器中执行"主菜单"→"工具"→"Internet选项"命令，在弹出的"Internet选项"对话窗口中选择"安全"选项，然后在"Internet"区域内单击"自定义级别"按钮，在"安全设置"窗口中的Cookies区域内勾选"允许使用存储在您计算机的Cookies"和"允许使用每个对话Cookies的提示"选项。一旦这样设定，本地计算机在接收来自服务器的Cookie时将给出提示、警告信息或完全禁止对Cookie的接收和访问。如果既要使用Cookie又不想在计算机上留下Cookie，那么，可以在离开计算机时将Cookie全部删除——将Windows文件夹中的cookies子文件夹下的内容全部选中并予以删除，然后清空回收站。

三是注意清除浏览历史记录。浏览器的历史记录保存了用户访问过的所有页面的链接，自然也就记录了用户的浏览行为，出于安全的考虑，一些用户可能不希望这一行为被他人所窥视，因此，就要清除这些历史记录。具体的办法是：在浏览器中执行"主菜单工具"→"Internet选项"命令，在弹出的"internet选项"对话窗口中选择"常规"选项，在"历史记录"区域选择"清除历史记录"；也可单击浏览器工具栏上的历史按钮，在"历史记录"栏内，选中希望清除的网址或其中的链接内容并点击鼠标右键，在弹出的快捷菜单中选择"删除"即可。①

　　第五，U 盘中病毒是让每个教师都头疼的事情。如何防范 U 盘病毒呢？首先我们需要了解它的传播方式，U 盘病毒是利用 U 盘进行传播的，之所以在多媒体教室如此泛滥，是因为使用者基本上是使用 U 盘来拷贝文件，然后操作电脑，所以只要 U 盘继续使用，那么 U 盘病毒就不可避免。所以在整改校园网络时，可以参考以下方式来对此进行防范：

　　一是加强使用规范。教师在使用多媒体电脑之前先对 U 盘进行杀毒处理，同时禁止学生随意使用多媒体电脑。

　　二是给多媒体电脑安装杀毒软件并连入互联网，按时升级病毒库。但有时候杀毒软件会将课件直接删除或者造成程序无法打开，而且现在不少病毒可以直接将杀毒软件屏蔽。

　　三是利用网络云盘来避免 U 盘病毒。

　　第六，网络云盘或者 FTP 是目前最有效的解决 U 盘病毒的方法。内网云盘或者 FTP 舍弃了 U 盘的使用，教师可以将提前上传上去的课件方便地下载到本地硬盘，甚至直接打开，只需要在进入教室前将课件上传至云盘或者 FTP，然后在上课时登录页面并下载即可。

　　但是在日常使用 FTP 的过程中需要注意以下事项：

　　一是禁用匿名账户，防范非授权访问。默认情况下，构建的 FTP 服务器是允许匿名访问的，游客不需要申请合法的账号就可以方便地上传、下载文件，这样带来了极大的安全隐患。游客可以随意地进行访问，既占用了服务器的网络带宽，又侵犯了合法用户的权限，甚至在安全策略设置不到位的情况下很容易出现泄密情况，因此禁止匿名访问是非常有必要的。

　　二是限制登录次数，防范口令恶意破解。如果不加限制条件，FTP 服务器允许无数次地输入口令，这就为恶意攻击者提供了可乘之机。攻击者通过口令字典可暴力破解用户口令，进而攻击服务器。首先应该加强口令的复杂性，保证口令在 8 位以上，并且字母、数字、特殊符号兼有，避免使用简单或具有特殊意义的单词。其次要限制用户口令登录错误的次数，这可以通过"账户锁定策略"来实现。

　　三是访问 IP 限制，拒绝非法 IP。为保证 FTP 服务器的安全，可以对 IP 作访问限制。针对不同的文件目录设置 IP 访问的范围，例如，对于单位传阅的内部资料，应将访问 IP 设置在内网的 IP 范围内，以防外来地址的访问；对某些已知恶意的 IP 地址也可单独进行 IP 限制。

　　四是合理设置用户权限，避免权限危机。在 FTP 对文件的访问权限定义有"读取、写入、追加、删除、执行"，针对文件夹的访问权限有"列表、创建、移除"，子文件夹还有"继承"。在日常的管理中每个账号所的对应文件或文件夹的访问权限应该是不尽相同的，都有各自的访问权限。用户权限的不合理设置，将会导致 FTP 服务器出现严重的安全隐患，需谨慎地对账号与访问目录进行设置，避免因权限不当

---

　　①　陈永军．如何安全使用浏览器[J]．化工管理，2001(03)：40-41.

而引发安全危机。

五是启用日志记录，做到访问有迹可循。启用审核账户登录事件，策略生效后，FIP 用户的每次登录都会被记录到系统日志中。FTP 服务器日志记录着所有用户的访问信息，如登录账号、登陆时间、退出时间、客户机 IP 地址等，这些信息对于 FTP 服务器的稳定运行具有很重要的意义，一旦服务器出现问题，就可以查看 FTP 日志，找到故障所在并及时排除。

四、加强校园网络安全管理

校园网是一个多 VLAN 的局域网系统，所有的系统应用都是基于一个稳定流畅的网络环境来运行的。由于多媒体教室大多分布于校园的各个楼层，每个楼层的网络接入各不相同，有些是光纤千兆接入，有些是百兆接入，有些是千兆交换机，有些是百兆交换机，有些甚至是最普通的桌面型交换机，这就要求我们从以下几个方面来加强对校园网络安全的管理。

(一)及时修补系统漏洞

对于校园网络系统里面的具体漏洞，负责网络安全的相关人员应该定期更新操作系统，并及时安装系统补丁程序。为防止校园网络受到破坏，需要安装网络保护系统、防火墙、漏洞扫描系统与网页防篡改系统，进而有效监管以及控制校园网络的每一个环节，进一步筛除不良的信息数据。另外，对于服务器以及路由器等设备，应该根据需要关闭外网网络访问权限，对简单的 TCP 协议进行充分限制，并对路由器设备进行合理、科学配置，充分过滤一些服务协议，进一步降低安全隐患发生的概率。在使用防火墙的过程中，应该在防火墙中让校园网的内部 IP 地址以及 MAC 地址进行一一对应，这样能防止黑客盗取 IP 地址。维护人员也应该定期对访问的相关日志仔细检查，通过自纠自查、自查自救的方式深入发现并有效解决网络安全方面的问题。

(二)完成数据备份工作

数据备份不但涵盖了备份核心设施以及线路，而且涵盖备份校园网络中的相关数据。对数据进行备份的时候应该对光盘备份或异地备份等方式进行充分考虑，特别是当前大容量可移动式存储成本不高的情况下，数据备份成效大大提高了。此外，校园网安全管理人员应该熟悉应急修复程序的操作，如补丁盘、系统修复盘与启动盘以及 DOS 杀毒盘等，进一步减少恢复数据的工作量，提升修复的效率。

(三)防范网络病毒侵入

防范计算机病毒的侵入是提升校园网络安全水平的主要措施。校园网络管理人员应该创建以及完善计算机病毒防范机制，如对安全模式、网络访问与账户权限等进行合理、科学的设定，防止病毒的侵入。另外还可以利用杀毒软件实现对病毒最大限度的控制，如对杀毒工作进行远程操控，或者对校园网络里的计算机进行实时监控。

(四)加强对校园网络的管理

学校要不断对网络用户进行教育和引导，严格规范用户使用校园网络的行为。在校园内应该做好相应的教育工作，通过讲座、论坛、主题班会等有效的宣传渠道，主动指引学生和老师的上网行为，让他们逐渐了解网络安全问题的意义，进一步养成健康、合法的上网习惯。学校应该立足自身的实际条件，对校园网络的相关工作进行科学、合理的规划。在各种技术渠道的支持下，进一步提升校园网络的安全性，使安全管理机制进一步完善。

(五)建立健全网络安全管理机制

各学校应该创建相应的信息管理机构来具体负责信息安全，制定网络安全管理人员的奖罚机制，激发他们的责任感与自信心，同时对相关安全管理人员开展计算机技术方面的有效培训，进一步提升他们的业务素质。此外，还要将网络安全进一步融入日常教育教学的全过程，并通过宣传栏的宣传等让师生引起高度重视；确立网络安全校园主题日作为加强师生网络安全教育的有利契机，结合实际并推广使用省市提供的网络安全宣传周电子版材料，通过主题班会、教工大会、手抄报、黑板报、信息技术课堂、电子宣传栏及班牌等多种渠道，积极开展网络安全知识进校园活动，切实提高师生特别是广大青少年学生的网络素养。

综上所述，网络信息安全维护技术还在不断发展，随着探索研究的深入，计算机信息息安全技术将不断发展创新。[1] 为了确保网络信息的安全性，用户应当积极采取信息安全防护措施，避免计算机受到黑客或病毒的破坏，保护网络信息安全。

五、增强师生的网络安全意识

(一)培养学生的网络安全意识

根据某年的《我国公众网络安全意识调查报告》显示，当前我国网民的网络安全意识教育存在的问题分别是：网民的网络安全知识缺乏，网络安全基础技能不足；网民不懂得正确使用网络；网民的个人信息得不到保护，存在安全隐患；网民对相关的法律、法规了解甚少，遇到网络突发事件时缺乏处理能力；网民没有方法和渠道去提升网络安全意识和技能，等等。这种情况在青少年和老年人群体中尤为常见[2]，面对当代中小学生网络安全意识淡薄、不重视网络安全事件等诸多问题，加强中小学生的网络安全意识、牢固建立起网络安全防线势在必行，也成为社会、学校和家庭需要共同重视的环节。

---

① 谢振坛，申伟. 校园网络安全管理现状与对策探究[J]. 教学与管理，2019(18)：52-54.
② 梁榕尹. 大学生网络安全意识教育研究[D]. 桂林：广西师范大学，2017.

1. 加强中小学生的网络安全意识教育

现阶段，中小学生的安全教育一直处于重要地位，但偏重于学生的人身安全、交通安全、食品安全和消防安全等方面，对网络安全重视程度不够，很少有关于网络安全意识的培养内容。因此在学校层面，学校应该充分利用主题班会与家长会等时机，加强对家长和中小学生的网络安全教育，让家长和学生了解洁净文明的网络环境的重要性。其次，加强网络法律法规的宣传教育。学校可以通过创办网络安全知识大闯关、黑板报、展览等丰富多彩的活动，正确地引导中小学生学习、掌握和运用网络安全法律法规，提高中小学生的网络安全意识。同时，学校可以专门建立一支由信息技术教师、学生骨干和学生代表组成的校园网络监察队，普及网络安全知识教育，全面增强中小学生的网络文化辨别能力，提升抵制负面信息的能力。

2. 凸显家庭教育在网络安全教育中的重要位置

父母是孩子的第一任、也是孩子最好的老师，家庭是最出色的学校。首先，父母应该适当关注孩子对网络的态度以及网络行为，引导孩子正确使用网络，学会鉴别网络资源。其次，父母应该注重加强与学校教师的沟通，主动配合学校的教育活动。父母应该充分了解孩子在学校中的表现与学习状况，这样也有助于有的放矢地开展家庭教育。同时，父母可以适当参与学校开展的网络安全教育，一方面能掌握孩子对网络安全的了解程度，另一方面也能起到以身作则的示范作用。

3. 强化主管部门在网络安全教育中的宏观管理功能

校园网络文化的传播面广、互动性强、开放性高的，离不开教育主管部门的指导与支持。首先，加强监控管理，加大对不良信息的筛选力度。面对日益繁杂的互联网信息，需要教育主管部门提高技术管理能力，及时对网络信息进行过滤，防止负面信息在网络上大肆传播。其次，致力于营造健康网络氛围，净化社会环境。教育主管部门应鼓励建立或者筛选一些适合中小学生访问的网站，营造健康的网络安全氛围。同时，加强对网络门户的监管，实行严格的奖惩制度，提高行业自律能力，努力营造健康有序的网络文化环境。

中小学生网络安全意识的培养需要社会、学校和家庭三个环节的相互配合、协同努力，才能筑牢安全校园，成就网络强国之梦。

(二)提高教师的网络安全意识

随着网络安全问题的逐步显性化、网络安全威胁日趋严重，中小学教师的网络安全意识必须不断提高增强，只有教师的网络安全意识增强了，才能够对中小学生的网络安全学习产生潜移默化的影响，因此要切实对中小学教师进行网络安全教育，提高网络安全意识。

首先，要提高中小学教师对网络安全的认识。中小学教师应了解相关的网络安全法律、法规，如内容分级过滤制度等，还应经常学习网络安全知识。防火墙、杀毒软件不是万无一失的，网络安全防卫体系不可能一劳永逸地防范任何攻击，所以，必须在网络操作过程中，始终规范上网行为，注意病毒和网络黑客的侵害，才能有效应对各种网络攻击。

其次，中小学教师应了解学生使用网络的现状，意识到网络安全教育的重要性。网络在增强青少年与外界沟通和交流的同时，难免会有一些不良内容对他们造成心理或生理上的伤害，如黄色、暴力网站以及利用网络散布的种种谣言等。中小学教师应意识到无论是在校内还是校外，都应加强网络安全和道德教育，积极、耐心地引导学生，使他们形成正确的态度或观念。同时，给学生提供丰富、健康的网络资源，营造良好的网络学习氛围，并教育学生在网上自觉遵守道德规范，维护自身和他人的合法权益。[①]

互联网的迅速发展，对社会经济、政治、军事、科学、文化教育等领域产生了深刻的影响，尤其是在文化教育领域。网络为文化传播和校内教育、校外教育提供了广阔的平台，大量信息通过网络涌入校内外教育。由于互联网是在缺失秩序的情况下发展起来的，对它的管理也常常落后于互联网的飞速发展。因此，许多违法行为往往在网络上频繁出现如负面信息(包括暴力、色情、封建迷信，反动思想和言论等)泛滥，犯罪分子借助互联网进行的高科技犯罪，等等。据不完全统计，有相当多的校内外青少年上网浏览色情、暴力等不良内容，沉迷于格调低俗的网上聊天，还有一些青少年模仿网络黑客行为盗取考题、试卷等。这些现象的出现，除了由于青少年的思想道德观念不成熟，尚未牢固建立正确的人生观和世界观，缺乏正确分析、判断事物的能力外，一些教师和家长网络安全意识缺乏，不能有效对青少年的网络行为进行引导、监督和干预也是重要原因。

校园逐渐数字化已经成为教育与教学发展的基本趋势。伴随用户数量的激增以及网络规模的扩展，校园网络的安全问题变得日益突出，强化校园网的安全管理是现阶段十分迫切的重要任务。基础教育学校应该确保校园网络数据的安全，借助网络安全技术，创建网络安全的保障系统，确保校园网高效、稳定以及安全运行，校园网络与信息安全工作任重道远。

---

① 张丛. 小学生网络安全意识的培养路径[J]. 中国多媒体与网络教学学报(电子版)，2018(03)：89-90.

第五章　中小学校网络与信息安全应急体系

网络与信息安全应急预案是信息安全突发事件应对工作的关键内容。近年来，国家信息化主管部门编制了初成体系的网络与信息安全应急预案大纲，很多单位根据国家的有关要求，结合自身实际，纷纷着手编制网络与信息安全应急预案。但完成编制后，应急预案往往只是挂在墙上、锁在抽屉里，而无法记在心里，真正发生信息安全事件时，应急预案却不能发挥应有的作用。对于一个好的应急预案来说，理论体系全面、规范是基本要求，而与实际工作紧密结合则是提高应急预案可行性的关键，理论体系与实际工作是相互依存、相互促进的关系。编制应急预案，既要保持安全事件报告、安全等级研判、决策指挥、信息发布及通报、应急响应报告、应急预案演练等理论体系的完整性，又要保证能针对实际，提出符合工作需要、切实可行的应急处置办法，是有相当难度的①。

本章结合深圳市宝安区教育城域网网络与信息安全突发事件总体应急预案及演练方案，理论与实践相结合，探索中小学校网络与信息安全应急体系建设。

第一节　总　　则

一、编制目的

为规范宝安教育城域网信息应急处理的程序和内容，提高教育城域网信息化工作小组的应急处理能力，科学应对网络与信息安全突发事件，有效预防、及时控制和最大限度地消除信息安全等各类突发事件的危害和影响，保障信息系统的实体安全、运行安全和数据安全，完善教育城域网网络应急机制，确保各大系统的安全、稳定运行，特编制本预案。

二、编制依据

《中华人民共和国突发事件应对法》《中华人民共和国网络安全法》《国家突发公共事件总体应急预案》《突发事件应急预案管理办法》《国家网络安全事件应急预案》《国务院办公厅印发省(区、市)人民政府突发公共事件总体应急预案框架指南》《深圳市人民政

---

① 褚英国，陈正奎．关于网络与信息安全应急预案的研究与实践[J]．计算机时代，2009(12)：18-21.

府突发公共事件总体应急预案》《广东省突发事件总体应急预案》《深圳市突发事件总体应急预案》《深圳市突发事件应急预案管理办法(修订版)》《深圳市重大突发事件紧急信息报送和处置工作制度》《深圳市网络安全事件应急预案(修订版)》《信息安全技术信息安全事件分类分级指南》(GB/Z 20986—2007)和《信息安全技术网络安全等级保护基本要求》(GB/T 22239—2019)等。

三、总体原则

(一)统一指挥、分工负责

按照"谁主管谁负责,谁运营谁负责"的原则,建立宝安区教育城域网应急指挥体系,明确职责,落实岗位责任。当发生突发事件时,按突发事件的级别与类别确立事件处置总指挥,并在总指挥统一领导下开展突发事件应急处置工作。

(二)依法规范,科学应急

以相关法律、法规、规章为指导,依法制订、修订"应急预案",注重预案科学性、实效性,提高预防和处置突发事件的科技含量,并做好与区应急总预案的衔接。

(三)信息共享,资源整合

充分利用和整合宝安区教育城域网现有人员、物资、技术等资源,同时合理利用社会的力量,尤其是发挥专家、学者的作用。

(四)预防为主、平战结合

增强风险防范意识,完善监测系统建设,增强预警分析,做好预案演练,将预防与应急处置有机结合起来,把应对突发事件的各项工作落实在日常管理之中,对突发事件力争实现早发现、早报告、早控制、早解决。

四、适用范围

本预案适用于宝安区教育城域网系统突发网络信息安全事件的应急处置工作,重点保障宝安区教育城域网各有关单位的网站和对外公共服务的应用系统。

第二节 分 类 分 级

一、保障对象分级

针对宝安区教育城域网各有关单位网站信息安全,按照保障力度不同,分为两个保障级别(见表 5-1)。

表 5-1 　　　　　　　　宝安区教育城域网各有关单位网站信息安全分级

级　　别	网站名称	网　　址
第一级保障对象	宝安教育在线门户	www. baoan. edu. cn
	协同办公	oa3. baoan. edu. cn
	教育政务平台	jcpt. baoan. edu. cn jcpt2. baoan. edu. cn
	教育资源云平台	cn. baoan. edu. cn
	教育视频平台	video. baoan. edu. cn
第二级保障对象	学校网站集群	bazx. baoan. edu. cn ……

二、网络信息安全事件分类

网络与信息安全事件分为有害程序事件、网络攻击事件、信息破坏事件、信息内容安全事件、设备设施故障、灾害性事件和其他信息安全事件 7 个类别。

(1)有害程序事件,包括计算机病毒、计算机蠕虫、计算机木马、僵尸网络、混合攻击程序、网页内嵌恶意代码和其他有害程序等事件。

(2)网络攻击事件,包括拒绝服务攻击、后门攻击、漏洞攻击、网络扫描窃听、网络钓鱼、干扰和其他网络攻击等事件。

(3)信息破坏事件,包括信息篡改、信息假冒、信息泄露、信息窃取、信息丢失和其他信息破坏等事件。

(4)信息内容安全事件,包括通过网络传播法律法规禁止信息,组织非法串联、煽动集会游行或炒作、讨论敏感问题,并危害国家安全、社会稳定和公众利益的事件。

(5)设备设施故障事件,包括软硬件自身故障、外围保障设施故障、人为破坏事故和其他设备设施故障等事件。

(6)灾害性事件,包括水灾、台风、地震、雷击、火灾、恐怖袭击、战争等不可抗力因素对网络及信息系统造成的物理破坏导致的事件。

(7)其他信息安全事件,不能归为以上类别分类且造成影响或后果较为严重的信息安全事件。

三、网络信息安全事件的分级原则

按照《深圳市人民政府突发公共事件总体应急预案》中四级分类模式,根据事件可控程度、影响范围、持续时间、造成损失等因素,网络信息安全事件可分为:Ⅳ级事件(一般级别事件)、Ⅲ级事件(较大级别事件)、Ⅱ级事件(重大级别事件)、Ⅰ级事件(特别重大级别事件)。

（一）特别重大网络信息安全事件（Ⅰ级）

（1）重要网络和信息系统遭受特别严重的系统损失，造成系统大面积瘫痪，丧失业务处理能力。

（2）国家秘密信息、重要敏感信息和关键数据丢失或被窃取、篡改、假冒，对国家安全和社会稳定构成特别严重威胁。

（3）其他对国家安全、社会秩序、经济建设和公众利益构成特别严重威胁、造成特别严重影响的网络安全事件。

发生一般网络信息安全事件时立即启用第一级（国家级）保障流程。

（二）重大网络信息安全事件（Ⅱ级）

（1）重要网络和信息系统遭受严重的系统损失，造成系统长时间中断或局部瘫痪，业务处理能力受到极大影响。

（2）国家秘密信息、重要敏感信息和关键数据丢失或被窃取、篡改、假冒，对国家安全和社会稳定构成严重威胁。

（3）其他对国家安全、社会秩序、经济建设和公众利益构成严重威胁、造成严重影响的网络安全事件。

发生一般网络信息安全事件时立即启用第二级（省级）保障流程。

（三）较大网络信息安全事件（Ⅲ级）

（1）重要网络和信息系统遭受较大的系统损失，造成系统中断，明显影响系统效率，业务处理能力受到影响。

（2）国家秘密信息、重要敏感信息和关键数据丢失或被窃取、篡改、假冒，对国家安全和社会稳定构成较重威胁。

（3）其他对国家安全、社会秩序、经济建设和公众利益构成较严重威胁、造成较严重影响的网络安全事件。

发生一般网络信息安全事件时立即启用第三级（市级）保障流程。

（四）一般网络信息安全事件（Ⅳ级）

对国家安全、社会秩序、经济建设和公众利益构成一定威胁、造成一定影响的网络安全事件，为一般网络安全事件（Ⅳ级）。

发生一般网络信息安全事件时立即启用第四级（区级、局级）保障流程。

（五）其他信息安全事件定级

针对其他信息安全事件，归为一般网络信息安全事件Ⅳ级 A、B、C 类。

以上安全事件定级仅为参考依据，各网络信息安全事件的定级可根据实际影响情况进行调整。

四、网络信息安全事件预警级别

按照网络信息安全事件严重性和紧急程度,可分为一般(4级)、较重(3级)、严重(2级)、特别严重(1级)四级预警,并依次采用蓝色、黄色、橙色和红色表示(见表5-2)。

表5-2　　　　　　　　　网络信息安全事件预警级别

名称	图式	含义
蓝色预警(区级、局本级)	④	预计将要发生一般以上的网络信息安全事件,事件即将临近,事态可能会扩大。
黄色预警(市级)	③	预计将要发生较大以上的网络信息安全事件,事件已经临近,事态有扩大的趋势。
橙色预警(省级)	②	预计将要发生重大以上的网络信息安全事件,事件即将发生,事态正在逐步扩大。
红色预警(国家级)	①	预计将要发生特别重大以上的网络信息安全事件,事件即将发生,事态正在蔓延。

第三节　组织指挥体系及职责

应急指挥体系依托宝安区教育城域网各部门的职能划分,应急指挥组织由总指挥、事件处置部门和事件协调与保障部门组成(见图5-1):

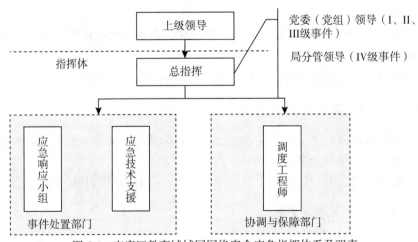

图5-1 宝安区教育城域网网络安全应急指挥体系及职责

一、人员

按照统一指挥、分工负责的原则，应急指挥体系根据事件的级别与类型由不同的人员担任总指挥及参加应急处置工作(见表 5-3):

表 5-3　　　　　　宝安区教育城域网网络安全应急指挥体系及人员组成

突发事件级别	总指挥	上一级领导	事件处置小组	协同与保障部门
Ⅰ级、Ⅱ级、Ⅲ级	范*塔	党委(党组)领导	应急指挥部	调度工程师(宝安区教育信息中心肖春光)
Ⅳ级	罗*	局分管领导	应急指挥部	
Ⅳ级	张*清	信息中心主任	应急响应小组	

二、职责

(一)总指挥

总指挥负责应急处置的领导工作。当发生突发事件时，负责下达发布预警信号的命令，指挥应急处置工作并负责向上一级领导通报事件的状况，在有需要时应负责协调其他单位共同处置事件。

(二)事件处置部门

应急响应小组是事件主要的处置部门，必要时可加入专业信息安全公司的应急技术支援小组。当发生突发事件时，各小组在总指挥的统一领导下，协同工作，充分发挥各方的技术优势，快速完成事件的处置。事件处置部门还负责参与本部门相关的分项预案的制订、修改与管理，以及应急工具和设备的日常管理等；负责对各系统进行实时监测与事件通报；负责启动"应急预案"和执行发布预警信号命令；负责记录事件的处置过程；负责对事件的处置过程进行监督，并在事件结束后组织人员进行事后的分析与处理；负责预案库(排障手册)的建设与管理。

(三)协调与保障部门

事件协调与保障部门职责包括调度工程师负责资源的调配、通信、交通等保障工作；负责对突发事件的处理结果进行上报与存档；负责设备库的管理；总工程师负责相关的培训工作。

第四节　监测和预警机制

宝安区教育城域网各有关单位要按照"谁主管谁负责，谁运营谁负责，谁使用谁负责"的原则从技术和管理两个方面建立健全网络信息安全的监测和预警机制。

各职责负责人监督并指导网络与信息系统的运营，开展风险评估，对重要基础网络信息系统及其等级保护落实工作进行定期检查，及时掌握分管领域内重要基础网络与信息系统的风险现状，加强风险管理。

一、漏洞监测

系统管理员和安全管理员做好网络与信息安全事件的风险评估和隐患排查工作，及时采取有效措施，避免或减少网络与信息安全事件的发生及其危害。针对深圳市宝安区教育城域网网络信息系统进行网络与信息安全事件监测工作，网站信息系统安全事件监测的重点包括计算机病毒、蠕虫、木马、恶意代码等入侵事件；漏洞攻击、后门攻击、拒绝服务、网络窃听、网络钓鱼等网络攻击事件；信息丢失、信息窃取、信息泄露、信息假冒等信息安全事件；利用网站发布或传播违法、违规等负面信息；机房设备故障、系统软硬件故障、人为破坏、误操作等系统故障事件；系统变更导致的不可预测的安全事件；因系统业务量增加致使系统资源不够，系统高压力状态下运行的业务事件。

二、预警发布

(一)网络安全事件信息接收方式

通过媒体、网络平台等途径，面向公众发布网络安全事件报告电话、传真、电子邮箱等信息。

(二)预警研判发布

各单位组织对监测信息进行研判，认为需要立即采取防范措施的，应当及时通知区网安应急办及其他有关部门，同事报告区总值班室。区网安应急办可根据监测研判情况，发布蓝色预警。对可能达到较大及以上网络安全事件的信息，须在 1 小时内向市网安应急办报告，同时报告区总值班室。确定为红色预警的，由国家网安应急办发布；确定为橙色预警的，由省网安应急办发布；确定为黄色预警的，由市网安应急办发布。

预警信息包括时间类别、预警级别、起始时间、可能影响范围、警示事项、应采取的措施和时限要求、发布机关等。

三、预警响应

(一)红色、橙色、黄色预警响应

区网安应急办根据国家、省、市网安应急办的决策部署和统一指挥，统筹区相关负责部门实行 24 小时值班，相关人员保持通信联络畅通。加强网络安全事件检测和事态发展信息搜集工作，组织指导应急支撑队伍、相关运行单位开展应急处置或准备、风险评估和控制工作，重要情况报市网安应急办。

(二)蓝色预警响应

区网安应急办、有关部门的网络安全事件应急指挥机构启动相应应急预案，组织预警响应工作，联系专家和有关机构，组织对事态发展情况进行跟踪研判，研究制定防范措施，协调组织资源调度和部门联动的各项准备工作，做好风险评估、应急准备和风险控制工作，重要情况报市网安应急办。

相关单位网络安全事件应急指挥机构实行 24 小时值班，相关人员保持通信联络畅通。加强网络安全事件检测和事态发展信息搜集工作，组织指导应急支撑队伍、相关运行单位开展应急处置或准备、风险评估和控制工作，重要情况及时报区网安应急办，区网安应急办密切关注事态发展，有关重大事项应及时通报相关部门和街道。

区级网络安全应急技术支撑队伍进入待命状态，针对预警信息研究制订应对方案，检查应急车辆、设备、软件工具等，确保处于良好状态。

四、预警响应

按照"谁发布谁解除"的原则，根据实际情况，按程序确定解除对本区发布的蓝色预警信息；配合市、省、国家网安应急办做好黄色、橙色、红色预警信息解除的相关工作。

第五节　应　急　响　应

一、先期处置

发生网络安全事件后，事发单位应立即启动应急预案，采取先期处置措施。

(1)紧急控制事态发展。根据本单位相关应急预案采取紧急措施，及时、最大限度地控制事态发展。

(2)快速判断事件危害。根据基础网络与信息系统的运行、使用、承载业务的情况，初步判断发生事件的原因、影响力、破坏程度、波及的范围等，提出初步应对措施建议。

(3)及时上报信息。先期处置的同时，及时向单位责任人、区网安应急办和相关应急主管部门报告。保持通畅联系，实时报告事件进展情况。

(4)保留相关证据。在事件处置过程中，可采取记录、截屏、备份、录像等手段，对事件的发生、发展、处置过程、步骤、结果进行详细记录；涉及网络犯罪行为的，按照相关法律法规要求，向区公安分局网警大队报案，协助进行电子数据取证，为事件的调查、处理提供证据。

如先期处置措施不能有效控制事件，应进行分级响应。

二、事件报告

(一)报告流程

一般及以上网络安全事件要及时向区委网信办报告，涉及智慧城市和数字政府建设相关的网络安全事件，应同时向区政务服务数据管理局(区信息中心)报告。区委网信办及时向市委网信办报告，区政务服务数据管理局(区信息中心)同时向市政务服务数据管理局(市信息安全管理中心)报告。

其中，对于初判为特别重大、重大、较大网络安全事件的，事发单位应立即填报《深圳市宝安区网络安全事件信息报告表》，其中各街道和区直各部门报送区网安应急办，并同步报送区信息中心；其他单位(包括区直各部门下属事业单位和其他组织、企业等)通过所在街道或所属区直部门报送区网安应急办。事件详细情况应在1小时内报送。

对于初判为一般网络安全事件的，事发单位应及时填写《深圳市宝安区网络安全事件信息报告表》并参照上款要求向有关部门报送。

区网安应急办接到事件报告后，按要求及时报区总值班室，并上报市网安应急办。

(二)报告要求

事件报告的内容包括事件发生时间和地点、发生事件的基础网络与信息系统名称、事件原因、信息来源、事件类型及性质、危害和损失程度、影响单位及业务、事件发展趋势、采取的处置措施等。

事件报告要按照首报、续报、终报全过程报送要求，做到有头有尾。首报突出"快"，侧重时效性，信息内容应包括事发时间、地点(属地)、简要经过，损失情况、先期处置措施等基本信息；续报突出"准"，侧重准确性，信息内容应包括已采取的措施、领导指示批示情况、领导到场指挥处置情况、下一步发展趋势研判等；终报突出"全"，侧重完整性，信息内容应包括事件原因分析、背景调查、下一步工作部署、应对类似事件对策与思考等。

对涉及重要基础网络与信息系统，以及在敏感期可能演化为较大、重大、特别重大网络安全事件的事件，事发单位应立即上报。如有涉密信息，参与涉密网络安全事件应急处置人员应按有关规定签署保密协议；知情人员应遵守相关的管理规定，做好保密工作。

三、分级响应和流程

各单位信息安全负责人、值守人员应明确本单位网站所属保障级别，并熟知各网络信息安全事件分级标准。一旦发生信息安全事件，应立刻按照上述网络信息安全事件分级标准初步确定本次安全事件的级别，以启用对应的保障流程。

（一）Ⅰ级响应

当发生特别重大网络信息安全事件时立即启用第Ⅰ级响应。事发部门相关工作人员应第一时间启动本单位应急方案，及时处置事件，在10分钟内通过电话向区教育局网络与信息安全应急指挥部通报应急处置情况，区教育局网络与信息安全应急指挥部组织对事件信息进行研判，认为属特别重大网络安全事件的，及时向区网安应急办报告，提出启动Ⅰ级响应的建议。由区网安应急办对事件信息进行研判，按流程上报市网安应急办；由市网安应急办对事件信息进行研判，按流程上报省网安应急办；由省网安应急办对事件信息进行研判，按流程上报国家网安应急办。经国家网安应急办确认启动Ⅰ级响应后，区教育局网络与信息安全应急指挥积极、认真配合区网安应急办等上级网安应急办部门落实应急指挥工作。

（二）Ⅱ级响应

当发生重大网络信息安全事件时立即启用第Ⅱ级响应。事发部门相关工作人员应第一时间启动本单位应急方案，及时处置事件，在10分钟内通过电话向区教育局网络与信息安全应急指挥部通报应急处置情况，区教育局网络与信息安全应急指挥部组织对事件信息进行研判，认为属重大网络安全事件的，及时向区网安应急办报告，提出启动Ⅱ级响应的建议。由区网安应急办对事件信息进行研判，按流程上报市网安应急办；由市网安应急办对事件信息进行研判，按流程上报省网安应急办；由省网安应急办对事件信息进行研判，按流程上报国家网安应急办。经国家网安应急办确认启动Ⅱ级响应后，区教育局网络与信息安全应急指挥积极、认真配合区网安应急办等上级网安应急办部门落实应急指挥工作。

（三）Ⅲ级响应

当发生较大网络信息安全事件时立即启用第Ⅲ级响应。事发部门相关工作人员应第一时间启动本单位应急方案，及时处置事件，在10分钟内通过电话向区教育局网络与信息安全应急指挥部通报应急处置情况，区教育局网络与信息安全应急指挥部组织对事件信息进行研判，认为属较大网络安全事件的，及时向区网安应急办报告，提出启动Ⅲ级响应的建议。由区网安应急办对事件信息进行研判，按流程上报市网安应急办；由市网安应急办对事件信息进行研判，按流程上报省网安应急办；由省网安应急办对事件信息进行研判，按流程上报国家网安应急办。经国家网安应急办确认启动Ⅲ级响应后，区教育局网络与信息安全应急指挥积极、认真配合区网安应急办等上级网安应急办部门落实应急指挥工作。

（四）Ⅳ级响应

当发生一般网络信息安全事件时立即启用第Ⅳ级响应。事发部门相关工作人员应第一时间启动本单位应急方案，及时处置事件，在10分钟内通过电话向区教育局网络与信息安全应急指挥部通报应急处置情况，区教育局网络与信息安全应急指挥部组织对事件信息进行研判，认为属较大网络安全事件的，及时向区网安应急办报告，提出启动Ⅳ级响应的建议。经区网安应急办确认后，启动区教育局网安应急指挥部工作。

1. 启动指挥体系

区教育局网络与信息安全应急指挥部进入应急状态，在区指挥部统一领导、指挥、协调下，负责统筹指挥全区应急处置工作或资源保障工作。指挥部成员保持24小时联络通畅，区应急响应小组24小时值班，并根据需要派员参加区网安应急办工作。

2. 掌握事件动态

（1）跟踪事态发展。区教育局网络与信息安全应急指挥部及时将事态发展变化和处置进展情况报区网安应急办。

（2）检查影响范围。区教育局网络与信息安全应急指挥部立即全面了解全区范围内的网络和信息系统是否受到事件的波及或影响，有关情况及时报区网安应急办。

（3）及时通报情况。区教育局网络与信息安全应急指挥部负责汇总上述有关情况，重大事项及时报区网安应急办，并通报区教育系统内的相关单位。

3. 决策部署

区教育局网络与信息安全应急指挥部根据区网安应急办的统一部署和实际情况做好统筹应对工作。

4. 处置实施

（1）控制事态防止蔓延。区教育局网络与信息安全应急指挥部组织实施，尽快控制事态；组织、督促相关运行单位有针对性的加强防范，防止事态蔓延。

（2）消除隐患恢复系统。区教育局网络与信息安全应急指挥部根据事件发生原因，有针对性地采取措施，备份数据、保护设备、排查隐患，恢复受破坏网络和信息系统正常运行。必要时可以依法征用单位和个人的设备和资源，并按规定给予补偿。

（3）调查举证。事发单位在应急恢复过程中应保留相关证据。对于人为破坏活动，报区网安应急办统筹协调区委保密办、区公安分局、市国家安全局宝安工作处按职责分工负责组织开展调查取证工作。

（4）信息发布。在区宣传部门的指导协调下，区教育局网络与信息安全应急指挥部组织开展网络安全突发事件的应急新闻发布和舆论引导工作。未经批准，其他部门和单位不得擅自发布相关信息。

（5）区域协调。有关部门根据统一要求，建立健全区教育系统内兄弟区之间网络安全事件应急处置联动机制，按照各自渠道，开展与有关区之间的协调。

（6）协调配合引发的其他突发事件的应急处置。对于引发或可能引发其他特别重大安全事件的，区教育局网络与信息安全应急指挥部应及时按程序上报区网安应急办。在相关单位应急处置中，应积极争取与区网安应急办做好协调配合工作。

四、响应升级

（一）响应级别变更

在应急响应过程中，宝安区教育局网络与信息安全应急指挥部密切关注突发网站信息系统事件事态发展和响应工作进展情况，根据事态变化和响应效果及专家组建议，适时调整响应级别。超出自身应急处置能力的，应及时报告上一级部门，建议变更响应级别，开展相关处置工作。

（二）响应级别升级

（1）突发事件继续蔓延，事态发展得不到控制，超出了宝安区教育局网络与信息安全应急指挥部应急处置能力，需要其他单位参与处置时，宝安区教育局网络与信息安全应急指挥部应及时以宝安区教育局网络与信息安全应急指挥部的名义组织、协调本区、市的其他专项应急指挥部和相关部门参与处置工作。

（2）突发事件造成的危害程度特别严重，超出本单位应急外置能力时，需要国家、省、市提供援助和支持时，宝安区教育局网络与信息安全应急指挥部应及时报告宝安区网络应急指挥部办公室，由其上报深圳市网络应急指挥部办公室，依照《深圳市突发事件总体应急预案》中的相关规定，深圳市网络应急指挥部通过市委及时向国家、省应急相关部门报告事件情况。应急处置工作在国家、省、市应急相关部门或指定部门的领导下开展。

（三）应急结束

网络与信息安全突发事件应急处置工作基本完成，次生、衍生灾害和事件危害基本消除，风险得到控制后，终止应急处置工作。

Ⅰ级响应结束，由国家网安应急办及时通报省（区、市）和部门。

Ⅱ级响应结束，由省网安应急办按程序上报国家网安应急办，由国家网安应急办通报省网安应急办，省网安应急办及时通报相关地区和部门。

Ⅲ级响应结束，由市网安应急办提出建议，报市委网信委批准后，上报省网安应急办，省网安应急办通报市网安应急办。

Ⅳ级响应结束，由区教育局网络与信息安全应急指挥部向区网安应急办提出建议，报区网安应急办批准后，按区网安应急办审批意见及时通报区相关单位。

（四）信息发布

宝安区教育局网络与信息安全应急指挥部根据事件应急处置情况，形成工作简报，报宝安区网安应急办。需要向社会发布的信息和新闻稿，Ⅰ级、Ⅱ级应急处置分别由市政府新闻办报国家、省应急相关部门，经同意或批准后进行新闻发布；Ⅲ级应急处置由深圳市网络应急指挥部审核批准后进行发布；Ⅳ级应急处置由宝安区网安应急办审核批准后进行发布。

未经批准，其他部门和单位不得发布相关信息。

（五）善后与恢复

应急处置工作结束后，事发单位和其他有关应急管理工作机构要积极稳妥、深入细致地做好善后处置工作，及时处理征用的物资和设备。对参与处置的工作人员以及紧急调集、征用的物资，要按照规定给予补助或补偿。事发单位应迅速组织人员制订基础网络、信息系统的重建和恢复计划，尽快恢复受损基础网络和信息系统，降低对正常工作业务的影响。

第六节　常见安全事件处置流程

一、DDoS 或 DoS 拒绝服务攻击事件

（一）拒绝服务攻击现象

对于网络带宽持续达 10G 以上的流量，且网站信息系统关键服务器的 CPU、网络连接、会话数、并发数等资源使用率达到 80% 以上的情形，须进行应急预案的处置。

（二）影响分析

(1)网络/主机入侵检测系统报警；
(2)网络流量突然增加；
(3)主机进出的流量差别很大，进入的流量非常大，但是向外的流量非常小；
(4)路由器、防火墙日志纪录的连接数异常增加；
(5)终端用户无法正常使用业务系统或网络；
(6)网络内丢包现象比较严重。

（三）应急处置措施

应急处置措施如表 5-4 所示。

表 5-4　　　　　　　DDoS 或 DoS 拒绝服务攻击应急事件处置措施

步骤	关 键 操 作	负责操作部门
1	发现攻击，系统运维管理员发现系统遭受 DDoS 攻击	系统运维管理
2	上报应急指挥部，同时通知应急处置组处理该安全事件，按安全事件处理通报机制进行通报	应急指挥部
3	应急处置组接到告知的安全事件，判断攻击类别，并进行现场处理	应急处置组
4	判定是否需要启动应急预案：如是，请示启动应急预案，同时进入步骤 5，进行下一步操作；如否，直接进入第 5 步操作	应急处置组
5	判断攻击源是否来自网外，如是来自网内的攻击则转至第 15 步，否则进入步骤 6	应急处置组
6	来自网外的攻击，应急处置组启用流量清洗进行异常数据过滤	应急处置组

续表

步骤	关　键　操　作	负责操作部门
7	判定清洗是否成功。如是，则进入步骤 17，如否，进入步骤 8	应急处置组
8	判定攻击流量是否超出清洗系统能力范畴，如超出清洗能力，进入第 12 步，进行防火墙策略封堵；如未超出清洗能力，进入第 9 步，更换清洗策略	应急处置组
9	流量清洗处理不成功，须调整流量清洗策略，再进行异常流量过滤	应急处置组
10	经过流量清洗策略调整，再进行异常数据流量过滤	应急处置组
11	再次清洗是否成功，如成功进入步骤 17；如不成功进入步骤 12，进行防火墙策略封堵	应急处置组
12	判定封堵是否有效，如有效，进入步骤 17；如无效，进入步骤 14，进行被攻击目标封堵	应急处置组
13	在互联网出口上封堵被攻击目标	应急处置组
14	分析并锁定攻击源 IP	应急处置组
15	在靠近对攻击源 IP 的防火墙上对攻击源 IP 进行封堵	应急处置组
16	安全事件取证、溯源	应急处置组
17	取证完毕则判定本次应急是否结束，如是，则进入溯源分析、攻击报告分析、上报上级主管部门和归档程序；如否，则继续取证	应急指挥部 应急处置组
18	应急处置组在现场取证完之后，须进行本次安全评估报告编制	应急处置组
19	应急结束	应急指挥部 应急处置组

二、蠕虫病毒传播事件

(一)蠕虫病毒

网络内部主机大范围感染蠕虫病毒并扩散，造成主机运行缓慢、死机、文件信息流失。

(二)影响分析

(1)杀毒软件的病毒监控模块提示发现病毒；
(2)杀毒软件的主动防御模块提示发现可疑程序；
(3)程序文件被篡改；
(4)计算机运行速度缓慢、网络拥塞；
(5)系统无故宕机、重启、蓝屏。

（三）应急处置措施

应急处置措施如表5-5所示。

表 5-5 蠕虫病毒传播事件应急处置措施

步骤	关 键 操 作	负责操作部门
1	发现攻击，系统运维管理员发现系统遭受蠕虫病毒攻击	系统运维管理组
2	上报应急指挥部，同时通知应急处置组处理该安全事件，按安全事件处理通报机制进行通报	应急指挥部
3	应急处置组接到告知的安全事件，判断攻击类别，并进行现场处理	应急处置组
4	判定是否需要启动应急预案，如判定为来自网内的蠕虫攻击，直接进入第20步操作；判定为网外的，直接进入第5步操作	应急处置组
5	已锁定为网外的攻击，直接进入步骤6	应急处置组
6	第6步操作，对于来自网外攻击，应急处置组启用流量清洗进行异常数据过滤	应急处置组
7	第7步操作，看清洗是否成功，如成功进入步骤18步，如不成功进入步骤8，进行网络版杀毒软件进行查杀与清除	应急处置组
8	第8步操作，启动网络版杀毒软件进行异常数据查杀与清除	应急处置组
9	第9步操作，网络版杀毒软件在线查杀异常数据是否成功，如成功进入步骤18步；如否，进入步骤10	应急处置组
10	第10步操作，更新杀毒软件的病毒库，再次进行病毒查杀，如成功，进入步骤18步；如否，进入步骤11	应急处置组
11	第11步操作，据分析，如发现仍影响业务系统正常运行，进入步骤15；如不影响业务系统正常运行，进入步骤12，召集安全服务团队取证与分析	应急处置组
12	第12步操作，召集安全服务厂商进行病毒研究与取证分析，寻找解决方案	应急处置组 专业安全服务厂商
13	第13步操作，向厂家获取最新网络版杀毒软件进行病毒库更新，之后进入步骤14，再进行病毒查杀	应急处置组
14	第14步操作，经过以上第13步的网络版病毒库的更新，再次进行蠕虫病毒查杀。如清除成功，直接进入步骤18；如否，进入步骤15	应急处置组
15	第15步操作，被攻击目标系统下线处理，进行分析与取证	应急处置组 专业安全服务厂商
16	第16步操作，对下线的系统无法清除病毒，同时已对系统造成破坏的，需重建操作系统与重新配置业务，再次进行病毒查杀	应急处置组
17	第17步操作，在业务系统上线之前，进行系统漏洞加固，做好安全防护策略	应急处置组

续表

步骤	关键操作	负责操作部门
18	第18步操作，安全事件取证、溯源	应急处置组
19	第19步操作，取证完毕判定本次应急是否结束，如是，则进入溯源分析、攻击报告分析、上报上级主管部门和归档程序；如否，则继续取证	应急指挥部 应急处置组
20	第20步操作，网络应急处置组在现场取证完之后，须进行本次安全评估报告编制	应急处置组
21	第21步操作，应急结束	应急指挥部 应急处置组

三、网络入侵事件

(一)入侵现象

网站信息系统与服务器主机出现不明来源账号、服务、进程、端口、密码被修改，网页被篡改，网页被挂马等现象。

(二)影响分析

(1)数据库系统信息被窃取；
(2)账号、密码被修改，管理员无法正常使用；
(3)目标主机成为肉鸡，形成跳板渗透到其他目标主机；
(4)业务系统不能正常运行；
(5)操作系统不能正常启动；
(6)网页、数据被篡改或删除。

(三)应急处置措施

应急处置措施如表5-6所示。

表5-6 网络入侵事件应急处置措施

步骤	关键操作	负责操作部门
1	发现攻击，系统运维管理员发现系统遭受恶意入侵攻击	系统运维管理组
2	上报应急指挥部，同时通知应急处置组处理该安全事件，按安全事件处理通报机制进行通报	应急指挥部
3	应急处置组接到应急指挥部告知的安全事件，判断攻击类别	应急处置组
4	判定是否需要启动应急预案，如是，则组织协调、上报等	应急处置组

步骤	关　键　操　作	负责操作部门
5	第5步，判定入侵是否影响业务系统的，如给业务系统造成恶劣影响的，如网站被黑，进行第11步骤；如对业务系统造成影响，而未影响业务的，进行步骤6，安全服务厂商现场调查与分析	应急处置组
6	第6步操作，安全服务厂商的现场调查与分析，从如下几个方面进行： 记录当前取证时间，根据安全事件发生的期间内检查，对Web中间件入侵的日志截取并进行分析； 对文件创建和修改情况进行分析，对新加入或创建的文件进行内容分析； 检查当前被攻击的系统，查看是否有新增的不明账户； 检查被攻击系统的相应软件的历史记录； 检查被攻击系统的网络连接、进程、端口等信息； 检查被攻击系统的网络配置情况； 检查被攻击系统的系统日志信息； 检查被攻击系统的浏览器记录和配置信息； 检查被攻击系统的安全日志、IIS日志、软件安装日志、计划任务日志等； 检查被攻击系统中的回收站是否有痕迹	应急处置组 专业安全服务厂商
7	第七步操作，可以分析源攻击IP地址，可以在边界防火墙的访问控制列表上封堵IP地址	应急处置组
8	分析被攻击目标的进程、端口、IP地址、开放的服务等状态信息，得知攻击源后，开启防火墙策略；如封堵进程、端口清除，可以执行封堵或杀死这些进程。如成功清除，执行步骤16；如否，则进入步骤9	应急处置组
9	锁定目标系统，分析影响范围，同时继续监控被攻击目标系统的态势，确定是否需要中断该业务系统。如是可以中断，执行步骤10；如否则返回步骤6，安全服务厂商需要继续调查与分析，务必找到相关的解决方案	应急处置组 专业安全服务厂商
10	经过第9步对影响的分析，进入第10步操作，已确定可以中断业务系统	应急处置组
11	进入第12步操作，被攻击目标系统下线处理	应急处置组
12	进入第13步操作，对下线的系统，召集安全服务厂商进行调查与分析，寻找攻击者的入侵痕迹与目的；查找解决方案	专业安全服务厂商
13	第13步，无法找到解决方案的，对下线的系统进行备份，重建业务系统	应急处置组
14	第14步，已重建的业务系统在上线之前应进行系统加固与病毒查杀等，进行步骤16，判定应急是否结束	应急处置组

步骤	关 键 操 作	负责操作部门
15	第16步，判定本次应急是否结束，如是，则进行攻击报告分析、上报上级主管部门和归档程序；如否，则返回步骤6，继续取证	应急指挥部 应急处置组
16	安全服务厂商在现场取证完之后，须进行本次安全评估报告编制	专业安全服务厂商 应急处置组
17	应急处置结束	应急处置组 应急指挥部

四、信息泄露事件

(一)信息泄露现象

信息泄漏包括系统页面存在源代码泄露、网站信息系统存在敏感目录和数据库信息泄露等。攻击者利用某些信息可以得到系统权限，可能导致系统服务的关键逻辑、配置的账号密码泄露。

(二)影响分析

网站信息系统账号密码等重要信息泄露，严重影响网站系统以及网络业务的正常运营。

(三)应急处置措施

应急处置措施如表 5-7 所示。

表 5-7 信息泄露事件应急处置措施

步骤	关 键 操 作	负责操作部门
1	发现攻击，系统运维管理员发现系统遭受蠕虫病毒攻击	系统运维管理组
2	上报应急指挥部，同时通知应急处置组处理该安全事件，按安全事件处理通报机制进行通报	应急指挥部
3	应急处置组接到告知的安全事件，判断攻击类别，并进行现场处理	应急处置组
4	第4步，启动应急预案，同时进行步骤5，召集安全服务厂商进行现场调查与分析	应急处置组
5	安全服务厂商进行调查与分析，确定所属类别，如果是确定账号类别，进行步骤6；如果确定为文件内容类别，进行步骤8；如果确定为配置文件信息泄露，进行步骤10；如果确定为数据库信息泄露，进行步骤12	应急处置组 专业安全服务厂商

续表

步骤	关 键 操 作	负责操作部门
6	第6步,经过以上的分析,确定账号类别的泄露,给关键业务系统造成影响	应急处置组
7	第7步,经过以上的分析,确定文件内容类别的泄露,给公司业务造成不正常影响	应急处置组
8	第8步,经过以上的分析,确定账号类别的泄露,给关键业务系统造成影响	应急处置组
9	第9步,经过以上的分析,确定数据库系统类别的泄露,给关键业务系统造成影响	应急处置组
10	第10步,经过以上的分析,制定出针对各种类型的信息泄露事件的解决方案,具体措施如下: (1)对账号类别的信息泄露,立即更改账号的密码→检查分析原因(如果是人为因素→查处责任人→进行安全管理制度完善→开展信息安全培训工作)。如是系统入侵→木马清除→进行系统漏洞加固→安全管理制度完善,经过监控与评估,须再次更改密码 (2)对涉密文件内容的泄露,须分析泄露的原因,进行采取对策。检查分析(如果是人为因素→查处责任人→进行安全管理制度完善→开展信息安全培训工作)。同时,采取防泄露的工具与系统进行预防信息泄露。 (3)对于系统或网络设备的配置文件,更改业务系统类别的配置文件的存储路径 (4)对于网络设备的配置文件泄露,修改配置中的密码。如果是人为因素→查处责任人→进行安全管理制度完善→开展信息安全培训工作 (5)对于数据库系统的表中信息泄露,删除数据库系统多余的账号;修改数据库系统的账号与密码口令等;运行对数据库系统的加密工具。如果是人为因素→查处责任人→进行安全管理制度完善→开展信息安全培训工作	应急处置组 专业安全服务厂商
11	第11步,开始实施相应的对策	应急处置组
12	对实施后的对策进行监控	应急处置组
13	在监控的期间查看对策是否有效,如有效,则进入步骤13;如无效,则返回步骤10,制定对策	应急处置组
14	如果确定本次应急结束,则进行步骤15;如否,则返回步骤5,安全服务厂商继续进行有效的分析并寻找解决方法	应急处置组 专业安全服务厂商
15	安全服务厂商在现场取证完之后,须进行本次安全评估报告编制	应急处置组 专业安全服务厂商
16	应急结束	应急处置组 应急指挥部

五、系统崩溃应急事件

（一）系统崩溃现象

系统崩溃时，计算机会出现黑屏或以蓝屏呈现一串代码。系统崩溃可分为硬件与系统崩溃。硬件崩溃时，计算机会黑屏，且按开机键时无响应；系统崩溃时，任何操作都无响应，重启电脑后黑屏或卡在系统启动状态，服务器无法正常登录使用。

（二）影响分析

(1) 病毒(木马)感染：运行缓慢、死机、文件信息流失；
(2) 误操作：软件无法启动或运行错误；
(3) 操作系统缺陷或漏洞：容易感染病毒，系统不稳定；
(4) 应用软件缺陷：软件运行错误，死机；
(5) 硬件配置较低：提示无可用资源，经常死机。

（三）应急处置措施

应急处置措施如表 5-8 所示。

表 5-8 　　　　　　　　　　**系统崩溃应急事件应急处置措施**

步骤	关 键 操 作	负责操作部门
1	发现系统故障，系统运维管理员发现系统崩溃，无法正常登录	系统运维管理组
2	上报应急指挥部，同时通知应急处置组处理该安全事件，按安全事件处理通报机制进行通报	应急指挥部
3	应急处置组接到应急指挥办公室告知的安全事件，判断应急预案类别	应急处置组
4	判定是否需要启动应急预案，如果是，则组织协调、上报等	应急处置组
5	系统运维管理员确认热备份的服务器目前运行是否正常，应用系统正常提供服务	应急处置组系统运维管理组
6	系统运维管理员需要确认应用系统的系统级备份(GHOST)和数据库备份正常可用，能够用于快速恢复	应急处置组系统运维管理组
7	专业安全服务厂商工程师负责查看相关的防火墙日志、入侵检测日志、网页防篡改日志，分析是否由于攻击行为导致	应急处置组专业安全服务厂商
8	系统管理员通过系统级备份或数据库备份快速对崩溃的系统或数据库进行恢复	应急处置组
9	专业安全服务厂商工程师确认恢复后的系统或数据库是否有最新补丁或者安全配置有没有更新，并进行更新	应急处置组

续表

步骤	关 键 操 作	负责操作部门
10	经过前面的处理流程，判定本次应急是否结束，如是，进行攻击报告分析、上报上级主管部门和归档程序	应急指挥部 网络应急处置组
11	专业安全服务厂商工程师在现场取证完之后，须进行本次安全评估报告编制	专业安全服务厂商 应急处置组
12	应急处置结束	应急处置组 应急指挥部

第七节　后 期 处 置

一、情况汇报和经验总结

网络与信息安全突发事件应急任务结束后，教育信息中心应做好事件中基础网络与信息系统、网络设施损失情况的统计与汇总，以及任务完成情况的总结汇报，不断改进宝安区教育局网站信息系统网络与信息安全突发事件应急管理工作。

Ⅳ级突发事件由宝安区教育局网络与信息安全应急指挥部牵头组织专家组成事件调查组，对事件发生原因及处置过程进行全面调查，查清事件发生的原因及财产损失状况等，总结经验教训，并由宝安区教育信息中心负责起草相关报告，在10个工作日内上报宝安区教育局网络与信息安全应急指挥部审批后，报送区网络应急指挥部。

Ⅲ级突发事件由宝安区教育局网络与信息安全应急指挥部按程序报区网络应急指挥部，根据需要积极配合深圳市网络应急指挥部组成事件调查组，对事件发生原因及处置过程进行全面调查，查清事件发生的原因及财产损失状况等，总结经验教训，并由宝安区教育局网络与信息安全应急指挥部负责起草相关报告报区网络应急指挥部后，在10个工作日内上报深圳市网络应急指挥部办公室。

Ⅰ级、Ⅱ级突发事件由市政府分别向国家、省应急相关部门报告。

二、善后处置

应急处置工作结束后，事发单位和其他有关应急管理工作机构要积极稳妥、深入细致地做好善后处置工作，及时处理征用的物资和设备。对参与处置的工作人员以及紧急调集、征用的物资，要按照规定给予补助或补偿。

三、恢复重建

恢复重建工作由事发单位负责。应急处置工作结束后，按照风险评估结果，迅速组织人员制订网络或信息系统重建和恢复计划，按照业务影响分析结果，确定优先顺序，迅速恢复网络或信息系统的正常运行。事发单位应抓紧时间，合理安排，恢复受损网络或信息系统，尽量减少损失，并尽快恢复正常工作。

第八节　培训和演练

一、宣传

宝安区教育局网络与信息安全应急指挥部及有关部门应利用各种新闻媒介，宣传信息安全有关法律、法规、规章，开展网络与信息安全教育，普及信息安全应急处置的基本知识，提高公众信息安全防范意识和应急处置能力。

二、培训

教育城域网各有关单位应当对应急管理和值守人员进行培训，增强防范意识。

三、演练

宝安区教育局网络与信息安全应急指挥部每年组织一次针对宝安区教育局网站信息系统的网络与信息安全应急演练，模拟处置影响较大的网络与信息安全突发事件，检验预案的可执行性。通过演练，及时发现和改进应急体系和工作机制存在的问题，完善应急预案，提高应急处置能力，检验应急物资的储备情况。

应急演练主要开展以下工作：

第一，按宝安区教育局网络与信息安全应急指挥部办公室的要求，各部门、各单位成立应急演练小组，制订宝安区教育局网站信息系统应急演练方案。

第二，宝安区教育局网络与信息安全应急指挥部调配应急演练所需的各项资源，负责组织有关部门和单位进行宝安区教育局网站信息系统应急演练，对应急演练进行评估，并通报应急演练结果，总结经验，分析应急预案的科学性和合理性，针对预案中的问题进行修订完善。

第九节　网络安全应急支撑队伍

宝安区教育城域网网络安全应急支撑队伍的组成人员如表5-9所示。

表5-9　　　　　　　　　　宝安区教育城域网网络安全应急支撑队伍

序号	部门/职位	姓名	联系电话	备注
1	信息中心主任	张＊清		
2	调度工程师	肖春光		
3	网络管理员（A角）	朱＊		
4	网络管理员（B角）	熊＊志		
5	系统管理员	黄＊		
6	安全管理员（A角）	周＊		
7	安全管理员（B角）	杨＊霖		
8	数据库管理员	廖＊堂		
9	机房管理员	谢＊鹏		
10	安全审计员	卓＊术		
11				

第十节　附　　则

一、预案制定、发布及解释

本预案由深圳市宝安区教育局网络与信息安全应急指挥部负责制定、发布及解释。

二、预案审批

本预案由宝安区教育局网络与信息安全应急指挥部初审，报宝安区教育局领导审定。

三、预案修订

有下列情形之一的，应当及时修订应急预案：

（1）有关法律、行政法规、规章、标准、上位预案中的有关规定发生变化；

（2）应急指挥机构及其职责发生重大调整的；

（3）面临的风险发生重大变化的；

（4）重要应急资源发生重大变化的；

（5）预案中的其他重要信息发生变化的；

（6）在突发事件实际应对和应急演练中发现问题需要作出重大调整的；

（7）相关单位名称或职能发生变化的；

（8）应急预案制定单位认为应当修订的其他情况。

四、预案实施

本预案经宝安区教育局审定后，自发布之日起正式实施。

宝安区教育系统相关学校、幼儿园及部门参照执行。

第十一节 附 件

附件1：

表5-10　　　　　　　　　　　　应用系统服务器信息表

名　称	内　容
服务器型号及位置	型号：　　　　位置：
硬件基本配置	
操作系统	
操作系统登陆方式	用户名：　　　　密码：　　　（可暂时不填）
网络配置	IP： 网关： 掩码： DNS：
程序部署目录	网站： Apache： Tomcat：
Tomcat 配置	登录方式： 用户名：　　　　密码：　　　（可暂时不填）
备注	

附件 2:

表 5-11　　　　　　　　　　　　**网络与信息安全突发事件情况表**

报告单位		报告时间		年　月　日　时
事发单位		事件起始时间		年　月　日　时
填报人		审核人		
事件分类	□有害程序类事件　　　□网络攻击类事件　　□信息破坏事件 □信息内容安全类事件　□设备设施故障事件 □灾害类事件　　　　　□其他类事件			
事件级别	□Ⅰ级　　　　□Ⅱ级　　　　□Ⅲ级　　　　□Ⅳ级			
危害表象	□网络中断　□系统瘫痪　□网络入侵　□数据毁坏　□数据泄密　□其他危害			

事件描述(包括突发事件发生原因、性质,初步原因和危害程度判断):

处置措施:(突发事件发生单位已采取的控制措施及其他应对措施)

事件后果的初步估计:

有关意见和建议:

附件 3：

表 5-12　　　　　　　　　　**网络与信息安全事件应急响应结束通知单**

网络与信息安全事件应急响应结束通知单

　　　　发布单位(部门)：　　　　　　　　　　　　　　　　签发人：

应急响应名称	
响应单编号	
结束响应范围	
结束时间	
工作要求	
备　　注	

附录 4：

表 5-13　　　　　　　　　　**网络与信息安全事件报告表**

网络与信息安全事件报告表

　　　　报告时间：＿＿＿＿年＿＿月＿＿时＿＿分(注：单位名称处需加盖公章)

报告单位		填报时间	年　月　日　时
事件名称			
事件初判类型	□有害程序事件　□网络攻击事件　□信息破坏事件 □信息内容安全事件　□设备设施故障　□灾害性事件 □其他信息安全事件		
事件级别	□Ⅰ级　　　□Ⅱ级　　　□Ⅲ级　　　□Ⅳ级		
填报人		审核人	

事件最新概况：包括当前事态、已造成的影响情况及发展趋势等
应急处置进展情况：包括开展的应急处置行动、已经取得的成果、当前主要工作及政府部门开展的工作情况
应急资源调配情况：包括人员调动、物资调配及资源需求等情况
下一步应急工作部署：包括应急进展预估和应急处置计划等

第十二节 应 急 演 练

本小节展示了宝安区教育系统网络与信息安全突发事件应急演练方案及脚本(供参考)。

一、演练方案

(一)演练时间

2019 年 9 月 25 日进行应急演练。

(二)演练地点

场景 1：指挥中心(教育局 6 楼会议室)

场景 2：学校展示区(宝安中学<集团>)

场景 3：攻击组展示区(教育局 4 楼运维中心)

场景 4：应急处置展示区(教育局 4 楼运维中心)

（三）参演人员

序号	组别	角色	人员（队伍）
1	指挥中心	总指挥	信息中心主任钟＊星
		副总指挥	信息中心副主任张＊清
2	应急处置组	组长	张＊清
		副组长	肖春光
		成员	安全管理员：杨＊霖 网络管理员：熊＊志 系统管理员：黄＊ 数据管理员：王＊涛
3	宝安中学（集团）	学校监控值班员	侯＊ 老师
4	专家组	成员	刘＊、廖＊堂
5	攻击组	成员	陈＊兴
6	现场解说	主持人、旁白	朱＊

（四）演练内容

本次演练模拟恶意攻击或扫描的行为发生后，攻击方利用弱口令登录宝安中学（集团）网站管理系统，获取系统信息数据，并篡改网站首页。应急处置人员经上报、讨论、制定处理策略后，恢复学校网站。

（五）演练流程概要

（1）首先由攻击组模拟攻击或扫描的行为，发现宝安中学（集团）网站存在弱口令，登录业务系统获取信息数据，并篡改网站首页；

（2）宝安中学（集团）监控值班员通过日常巡检发现学校网站首页被篡改，及时上报事件情况至局网络与信息安全应急指挥小组；

（3）安全管理员核实确认情况后上报领导，并进行先期处置；

（4）召开事件处置会议，专家组听取现场处置成员的分析后对事件进行研判，专业技术队伍针对该事件提出处置方案，会议通过后立即进行处置；

（5）应急处置组各成员进行应急处置操作，立即下线系统，并断开服务器与内网连接，修复漏洞，恢复被篡改数据；

（6）处置结束，专家组复核处置情况后并汇总报告，领导同意结束本次应急演练。

二、演练脚本

（一）演练大纲：（50分钟）

（1）演练开场阶段（10分钟），地点：指挥中心（教育局6楼会议室）。

（2）发起攻击阶段（10分钟），地点：攻击组展示区（教育局4楼运维中心）。

（3）监测预警、警示阶段（5分钟），地点：应急处置展示区（教育局4楼运维中心），学校展示区（宝安中学<集团>）。

（4）信息上报和先期处置阶段（5分钟），地点：应急处置展示区（教育局4楼运维中心）。

（5）召开事件处置会议（5分钟），地点：（教育局4楼运维中心）。

（6）事件处置和恢复阶段（10分钟），地点：应急处置展示区（教育局4楼运维中心）。

（7）处置结束和总结报告（5分钟），地点：应急处置展示区（教育局4楼运维中心），指挥中心（教育局6楼会议室）。

（8）结束语，地点：指挥中心（教育局6楼会议室）。

（二）演练脚本：（50分钟）

在该脚本中，尖括号中的内容为场景说明部分，非台词。黑体部分的台词为主持人台词（或主持人串场词）。

序	时间	角色	内容	台　词	场景地点	场景现象
一、演练开场阶段（10分钟）						
1	14:30 — 14:40	主持人（朱＊）	介绍参演单位、领导	尊敬的各位领导、各学校老师，大家好！今天，区教育局组织开展2019年度宝安区教育系统网络与信息安全突发事件应急演练工作。参加本次演练的有： 应急演练总指挥：钟＊星（主任） 应急处置组组长：张＊清 应急处置组副组长：肖春光 宝安中学（集团）、赛尔运维团队、安络技术团队、任子行技术团队	指挥中心	主持人做现场陈述
2		应急处置组组长（张＊清）	介绍演练内容	本次主要依照《宝安区教育系统网络与信息安全突发事件应急预案》进行攻防演练 下面请钟＊星主任宣布演练开始	指挥中心	现场陈述
3		总指挥（钟＊星）	宣布演练正式开始	我宣布，2019年宝安区教育系统网络与信息安全突发事件应急演练正式开始	指挥中心	现场陈述

续表

序	时间	角色	内容	台　词	场景地点	场景现象
二、发起攻击阶段(10分钟)						
4	14:40—14:50	主持人(朱*)	串场词	现在向大家展示的是攻击方对宝安中学(集团)网站发起攻击阶段(请看攻击画面)	攻击组展示区	主持人做现场陈述
5		攻击组成员(陈*兴)	安排技术人员尝试对宝安中学(集团)网站进行恶意攻击	【旁白】现在是攻击组通过工具扫描和手工渗透方式,对学校网站发起攻击	攻击组展示区	呈现技术人员调用工具攻击的场景
6		攻击组成员(陈*兴)		<5分钟后>【旁白】现在攻击方发现网站后台存在弱口令,并直接登录管理后台,进行篡改页面操作　攻击成功	攻击组展示区	展示被篡改页面
三、监测预警、告警阶段(5分钟)						
7	14:50—14:55	主持人(朱*)	串场词	现在是演练的监测预警、警示阶段	应急处置组展示区	主持人做现场陈述
8		学校监控值班员(侯*老师)	监控值班员向上级报告情况	【电话】校长您好,我是网络监控值班员,发现我校的网站首页被篡改,特向您汇报<演示收到领导指示>【电话】好的,我马上向教育局信息中心汇报	学校展示区	展示监控组人员进行电话通话的场景
9		学校监控值班员(侯*老师)	监控值班员向安全管理员报告情况	【电话】杨工,你好,我是宝安中学(集团)侯*老师,发现托管在区教育城域网中心的我校的网站首页被篡改,特此报告,请信息中心协助核实和处置	学校展示区	展示监控组人员进行电话的通话场景
10		安全管理员(杨*霖)	安全管理员接到电话后核实情况	【电话】好的,侯老师,我现在立即核实和分析排查	应急处置组展示区	展示通话的场景

序	时间	角色	内容	台词	场景地点	场景现象
四、信息上报和先期处置阶段(5分钟)						
11		主持人 (朱*)	串场词	现在是安全管理员对宝安中学(集团)网站遭遇的恶意攻击进行先期处置	应急处置组展示区	主持人做现场陈述
12		安全管理员 (杨*霖)	先期处置阶段	【旁白】现在安全管理员对攻击事件进行核实 <3分钟后> 【旁白】安全管理员现在对主动防御设备日志和事件网站服务器进行了分析。确认学校网站遭到恶意攻击	应急处置组展示区	展示深信服WAF攻击日志等信息
13		主持人 (朱*)	串场词	现在是事件上报阶段	应急处置组展示区	
14		安全管理员 (杨*霖)	向学校侯*老师电话回复	【电话】侯老师,我们已确认您学校的网站遭受到恶意攻击。我们现在向上级领导报告,请您及时跟进并配合处置	应急处置组展示区	展示电话报告的场景
15	14:55 — 15:00	学校监控值班员 (侯*老师)		【电话】好的,收到	学校展示区	展示通话的场景
16		安全管理员 (杨*霖)	向应急处置领导小组汇报	【电话】张主任,宝安中学(集团)的网站遭受恶意攻击,网站已被篡改,建议马上启动处置	应急处置组展示区	展示电话报告的场景
17		应急处置组组长 (张*清)		【电话】好的,我马上请示,你们继续开展先期处置 【指挥中心】钟主任,宝安中学的网站受到攻击被篡改,建议马上启动应急处置	指挥中心	展示电话报告的场景
18		应急处置总指挥 (钟*星)		【指挥中心】好的,同意,请你和肖老师及时到现场指导事件处置		
19		应急处置组副组长 (肖春光)	肖老师到达学校现场	<肖老师到达学校现场>	学校展示区	展示肖春光到达学校的场景
		应急处置组副组长 (张主任)	张主任到达应急处置现场	<张*清到达应急处置现场>	应急处置组展示区	展示张主任到达应急处置现场

序	时间	角色	内容	台 词	场景地点	场景现象
五、召开事件处置会议(5分钟)						
20	15:00 — 15:05	主持人 (朱*)	串场词	现在是应急处置组以及专家队伍到达现场，召开事件处置会议	应急处置组 展示区	
21		应急处置组 组长 (张*清)	召开事件处置会议，专家组听取现场处置成员的分析后，对事件进行研判，专业技术队伍针对该事件，提出处置方案，经会议通过后立即执行	各位专家、专业技术队伍，目前宝安中学(集团)网站已经遭受到恶意攻击，根据现场处置成员的分析，请各位认真研究研判，拿出最快最有效的处置措施		
22		安全管理员 (杨*霖)		大家好，我是信息中心安全管理员杨*霖，宝安中学(集团)网站在今天遭受到恶意攻击，我们已经开展先期处置，为避免事件扩大，希望专家队伍能够提供技术支援	应急处置组 展示区	展示会议场景
23		专家组 (刘*、廖*堂)		现场各位技术组成员，根据你们提供的分析情况，专家组研判本次突发事件为"恶意攻击事件"，我们建议按照 III 级事件展开处置，立即禁用该管理员账号并封堵该攻击IP，系统管理员检查服务器业务系统文件目录是否有被篡改，是否存在网页木马后门、恶意文件		
24		应急处置组 组长 (张*清)		好的，根据专家组和技术支撑队伍的意见，请应急处置队伍按流程马上处置		
六、事件处置和恢复阶段(10分钟)						
25	15:05 — 15:15	主持人 (朱*)	串场词	现在是事件处置的过程展示	应急处置组 展示区	主持人做现场陈述
26		网络管理员 (熊*志)	事件处置	【旁白】现在是网络管理员进行断网操作	应急处置组 展示区	现场处置，旁白解说
27		安全管理员 (杨*霖)	事件处置	【旁白】现在是安全管理员进行封堵操作	应急处置组 展示区	现场处置，旁白解说
28		系统管理员 (黄*)	事件处置	【旁白】现在是系统管理员进行修改密码、检查服务器后台等操作	应急处置组 展示区	现场处置，旁白解说
29		数据管理员 (王*涛)	事件处置	【旁白】现在是数据管理员进行网站数据检查、恢复等操作	应急处置组 展示区	现场处置，旁白解说
30		主持人 (朱*)	串场词	现在处置组已完成处置工作，请专家队伍对事件处置情况进行复核	应急处置组 展示区	主持人做现场陈述

序	时间	角色	内容	台 词	场景地点	场景现象
七、处置结束和总结报告(5分钟)						
31		主持人 (朱 *)	串场词	现在是处置结束和总结报告阶段	应急处置组展示区	主持人做现场陈述
32		应急处置组副组长 (张 * 清)	询问专家复核结果	请专家组汇总本次处置结果	应急处置组展示区	现场陈述
33		专家组 (刘 *、廖 * 堂)	专家组汇总处置结果	通过专家组复核,处置组已断开服务器网络连接,下线系统,修改管理员弱密码,查明修复漏洞,并修复被篡改页面,持续监控内网流量,目前学校的网站已恢复正常	应急处置组展示区	现场陈述
34		应急处置组副组长 (张 * 清)	专家组汇总处置结果	是否可以结束本次处置	应急处置组展示区	现场陈述
35	15:15 — 15:20	专家组 (刘 *、廖 * 堂)	专家组汇总处置结果	经应急处置团队和专家组评估,本次处置工作可以结束	应急处置组展示区	现场陈述
36		应急处置组副组长 (张 * 清)	专家组汇总处置结果	好的,辛苦大家了,我会向上级请示。请大家马上准备事件处置总结报告。请肖老师告知学校加强网站管理,并向区教育信息中心提交本次事件的原因及处置报告	应急处置组展示区	现场陈述
37		应急处置组副组长 (张 * 清)	向钟主任请示结束事件处置工作	【电话】钟主任,本次处置工作已完成,网站已恢复正常。应急小组目前已提交应急处置报告,并申请结束本次处置,请领导批示	应急处置组展示区	电话通报场景
38		应急指挥部,总指挥 (钟 * 星)	同意批准结束应急响应	【电话】好,我已收到,同意结束本次事件处置工作	指挥中心	电话通报场景
八、结束语						
39		主持人 (朱 *)	主持人宣布应急演练工作结束	尊敬的各位领导、各参演单位,本次2019年宝安区教育系统网络与信息安全突发事件应急演练工作全面结束,感谢参与此次演练的所有领导和工作人员	指挥中心	主持人做现场陈述

第六章　中小学校网络与信息安全事件的应对

维护网络与信息安全就是要最大限度地减少数据和资源被攻击和破坏的可能性。国际标准化组织（ISO）将网络安全分为物理安全和逻辑安全，即实体的安全和网络信息（软件和数据）的安全。通过各种计算机软硬件技术、网络安全技术和各种组织管理措施，保护信息在其生命周期内的生成、传输、处理和存储环节中的机密性、完整性、可用性、有效性和真实性。

本章主要针对中小学校网络与信息安全常见的五大安全威胁：网络故障、网络病毒、网络攻击、信息泄露和网络舆情事件，介绍网络与信息安全事件案例和具体应对方案，以期对中小学校的网络与信息安全事件提供相关的经验或借鉴。

第一节　网络故障的应对

一、网络故障分类

网络故障的类型很多，根据其性质，一般可分为物理类故障和逻辑类故障。

（1）网络物理故障

网络物理故障是指网络硬件的故障，主要包括服务器硬件故障、交换机故障、线路故障等。

1. 服务器硬件故障

服务器在校园网络中是核心设备之一，与网络业务系统承载整体的性能与稳定息息相关，服务器上安装了校园网络应用系统；同时也是网络的文件中心和数据中心，通常可分为 Web 应用服务器、数据库服务器、FTP 服务器、视频服务器、DHCP 服务器、DNS 服务器等。

服务器的配置一般较高，主板卡等主要部件的故障少，硬盘、电源、内存条相比之下更容易发生不稳定、老化等问题。

（1）服务器硬盘故障一般表现为：①硬盘自我检查磁头、电路、盘片等部件，发现某些参数值与预存的安全值不一致时，磁盘就会自动发出警告信息。②开机启动时，时常出现无法识别硬盘，有时可以识别，但需要很长时间才能检测并通过。③服务器运行中，不断出现程序报错，磁盘扫描很慢，甚至远远超出正常时间。④磁盘扫描时出现坏道，用自带修复工具难以修复。⑤初始化时死机，虽然内存、散热和系统中毒等也有可能导致死机，但硬盘引发故障的可能性更大。

（2）服务器电源故障一般表现为：①电源不稳定可能导致硬盘经常出现假坏道，通过软件可以修复。②服务器无故重启，有可能是因电源老化、功率不够而不足以带动设备正常工作，导致内存、硬盘读写错误、系统软件运行出错。③风扇中的灰尘过多导致电源噪音增大，一定要及时清理，以免引发散热问题。④电源电磁辐射外泄，受电源磁场影响，可能干扰显示器正常显示。

（3）服务器内存故障一般表现为：①内存条在使用过程中与主板插槽间接触不良及内存控制器故障。②自检通过，但在 DOS 下运行应用程序时，因占用的内存地址冲突，而导致内存分配错误。③Windows 系统中测试运行 DOS 状态下的应用软件时出现死机、花屏等现象。④内存被病毒程序感染后驻留内存中，CMOS 参数中内存值的大小被病毒修改，导致内存值与内存条实际内存大小不符，在使用时出现速度变慢、系统死机等现象。⑤电脑升级进行内存扩充，选择了与主板不兼容的内存条。

2. 交换机故障①

（1）电源故障。外部电源不稳，会导致交换机电源寿命减短，发生故障。要做好统一供电，增加稳压电源，避免瞬间高压或低压现象。还可以使用 UPS 不间断电源来保证交换机的供电，以防止突然断电带来的损坏。同时也要做好机房避雷措施，避免雷电对设备的伤害。

（2）模块故障。交换机由多种模块构成，如堆叠模块、管理模块和扩展模块等。虽然模块发生故障的概率很小，但如果出现问题，就会导致网络中断。如果出现插拔模块时不小心，或搬运交换机时受到碰撞，或电源不稳定等情况，都可能导致此类故障的发生。

（3）端口故障。由于光纤插头不干净，可能导致光纤端口污染而不能正常通信。一般情况下，端口故障源于某一个或者几个端口损坏。所以，在排除了端口所连计算机的故障后，可以通过更换所连接的端口来判断其是否损坏。遇到此类故障时，可以先尝试在电源关闭后，用酒精棉球清洗端口，如果端口确实被损坏，那就只能更换端口了。

（4）背板故障。在外部电源正常供电的情况下，如果交换机的各个内部模块都不能正常工作，那就可能是背板坏了，遇到这种情况，即使是电器维修工程师，恐怕也无计可施，唯一的办法就是更换背板。

3. 线路故障

（1）双绞线故障②。双绞线造成的故障，通常是由双绞线线序错乱、短路、断路、松动、线路过长、线质低劣等原因造成的，其中任何一种情况都会导致网络不稳定乃至中断。①双绞线线序错乱。双绞线线序错乱是指在制作双绞线时双绞线两端的线序排列顺序不一致。校园网中使用的双绞线一共由 8 根铜线组成，其中第 1、2、3、6 共 4 根

① 贾铖凤. 交换机故障的诊断和排除探析[J]. 太原城市职业技术学院学报，2008（002）：163-164.

② 屈永斌. 校园网双绞线故障维护[J]. 电子信息科技风，2017（11）.

线会影响网络的连通性。②双绞线短路、断路故障。双绞线短路是指在制作网线时，双绞线中有铜线被剥去绝缘外层致使两根铜线之间相互接触。双绞线断路是指在制作双绞线或综合布线时，因为用力过大而导致双绞线中的铜线断裂。③线路过长、线质低劣。在实际使用中，双绞线的传输距离远远达不到所标示的理论值，应考虑双绞线的质量或者长度造成的信号损耗故障。④双绞线接头连接器导致的故障。在实际应用中，可能由于计算机位置的变化，原有的双绞线过短以致无法与计算机连接，这时候管理员可能会用到双绞线接头连接器来延长双绞线，而使用双绞线接头连接器后，会明显感觉网络速率下降。

（2）光纤故障①。①线路。进行光缆、光纤跳线的通断检测时，用红光笔对着光纤接头或耦合器的一端送红光，在另一端看是否有红光，有红光则说明光缆或光纤跳线没有断。由于外界物理因素而损伤法兰或尾纤切面，或又因为设备的震动而造成时通时断。解决此类故障采用更换法兰或尾纤的办法。在光缆尾纤两端均用光功率计来进行测量，看是否有读数以判断光缆或光纤跳线有没有断。同时一定要对尾纤连接点、法兰、设备端口用酒精清洗。②光模块。光模块的光口受到污染和损伤，导致光链路损耗加大，以至于光纤链路不通。光口长期暴露致使灰尘进入而受污染、模块连接的光纤端面被污染导致光口污染以及尾纤的光接头端面使用不当被损，这三种情况都会使光传输受到污染。光模块还会受到 ESD（ElectroStatic Discharge）损伤，即"静电放电"。静电会引起灰尘吸附，改变线路间的阻抗，影响 SFP（Small Form Pluggable，小型可插拔）光模块的功能与寿命，诸如使用环境干燥、违规操作、有源光纤设备没有接地或者接地不良都能引起 ESD 损伤。③光纤收发器。检查光纤收发器或光纤模块的指示灯和双绞线端口指示灯是否会亮。如收发器的光口（FX）指示灯不亮，请确定光纤链路是否交叉链接；光纤跳线一头是平行方式连接；另一头是交叉方式连接。如 A 收发器的光口（FX）指示灯亮、B 收发器的光口（FX）指示灯不亮，则故障在 A 收发器端：一种可能是 A 收发器（TX）光发送口已坏，因为 B 收发器的光口（RX）接收不到光信号；另一种可能是 A 收发器（TX）光发送口的这条光纤链路有问题。

（二）网络逻辑故障

在网络系统中，其逻辑故障发生的载体通常是路由器和主机，发生率在整个网络故障中占比的 70%。具体而言，路由器逻辑故障主要表现在路由配置上，若配置存在失误，计算机网络的 IP 地址会呈现出反复传递状态，并且路由器各节点的端口参数也会存在错误，进而便会加大路由 CPU 的占用率，降低计算机网络的运行质量。主机逻辑故障相对而言比较复杂，存在的故障点和故障类型多于路由器逻辑故障。常见的主机逻辑故障有网卡设备故障、网络协议故障以及网卡驱动故障等，这些逻辑故障的表现形式存在较大差异。此外，如果主机存在病毒，也会引发主机逻辑故障。

1. 路由器逻辑故障

在计算机网络的连接过程中，如果路由器的端口设定参数错误，就会找不到远端的

---

① 穆建跃 . 计算机网络故障的一般识别与解决方法［J］. 信息与电脑，2017（14）：152-154.

地址，无法正常连接到网络。由于路由器而引起的计算机网络故障大多是由于路由器配置错误而导致的，解决方法较为简单。路由器逻辑故障而导致计算机网络故障的原因还有路由器内存的余量过小，就容易出现丢包的情况，以致计算机网络的稳定性得不到有效的保障。由于路由器的逻辑故障而导致的计算机网络故障十分常见，而且其产生原因也有较大的差别，在解决的过程中要注意细分。

2. 交换机配置故障

交换机主要有系统故障、配置错误、配置丢失和病毒、网络攻击导致的设备运行异常等。

计算机网络的故障与端口有着较大的关系，如果端口关闭了，计算机网络就会出现故障，计算机用户就无法正常使用网络。端口的关闭主要是由于病毒对系统的破坏而造成的，端口受到病毒的攻击就会造成部分参数被修改，与网络连接相关的进程就极容易关闭。在这种情况下，网络管理系统就无法接收任何数据，用户也无法正常地使用网络。

二、网络故障案例分析

(一)案例一——服务器内存故障

1. 问题描述

如果电脑无法进入操作系统，可能是由于硬件或软件出现问题导致，应区别对待。因内存问题可能导致电脑无法进入操作系统，有如下几种情况：按下开机键后，主机灯正常亮，CPU 风扇正常运转，键盘或鼠标灯有一个不亮，显示器不显示信号，长按开机键将机器强制关机后，再次按下开机键开机，问题依旧；按下开机键后，主机灯正常亮，CPU 风扇正常运转，主板的蜂鸣器发出三短一长的蜂鸣声。

2. 故障分析

该故障通常是由于内存条在长时间使用后，金手指出现了氧化物，使主板无法读取内存条数据。

内存条下方的一排金属片就是俗称的金手指，金手指是连接内存条与主板的媒介，一般电脑出现无法开机，或者不断重启基本上就是因为内存条出现了问题，金手指的部位非常容易氧化，或者有灰尘附着在上面，就会导致内存条与主板接触不良。

解决方法就是除去氧化物，但是不能用手去擦拭，因为我们的手都或多或少带有静电，不仅会造成金手指氧化生锈，还有可能将内存上的颗粒或电容击穿。所以，擦拭工具最好选择绝缘物品了，如橡皮擦。橡皮擦不仅可以清除氧化物，还能防止静电，是最佳的选择。

3. 应对方案

首先打开电脑机箱，将内存条从主板上拆下来。内存条的插槽就在 CPU 旁边，扳开内存条两侧的卡槽，就可以将内存条取下。再准备一个普通的橡皮擦，用橡皮擦将内存条的金手指擦一擦，清除表面的灰尘与氧化物(请务必注意防静电处理，在未做防静电处理时，可能会对内存条造成伤害）。清理完金手指之后，再将内存条插回主板即可。

(二)案例二——服务器硬盘故障

1. 问题描述

电脑硬盘是计算机最主要的存储设备，作为为外存储器，它主要负责存储操作系统、用户数据等。硬盘损坏之前会出现一些症状，如有杂音、反应慢、资料损毁、找不到硬盘、经常宕机、文件时常无法读取、硬盘发出不正常的声音等，如果电脑出现这些症状，最好马上把重要资料备份出来。

2. 故障分析

一般如果硬盘快要坏掉时，可能会出现以下几种现象：

(1)找不到硬盘。电脑在开机时会检测硬盘，如果硬盘出了问题，可能就会出现找不到硬盘的状况，也就是出现一堆奇怪的信息，开不了机。

(2)硬盘发出杂音。硬盘在正常的运转时，会有微小的声音，而且每一块硬盘的声音都不太相同，但是如果硬盘的声音突然跟平常不同，如声音特别大、发出"喀啦"声，或各种奇奇怪怪的声音，那就表明这块硬盘快坏了，最好马上把资料备份出来！

(3)打开文件很慢。如果电脑平常使用都正常，但是在开启某些特定文件时会特别慢，这通常是硬盘出现坏道或扇区出问题所导致的，如果不严重的话可使用软件修复后继续使用，但也有可能是整块硬盘损毁的前兆！

(4)文件损毁。明明已经存储的文件，在储存时也没有任何错误信息，但是后来开启时却发生文件损毁的情况，也有可能是硬盘出了问题。

(5)硬盘反应迟缓。硬盘的指示灯一直亮着，电脑的反应有时变得非常慢，甚至出现宕机的状况，但有时又可以正常使用，这种状况就可能是硬盘损坏造成的。

3. 应对方案

硬盘维修本身可分为需开盘和无需开盘，无需开盘的情况，如接口维修电路板烧毁断针断线，芯片击穿固件损坏坏道。需开盘的情况，如磁头老化磁头位移电机不动磁阻变形内芯片击穿，盘片轻微划伤。硬盘拆盘一定要在无尘的环境下，原因如下：

(1)机械硬盘工作时是磁头是要高速旋转的，其高度距盘片只有2~3微米，可尘粒的直径要远大于这个距离，所以硬盘要在无尘的环境下拆盘。

(2)硬盘在工作时需要相当洁净的工作环境，有尘的环境会导致硬盘寿命缩短。尘粒在高速旋转的磁头的带动下可能划伤硬盘的表面。

(3)硬盘在工作时，内部是存在电流的，同样高速的旋转会产生静电，静电会吸附尘粒。在有尘的环境下，大量尘粒被吸附在盘片的表面，在磁头高速读写时，盘片可能会因此而伤痕累累。

因硬盘本身的特性，检测和维修磁头、模块就必须在无尘环境下进行。普通消费者几乎不会具有这种维修环境，所以就只能委托给第三方的机构来进行维修，且维修价格较贵。所以当硬盘出现损坏征兆时，应及时备份数据并更换新硬盘。

（三）案例三——交换机故障

1. 端口故障

端口故障通常表现为整个交换机除了个别机器不能正常通信外，其他机器都正常。这种故障在交换机中是最常见的，发生这种故障的原因可能是：①光纤接口或者 RJ45 端口脏了就有可能导致端口被污染而不能正常通信。②带电拔插接口。③搬运时导致接口物理损坏。④水晶头偏大，接入交换机时破坏了端口。⑤内部线缆老化。

解决方法为：①先检查出现问题的电脑，在排除了端口所连接的电脑故障后，可以通过更换所连接的端口来判断是否为端口问题。②单纯的接口、端口脏了，可以在断电的情况下，用酒精棉等清洁工具进行清理。③避免带电进行操作。④如果确定是接口物理损坏，只能更换端口。⑤如果是线缆老化则要更换线缆。

2. 电路板故障

交换机电路一般由主电路板和供电电路板组成，电路板不能正常工作的原因主要有电路板上面的电子元器件受损、基板不良、硬件更新以及因兼容问题而导致电路板类型不合适。

解决方法为：首先需要确定是主电路板还是供电电路板出现问题，先从电源开始检查，使用万用表在去掉主电路板负载的情况下进行通电测量，看看各种电子元器件的指标是否为正常，如果不正常，则需要更换电源，再检查交换机指示灯是否恢复正常的亮度和颜色。如果确认不是供电电路板出现故障，则需要进一步检测主电路板，可使用万用表进行测量，查看各种元器件是否正常工作，是否有短路、断路等。

3. 电源故障

交换机电源故障通常表现为开启交换机后，交换机并没有正常运转，而且交换机前置面板上的 POWER 指示灯没有亮，且设备风扇也不转动。通常电源故障是由于外部供电环境不稳定、电路线路老化、风扇停止或者遭受雷击所导致电源损坏，也有可能是电源故障而导致交换机机内的其他部件损坏。

解决方法为：当电源故障发生时，先检查电源系统，看看供电插座是否正常，有无电流，电压是否正常。如果确定供电没有问题，则可以进一步检查电源线是否存在损坏以及松动，若是电源线损坏则更换一条新的电源线，插头松动就重新插好。如果已排除供电以及电源线故障，但问题还是依旧的话，那么就可能是交换机电源或者交换机内的其他部件损坏，这个时候要先保证外部供电环境正常、稳定，可以引入独立电源并添加稳压器来避免瞬间的高低压现象，另外配置一套 UPS 系统，并采取必要的防雷措施以避免雷电对交换机造成损害。

4. 逻辑故障

交换机逻辑故障通常表现为交换机正在开机运行且所有端口的物理连接都是正常的情况下，所有端口连接的设备无法进行通讯或通讯异常。出现这类故障通常是因为配线架跳线出错，配置不当；系统数据发生错误，交换机过热导致逻辑故障；交换机系统出现崩溃，交换机软件存在设计缺陷。

解决方法为：解决此类故障主要应依靠维护人员以及设备提供商，当维护人员发现交换机设备发生错误时，需要对交换机进行检查，当检查为配线架跳线出错，只需将配线架跳线调整好即可恢复通讯；如果是配置问题，则应使用串口线进入交换机配置命令行，重新配置或载入备份配置；如果是系统数据发生错误或交换机系统出现崩溃，则使用串口线进入交换机命令行，将错误包、崩溃包下载到本地电脑进行检查、排错并向硬件提供商反馈错误以帮助硬件提供商修复；如果是交换机过热导致的逻辑故障，则应检查是机房的空调系统还是交换机的灰尘过多，如确定是空调系统问题，就需要将空调系统重新清理调整，如确定是灰尘过多，则需要对交换机进行清灰处理；如果是交换机软件存在问题，则需要向硬件提供商提交反馈，督促硬件提供商尽快修复软件故障以保证交换机的正常运行。

三、网络故障的应对

(一)端口故障处理

计算机的物理故障是当前计算机网络故障的最常见的形式，因此在排查网络故障时，应首先排查该类故障，而端口故障则是最常见物理故障之一。其主要表现为计算机与各类外设因出现损坏或端口本身的连接松动而导致网络故障，数据无法传输，排查该故障时应重点关注设备的信号灯是否发生异常。

(二)路由器故障处理

网络路由器故障的原因可能有所不同，因此在进行故障排除时，需要对故障起因进行分析，才能真正解决问题。譬如出现网络信号受阻，则需要排查路由器的线路连接是否发生错误，还是 IP 地址设置错误。在正常情况下，路由器有默认的子网掩码和 IP 地址，需要根据相关手册来设置、更改才能解决问题。如果是路由器本身的故障则必须进行更换。

(三)线路故障处理

网络发生问题也可能是由于线路故障所引起，通常表现为网络线路的物理损坏或电磁干扰。如果无法改变网络电缆的长度，则可以使用网络测试仪排查线路问题。也就是说，分别在网络端口以及 HUB 端口内通过不同的网线连接，在确定可以成功访问局域网的情况下，通过 ping 的方式可检测线路故障。

(四)网络交换和路由设备逻辑故障处理

1. 路由器设置问题

逻辑故障一般是由于路由器设置错误导致的，这时路由器找不到远程地址，网络通信不正常。如果将两个路由器相连，那么其中一个的入口必须与另一个出口相连，否则将会导致逻辑故障。同时，在设置路由器端口参数的时，发生故障的可能性非常高，导致路由器将无法找到远程地址，在排查的过程中可以利用相关测试指令查找并进行修改。

2. 网络交换设备发生故障

由于交换机负荷较大或连续运行后出现网络中断故障的，则重启交换机就可以恢复网络连接。如果交换机由于端口老化而未响应的，则应先进入端口依次输入"shut down"以及"no shutdown"这两项命令并执行，再对端口进行重启就可以排除网络故障。如果计算机的防火墙以及路由器发生故障，应通过"Traceroute"或者"ping"命令对远端节点的错误地址进行检查，并保证网络设备配置无误后，再检测交换接口是否存在异常，并根据检测结果采取重启或更换设备的处理措施。

3. 网络端口配置错误

通常交换机端口采用的工作模式为 Trunk 以及 Access 这两种。其中 Trunk 端口模式主要在级联网络设备中应用，从而提高线路承载 vlan 的能力；Access 则主要用于服务器、PC 以及其他终端设备的接入。Access 和 Trunk 这两种端口模式是不可以混用的，因此如果计算机网络由于端口位置错误而发生故障时，应登录交换机，并对其端口配置模式进行检查。如果分析模式配置存在错误时，运维人员应进入端口对 Access 模式与 Trunk 模式进行更改。

(五)服务器、客户机网络逻辑故障处理①

1. 本地网络连接受限

计算机显示本地连接受限，在进行故障处理时应检查各项联网参数与计算机网络设备的参数，并排查网络协议是否存在错误。找到具体问题后，可以重新配置参数，使用软件修复或重装驱动等方式来处理。

2. 网络连通却无法浏览网页

计算机网络能够正常连接，但无法浏览网页时，应重点检查 DNS 配置和相关软件。在处理时可重新配置 DNS 或卸载浏览器并重装，还可用杀毒软件查杀病毒。

3. 网络重名和 IP 冲突

计算机网络发生 IP 地址冲突时，原因可能是 DHCP 服务器配置问题，或装机时采用的是 Ghost 系统以及对 IP 进行手动分配时出现重复，也可能是计算机感染病毒导致。因此，在处理时可以对服务器重新进行设置，并将 IP 地址设置为自动获取，也可以采取绑定 Mac 地址与 IP 地址的方式。此外，还可以找到存在 IP 冲突的网络设备后，对 IP 进行重新分配以排除网络故障。

4. 网络地址配置错误

主机网络地址存在配置错误时，应首先查看连接属性，检查 TCP/IP 参数的设置，并逐一分析 DNS 参数、IP 地址、子网掩码等各项参数，重新设置正确参数，以排除计算机网络故障。

5. 网络受病毒或木马入侵

在安装计算机网络防火墙、网络安全管理以及网络监控软件时，应采取授权管理等

---

① 徐亮. 计算机网络故障常见问题及维护探索框架构建[J]. 1673-0097(2020)01-0021-02.

保护策略，通过实名准入机制的设置来对非法外联进行限制。同时应接入相应的安全策略，或者采取解除 Mac 或者 IP 地址的方法来解决网络故障。当计算机网络由于受到黑客攻击或者病毒木马入侵而发生故障时，应及时通过杀毒软件对病毒木马进行查杀，如果仍无法排除故障，则可以采取格式化硬盘并重装系统的方式来处理。

第二节　计算机病毒的应对

一、计算机病毒概述

计算机病毒是一组能够破坏计算机功能或者数据的代码，具有传播性、隐蔽性、感染性、潜伏性、可激发性和破坏性，其主要传播途径包括通过移动存储设备进行传播、通过网络来传播、利用计算机系统和应用软件的漏洞传播等。计算机病毒种类繁多，数量也日益增多，传播速度快，轻者占用带宽，消耗资源，重者可导致数据丢失、系统崩溃，给网络用户带来了很大麻烦。

在中小学校网络中，局域网资源共享、数据传输是重点应用，而正是由于资源共享的"数据开放性"，导致数据信息容易被篡改和删除，数据安全性较低，较易受到计算机病毒的危害。局域网中的服务器和个人电脑如果没有及时安装防病毒软件和操作系统补丁，一旦感染病毒，就会造成数据或系统的破坏，而且病毒会通过局域网快速传播，同时也能通过移动介质交叉感染，严重影响教学与办公，甚至造成经济损失。

本节对在校园网络中传播、爆发并产生严重影响的一些病毒案例加以分析，希望通过对个案的研究，让师生加强预防病毒的意识，提升病毒防范能力，学会应对方法。

二、计算机病毒案例分析

（一）实例一——伪装病毒

1. 案例描述

中小学老师经常遇到这样的问题：在一些班级里的多媒体电脑上无法正常打开文件夹，通常是点击文件夹后系统无响应。出现这种情况可能是班级电脑都中了 Incaseformat 病毒，该病毒危害极高，会直接删除用户除了系统盘以外的所有数据。

2. 行为分析

该病毒主要通过 U 盘等移动存储器设备进行传播，病毒会伪装成正常文件夹，诱导用户点击，在第一次试图进入文件夹时病毒仅进行自身复制，把目标文件夹的属性改成隐藏，以防止用户发现异常。第二次点击后会打开被隐藏的文件夹。该病毒在特定时间，比如 2021 年 1 月 13 日，就会触发攻击逻辑，然后将计算机硬盘除系统盘外其他分区的文件删除，仅保留一个名为"incaseformat. log"的 0 字节文件。

3. 应对方案

这种病毒只有在 Windows 文件夹目录下执行时会触发删除文件行为，而重启电脑会导致病毒自启动。因此，在没有查杀病毒前不能重启主机。应对方法是使用杀毒软件先进行病毒查杀，目前主流的杀毒软件已经可以应对 incaseformat 病毒。

如果因为重启导致数据被删除，则需要进行数据恢复，此时切勿对被删除文件的分区执行读写操作，以免覆盖原有数据，使用常见的数据恢复软件（如 DiskGenius 等）即可恢复被删除的数据。

(二) 案例二——勒索病毒

1. 案例描述

电脑中了 Wana Decrypt0r 勒索病毒后，会导致一些文件被添加上了 .WNCRY 后缀，无法正常打开。一般受影响的文件是常见的文档或图片，包括但不限于 doc(x)、xls(x)、ppt(x)、txt、png、jpg、pdf 等格式。当电脑中的这些特定文件类型都被加密后，桌面会弹出 Wana Decrypt0r 勒索病毒的对话框，要求使用比特币支付一定的金钱才能解锁被加密的文件。另外，还有 Ransom_RUSHQL. A 勒索病毒是针对 Oracle 数据库的，会把整个数据库锁死，需要支付 5 个比特币的赎金才能解锁。

2. 行为分析

勒索病毒是一种黑客通过技术手段将受害者电脑内的数据文件进行加密，迫使受害者向黑客缴纳赎金，从而达到勒索钱财非法牟利的目的。勒索病毒近年来极为流行，主要有以下几种类型：①使用加密算法对电脑内的文件或数据库进行加密（流行）。②直接对磁盘分区进行加密（较少）。③劫持操作系统引导区后禁止用户正常登录操作系统（较少）。

3. 应对方案

当遇到勒索病毒时，如果还需要找回被加密的数据，可以进行数据还原或者数据解密。

执行数据还原需要原先的数据已有本机备份或异机备份，因为病毒会删除设备上的卷影副本备份与备份历史快照，所以本机恢复的可能性较低。如果通过本地磁盘到共享磁盘进行文件或者数据拷贝的方式来实现数据恢复，勒索病毒同样有可能加密了共享磁盘的备份文件，所以与感染病毒的主机不在同一局域网内的异地备份系统最能在此时发挥作用。

如果没有事先备份数据，则需要进行数据解密。可以通过使用一些网络安全公司提供的勒索病毒搜索引擎进一步查询与病毒相关的更多信息，进而可确认该病毒是否支持使用工具进行解密。如果解密工具也无法发挥作用，那只能向黑客支付赎金以尝试获得密钥进行解密，但不推荐这种方式，因为很有可能支付赎金后，黑客并不提供真实有效的密钥。

当恢复完数据后或不需要解密文件时，原本中毒的电脑要进行全盘格式化和重装系统，以确保再次使用时不会有残余的病毒文件。系统重装完毕后要打好补丁，以免漏洞被利用，还要使用强口令。

(三)案例三——木马病毒

1. 案例描述

教师经常在安装硬件驱动时，使用网上较为出名的专门为电脑安装驱动的软件"驱动人生"。当"驱动人生"安装完毕后正在给新系统安装驱动时，却越发不对劲且内网应对木马、漏洞利用程序的主动防御系统也开始发出警报，这一切都是因为"驱动人生"这一款软件的升级通道被植入了木马病毒。

DTStealer 出现的频率最高，而且传播手段较丰富(集合了"永恒之蓝"漏洞攻击、登录凭证抓取、爆破攻击，感染网络硬盘和移动设备等多种方式)，并且紧随安全威胁动态，不断更新组件。例如，SMBGhost 漏洞爆出后不久，DTStealer 便将其加入横向传播的相关模块中。

2. 行为分析

"驱动人生"的组件之一"人生日历"的升级通道会访问某个 URL 以下载病毒，病毒文件"f79cb9d2893b254cc75dfb7f3e454a69.exe"运行后，最终释放出 Svhhost.exe 和 Svvhost.exe，Svvhost.exe 打包了"永恒之蓝"等漏洞攻击工具并在内外网进一步扩散，还可以根据云端服务器的指令执行黑客的操作。

3. 应对方案

由于 Windows XP 至 Windows7 系统没有自带的驱动安装组件，所以类似"驱动人生"工具软件便应运而生，但如果这类软件自身没有做好安全防护，会让黑客们有机可乘。

该木马病毒是通过软件带进来的，所以需要尽量提前打好系统补丁以免漏洞被利用，或者提前安装好杀毒软件，杀毒软件可以拦截木马病毒的下载和执行。也推荐使用高强度密码，因为在服务器或个人设备上使用高强度密码，可应对字典爆破等攻击工具的入侵。"驱动人生"这类工具软件只在新装系统时使用，使用完毕后应关闭其自启动权限或及时卸载。

(四)案例四——恶意下载

1. 案例描述

教师们经常会通过网站下载软件，但目前各类软件下载网站良莠不分，经常出现鱼目混珠的下载链接。看似不起眼的下载界面，但如果用户点错了，就有可能下载名为"VanFraud""commander"的病毒，它不仅会强行添加 QQ 好友，散播淫秽、赌博、诈骗等违法信息，还有劫持浏览器首页等侵害行为，更有可能将一大堆垃圾软件、广告软件、流氓软件安装到用户的电脑里。

2. 行为分析

首先这些"下载器"存在的意义就是为了捆绑安装其他软件，这些捆绑软件无一例外都不是用户想要的。总之，除了给用户制造麻烦，所谓这些"高速下载通道"和"下载器"没有任何作用。

通常，下载站的高速下载器不论最终安装何种软件，下载器程序都是完全相同的

(下载器会根据自身文件名中"@"符号后面的软件编号向服务器请求下载相应的软件)。因此，一旦携带恶意代码的高速下载器上线，该下载站所有通过高速下载器安装的软件都会受到恶意代码的影响。

不过即使高速下载器没有携带恶意代码，也非常可能携带垃圾软件、广告软件、流氓软件。目前收录在列的流氓软件有布丁压缩、布丁桌面、值购助手、智能云输入法、快压、小黑记事本、小鱼便签，等等。"VanFraud"也是通过这些"高速下载器"进行传播，病毒"VanFraud"感染用户电脑后，会窃取QQ登录信息，进而在用户QQ中强行添加一位"QQ好友"，并将"QQ好友"拉入用户所在的QQ群中，散播赌博、淫秽、诈骗、高利贷等不良信息；同时会将不良信息转发到用户QQ空间；此外，还会篡改浏览器首页。

3. 应对方案

中小学校里的师生应尽量前往官方网站下载软件，不要随意点击标示"高速下载"的相关链接，学会识别下载安装包是高速下载器还是真正的软件安装包。例如，"钉钉电脑版"安装包虽然是exe格式，但用户发现其只有890KB，则通过大小就可以直接辨别这不是一个正常的软件安装包。

三、计算机病毒的应对

(一)建立合理的病毒防范体系①

校园网络在日常维护过程中，应建立合理的病毒防范体系，并将各种杀毒技术引入其中，查杀并预防外来病毒的入侵。为了确保网络防护效果，人们首先要做的便是对病毒传播进行预防。其次，对病毒进行查杀，避免校园计算机系统运行受到任何影响。防火墙是最为常见的网络安全控制工具，借助于隔离服务和连接，病毒侵入校园网络系统。站在技术角度来说，相关网络防护技术可以为数字化校园网络运行提供充分保障，而且这些技术会长期保持运行状态，对计算机进行实时防护。最好将整个问题分成外部威胁和内部威胁两种，分别制定出针对性的解决措施，以维护系统的稳定运行。

(二)提升病毒防治技能②

安装杀毒软件并定期更新，同时开启实时监控，对来历不明的文件在运行前进行查杀；定期全面扫描计算机，合理设置浏览器的安全级别，即在控制面板中的Internet选项中进行合理的"安全"设置，不要随意降低安全级别，以减少来自恶意代码和ActiveX控件的威胁；不要随便点击不明链接，不要随意接收从在线聊天软件(QQ、IRC等)发送过来的文件；定期对重要数据进行备份；尽量从大型的专业网站下载软件，下载时要

---

① 谢荣荣. 数字化校园网络安全防范机制构建和应用分析[J]. 网络安全技术与应用，2019(06).

② 董照刚. 浅析校园网病毒的防治[J]. 成才之路，2009(11)：98-99.

注意把杀毒软件的下载监控打开,下载完成后立即对文件进行检测。

第三节 网络攻击的应对

一、网络攻击概述

某些师生的安全意识相对薄弱。有些内网用户通过授权访问尝试、预攻击探测等进行越权访问,造成了不良的影响;有些网外用户通过黑客攻击工具对网络进行系统代理攻击、DOS 攻击等,对网络设备和系统进行破坏。不管是哪一种破坏行为,都对校园网的安全运行造成一定的影响,更有可能损害学校的整体形象。

二、网络攻击案例分析

(一)案例一——永恒之蓝病毒

1. 案例描述

前文提到如何应对危害很大的勒索病毒,但如果经过反复的溯源,都发现该服务器近期没有人接触过,那极有可能是由内网漏洞传播的病毒。那么内网漏洞是如何被利用的?

2. 行为分析

这是一种通过漏洞程序进行的网络攻击行为。永恒之蓝(CVE-2017-0143)是美国国家安全局开发的漏洞利用程序,于 2017 年 4 月 14 日被黑客组织泄露。该工具利用 445/TCP 端口的文件分享协议漏洞进行散播。从 Windows XP 到 Windows Server 2012,只要没打 MS17-010 补丁的系统都有可能被入侵与攻击。

该漏洞产生的原因是 Windows 的 SMB 服务处理 SMB v1 请求时发生的漏洞,这个漏洞导致攻击者在目标系统上可以执行任意代码。SMB 服务即服务器消息块协议,主要功能是使网络上的机器能共享计算机文件、打印机、串行端口和通讯等资源。SMB 能以不同方式运行在会话层或者更低的网络层之上:

(1)直接运行在 445 TCP 端口上。

(2)通过使用 NetBIOS API,它可以运行在几种不同的传输层:基于 UDP 端口 137、138 与 TCP 端口 137、139;基于一些传统协议,如 NBF。

漏洞出现在 Windows SMB v1 中的内核态函数 srv!SrvOs2FeaListToNt 在处理 FEA(File Extended Attributes)转换时,在大非分页池(内核的数据结构,Large Non-Paged Kernel Pool)上存在缓冲区溢出。

缓冲区溢出的危险性在于:执行该程序的用户以该程序拥有者(通常是 Linux 的 root 或 Windows 的 Administrator)的权限去执行它们,但是当该程序容易受到缓冲区溢出的影响时，可以向缓冲区中传递数据并覆盖原始的程序，从而得到一个具有 root 或 Administrator 权限的 shell。

3. 应对方案

新安装 Windows 10 以下的操作系统需要打好所有的安全补丁，安装杀毒软件。为预防 0Day 漏洞(未被公开的漏洞)，也不要关闭系统安全更新，比如微软在 2017 年 Wana Decrypt0r 勒索病毒风暴袭击前两个月就发布了安全公告和补丁，如果系统更新是正常的，那么就可以避免"永恒之蓝"利用漏洞来攻击用户的计算机。

(二)案例二——Windows 远程桌面服务漏洞

1. 案例描述

攻击者可以利用 Windows 远程桌面服务漏洞，绕过用户认证机制来控制用户的桌面。未经身份验证的攻击者利用漏洞向目标 Windows 主机发送恶意构造请求，可以在目标系统上执行任意代码。

2. 行为分析

Microsoft Windows 是美国微软公司发布的视窗操作系统。远程桌面连接是微软从 Windows 2000 Server 开始提供的功能组件。远程桌面服务默认运行于 TCP 端口 3389，可以让用户(客户端或"本地电脑")连接上提供远程桌面服务的电脑(服务端或"远程电脑")。但 Windows 远程桌面服务漏洞存在着 CVE-2019-0708 和 CVE-2019-9510 两个漏洞，以及一项密码爆破的风险。

(1)CVE-2019-0708 漏洞让攻击者能直接绕过用户身份认证，不用任何交互，就通过 RDP 协议进行连接，发送恶意代码，并在服务器中执行。如果攻击者利用该漏洞，入侵服务器，可以查看、更改或删除数据，甚至创建具有完全用户权限的新账户。

(2)CVE-2019-9510 漏洞的攻击者利用 RDP 协议的漏洞，可能允许经过身份验证已连接的 RDP 客户端劫持访问权限，而无需与 Windows 锁定屏幕进行交互。

在客户端已经连接到服务器而且锁屏的情况下，如果网络异常而触发了临时的 RDP 断开，无论远程系统的状态是否已锁定，重新连接 RDP 会话都会恢复到解锁状态。用户使用连接到远程的 Windows 主机时，无论是用户锁定远程桌面会话，还是用户离开 RDP 客户端所在的系统；攻击者可以切断 RDP 客户端的网络连接，使客户端自动重连并绕过 Windows 锁屏，从而获取未锁定计算机的访问权限。

(3)字典破解是密码爆破中的一种，是将密码进行逐个推算直到找出真正的密码为止。破译一个相当长度并且包含各种可能字符的密码所耗费的时间相当长，其中一个解决办法就是运用字典。

所谓"字典攻击"就是使用预先制作好的清单，如英文字母、生日数字的组合、各种常被使用的密码和已在网络上泄露的数据库的个人信息组合等，针对一般人习惯设置过短或过于简单的密码进行破译，或有些更加常见的目标服务器采用类似 admin888 的弱口令，而目标服务器的磁盘上留存着其他服务器的远程连接或 SSH 的密码，这样就在很大程度上缩短了破译时间。

例如，GlobeImposter3.0 勒索病毒的工作原理是，病毒程序用自带的字典破解服务器远程桌面 3389 端口服务的口令，破解后实现自动登录并把病毒拷贝到服务器上运行。Globelmposter3.0 勒索病毒运行后首先会把本地文档都加密，然后再把本机作为跳板，扫描内网开放的 3389 服务，继续层层感染内网服务器。

3. 应对方案

（1）对于 CVE-2019-0708，可以安装相对应的系统补丁或采取以下临时防护措施：禁用远程桌面服务；启用网络级认证（NLA），此方案适用于 Windows 7、Windows Server 2008 和 Windows Server 2008 R2。启用 NLA 后，攻击者需要使用目标系统上的有效账户对远程桌面服务进行身份验证后才能利用此漏洞。

（2）对于 CVE-2019-9510，用户应注意保护对 RDP 客户端系统的访问；对于被用作 RDP 客户端的系统，要确保锁定本地系统而不是远程系统。通过限制对客户端系统的访问就可以保护在线 RDP 会话；断开 RDP 会话而不是锁定，因为锁定 RDP 会话并不能提供有效的保护，因此应该断开 RDP 会话。这会使当前会话无效，防止攻击者在没有凭证的情况下自动重连 RDP 会话。

（3）对于字典破解，用户应增加密码长度与复杂度；在系统中限制密码尝试次数；当同一来源的密码输入出错次数超过一定阈值时，立即通过邮件或短信等方式通知系统管理员。

（三）案例三——ARP 攻击

1. 案例描述

地址解析协议（Address Resolution Protocol，简称 ARP）是一个通过解析网络层地址来找寻数据链路层地址的网络传输协议，ARP 负责将网络中的 IP 地址转换为 MAC 地址，来保证局域网中的正常通讯，它在 IPv4 中极其重要。主机将包含目标 IP 地址信息的 ARP 请求广播到网络中的所有主机，并接收返回消息，以此确定目标 IP 地址的物理地址；收到返回消息后将该 IP 地址和物理地址存入本机 ARP 缓存中并保留一定时间，以便下次请求时直接查询 ARP 缓存以节约资源。

ARP 协议也存在缺点，因为 ARP 协议信任以太网所有的节点，效率高但是不安全。这份协议没有其他子协议来保证以太网内部信息传输的安全，它不会检查自己是否接收或发送过请求包，只要它收到的是 ARP 广播包，就会把对应的 ip-mac 更新到自己的缓存表。

ARP 攻击主要是通过伪造 IP 地址和 MAC 地址进行欺骗，使以太网数据包的源地址、目标地址和 ARP 通信数量剧增导致网络中断或中间人攻击。ARP 攻击主要存在于局域网中，若其中一台计算机感染 ARP 病毒，就会试图通过 ARP 欺骗截获局域网内其他计算机的信息，造成局域网内的计算机通信故障。

2. 行为分析

例如，某一台设备的 IP 地址是"192.168.0.254"，ARP 将该 IP 地址转换为 MAC 地址为"00-11-22-33-44-55"，网络上其他设备内的 ARP 表会有这一笔 ARP 记录。攻击者发动 ARP 攻击时，会大量发出已将这个 IP"192.168.0.254"的 MAC 地址篡改为"00-55-44-33-22-11"的 ARP 数据包。网络上的电脑若将此伪造的 ARP 写入自身的 ARP 表后，电脑若要通过网络网关连接到其他电脑时，数据包将被误导到"00-55-44-33-22-11"这个MAC 地址，因此攻击者可从此 MAC 地址截获数据包，可篡改后再送回真正的网关，或是什么也不做，让网络无法连接。

3. 应对方案

对于 ARP 攻击，只要定位到发出篡改 ARP 数据包的主机，就可以根据主机的具体情况来解决问题：如果是中了利用 ARP 攻击的病毒，可以使用 ARP 专杀工具进行查杀；再绑定正确的 IP 和 MAC 映射，保证收到攻击包时不被欺骗。

(四)案例四——DHCP 攻击

1. 案例描述

动态主机配置协议(Dynamic Host Configuration Protocol，简称 DHCP)是一个局域网的网络协议：由服务器控制一段 IP 地址范围，客户机登录服务器时就可以自动获得服务器分配的 IP 地址和子网掩码。DHCP 主要有两个用途，一是用于内部网或网络服务供应商自动分配 IP 地址给用户；二是用于内部网管理员对所有电脑做中央管理。当DHCP 攻击发生时，被攻击的计算机无法获取正确的 IP 地址和子网掩码，导致无法正常上网。校园里的某些办公室如果私接路由器而不进行正确设置，就非常容易产生DHCP 攻击。

2. 行为分析

DHCP 攻击类型包括 DHCP 服务器伪造、DHCP 服务器耗尽(DoS)、DHCP 中间人攻击与 IP/MAC Spoofing 攻击、改变 CHADDR 值的 DoS 攻击。其中最容易实现的是：使用无线路由器接入校园网络后，没有进行设置，没有关闭 DHCP 服务，导致同一网络中出现多台 DHCP 服务器，会使同网段的设备获取到私自接入未设置的无线路由器的 IP 地址和子网掩码，这一类攻击属于 DHCP 服务器伪造。若同一网络中不止一台无线路由器，且也没有设置 LAN 口 IP 地址，则需要在获取到无线路由器 DHCP 私发的 IP 地址后，登录192.168.1.1 的无线路由控制面板，重新去设置 LAN 口 IP 地址。因为同一网络中有多个192.168.1.1 同时遭受到了 ARP 攻击，所以会出现在一段时间后被强制退出登录状态，如果要避免这种情况，应保证在同一网段下只有一台 DHCP 服务器。

3. 应对方案

(1)对于 DHCP 服务器伪造。在主交换机上设置信任端口和非信任端口，只有信任端口才能回应 DHCP 服务。

(2)对于 DHCP 服务器耗尽(DoS)。在路由器上设置 DHCP 请求限速，具体命令行如下：

dhcp snooping check dhcp-rate enable dhcp snooping check dhcp-rate 90。

(3)对于 DHCP 中间人攻击与 IP/MAC Spoofing 攻击。将 DHCP Snooping 部署在交换机上，在 DHCP 客户端与 DHCP 服务器端之间构建一道虚拟的防火墙，这样就可以解决 DHCP 中间人攻击与 IP/MAC Spoofing 攻击。

(4)对于改变 CHADDR 值的 DoS 攻击。在路由器上设置验证 CHADDR 值，具体命令行如下：

int xxxx

dhcp snooping check dhcp-chaddr enable dhcp snooping check dhcp-request enable

若是想找出无线路由器在现实世界的物理地址，可使用安卓手机上的 Cellular-Z 软件，该软件可显示手机附近 WiFi 热点的 MAC 地址，开启该软件后就可以到可能存在无线路由器的现实世界物理地址附近查找该 MAC 地址所在地，该软件甚至能搜索到隐藏的 SSID 的热点。MAC 地址可通过交换机或受私自搭建无线路由器 DHCP 分发的电脑中使用命令提示符并输入 arp -a 查询。

（五）案例五——DoS 攻击

1. 案例描述

拒绝服务攻击（denial-of-service attack，简称 DoS 攻击）亦称洪水攻击，是一种网络攻击手法，其目的在于使目标电脑的网络或系统资源耗尽，使服务暂时中断或停止，导致正常用户无法访问。DoS 攻击的症状包括网络异常缓慢（打开文件或访问网站）特定网站无法访问，无法访问任何网站，垃圾邮件的数量急剧增加，无线或有线网络连接异常断开，长时间尝试访问网站或任何互联网服务时被拒绝，服务器容易断线、卡顿。

2. 行为分析

拒绝服务攻击在公网（或称互联网）上通常以 DDoS 攻击出现，DDoS 攻击使很多的计算机在同一时间发起攻击，或使多台被黑客控制的计算机（俗称"肉鸡"）同时攻击某一台计算机，导致被攻击的计算机无法正常使用、无法被其他计算机正常访问。

通常情况下，公网（互联网）的宽带资源相对于内网（局域网）来说较少，单台计算机的计算力有限，且公网的服务器通常以集群的方式出现，拥有多重防护，完成攻击需要较多的计算机资源。而局域网情况就不一样，局域网内的设备通常不设防或防御等级较低，防火墙也只是防外不防内，堡垒总是从内部攻破的，再加上局域网的宽带资源是非常充足的，因此，由局域网攻击局域网内的设备，可占用局域网设备的大带宽。局域网内的 DoS 攻击通常为洪泛攻击。其特点是利用僵尸程序发送大量流量至受害者的系统，目的在于堵塞其宽带。洪泛攻击常见有 UDP 洪水攻击和 SYN 洪水攻击。

（1）UDP 洪水攻击。用户数据报协议（User Datagram Protocol floods，简称 UDP）是一种无连接协议，当数据包通过 UDP 发送时，所有的数据包在发送和接收时不需要进行握手验证。当大量 UDP 数据包发送给受害系统时，可能会导致带宽饱和，从而使得合法服务无法请求访问受害系统。

（2）SYN 洪水攻击。同步序列编号（Synchronize Sequence Numbers，简称 SYN）是 TCP/IP 建立连接时使用的握手信号。它利用 TCP 功能将僵尸程序伪装的 TCP SYN 请求发送给受害服务器，从而饱和服务处理器资源并阻止其有效地处理合法请求。它专门利用发送系统和接收系统间的三向信号交换来发送大量欺骗性的原 IP 地址 TCP SYN 数据包给受害系统。最终，大量 TCP SYN 攻击请求反复发送，导致受害者的系统内存和处理器资源耗尽，致使其无法处理任何合法用户的请求。

3. 应对方案

在互联网的设备可用防火墙、流量清洗、黑洞引导等进行防御，在局域网的设备可用交换机和路由器配置速度限制和访问控制列表进行防御。

（1）流量清洗。流量清洗是指针对通过网络层访问业务的所有网络流量进行清洗服务，会区分正常的合法请求和恶意的攻击请求，保障达到业务系统的流量，没有外部的攻击和非人的恶意流量。

（2）黑洞引导。黑洞引导是指将所有的访问业务都指向一个无法到达的地址，使数据包的生存时间（Time To Live，简称 TTL）耗尽，从而导致数据包被丢弃。

三、网络攻击的应对

针对校园网络特殊性，当前校园网络系统中的通用安全管理策略设计为：

第一，在校园网络构建之初，充分考虑校园网络安全投入规划，尽可能地提供更多的网络安全防护设施，完善网络安全管理制度。

第二，在资金许可的条件下添加其他防病毒信息网络安全设备，如硬件防病毒网关，带病毒过滤功能的其他网络安全设备等。

第三，采购安全设备和安全防护所需主要技术，在设备硬件用于网络的入口处内嵌内容过滤、病毒过滤技术，并且设备要提供行为审计与行为监控功能，对经过该设备的多种数据进行扫描，有效防止外网流入的病毒、蠕虫病毒攻击。

第四，积极部署入侵检测系统和入侵防护系统等网络安全防护系统。

第四节　信息泄露的应对

一、信息泄露概述

（一）校园网站信息泄露①

校园网站泄露常见的表现类型：

1. 浏览器 Cookie 导致信息泄露

Cookie 是一种 Web 服务器通过浏览器在访问者的硬盘上存储信息的手段，一般以文本的形式存储在浏览器的临时文件中。由于 Cookie 传递的开放性，在服务器和客户端之间明文传送或传送经过 MD5 简单加密的 Cookie 文件，其中保存了用户账户 ID、密码等信息，一旦被截获、盗用可导致 Cookie 欺骗，即冒用用户身份登录系统以获取敏感信息，或者直接明文读取 Cookie 信息导致用户隐私泄露。

---

① 陈永忠. 高校校园网 Web 应用信息泄露问题分析与对策[J]. 网络安全技术与应用，2018（10）.

2. 网站敏感文件可访问读取或下载，泄露数据库信息

PHPInfo( )函数主要用于网站建设过程中测试搭建的 PHP 环境是否正确，网站管理员在测试完毕后如未及时删除带有该函数的测试文件，当攻击者成功探查、访问这些测试页面时，会通过浏览器输出的方式暴露服务器的配置、路径等敏感信息。上述文件通常包含网站结构信息、数据库信息、管理员账号密码等，一旦被下载将导致敏感或重要信息泄露。

3. 网站页面报错信息中泄露数据库版本、文件路径等信息

为了方便调试程序，通常会启用页面运行错误反馈功能，可及时了解程序运行故障原因，但又会被攻击者利用来获取网站开发框架、语言、数据库名称、版本和文件路径等信息，恶意攻击者可利用程序版本信息或本地路径信息寻找漏洞或对目标服务器实施进一步的攻击。

4. SQL 注入漏洞，泄露数据库信息

由于 Web 应用程序未对用户输入数据的合法性进行判断，从而存在非法获取数据库敏感数据的安全隐患，攻击者可将恶意代码注入"字符串"，使其得以在数据库系统上执行，实现攻击目的。在对校园网站、系统安全漏洞扫描检测中发现，高危漏洞中 SQL 注入漏洞比较常见。

5. 管理登录弱口令，泄露敏感信息

一旦存在管理登录弱口令，网站系统或服务器管理员账户密码很容易被破解，系统遭入侵，导致信息泄露。如果服务器管理登录使用了弱口令，而所安装 MySQL 数据库管理用户又用默认空密码，只要服务器登录口令被破解，即可轻易获取数据库信息。

6. 网站公示信息泄露个人隐私

例如，学生奖金、助学金、贷款的申请审批名单在线公示的环节，其中可能暴露了学生个人身份证号、家庭住址等隐私信息。

7. Web 程序设计缺陷，登录身份认证机制可被绕过，导致信息泄露

由于用户身份认证机制设计不健全，未加登录验证码，或未对用户 ID 进行确认，造成非法登录或越权访问，可获取其他用户信息或其他数据信息。

8. Web 中间件、Web 服务程序管理页面未授权访问，易被植入木马

Web 服务中间件往往存在默认管理控制台，Apache、Weblogic 等 Web 管理控制台通常有默认的用户名和密码，如未修改，或存在弱口令，很容易被攻击者利用并入侵系统，上传木马程序，窃取敏感信息。

(二)个人信息泄露

随着网络信息技术的高速发展，对个人信息的整理、收集和传输变得越来越容易。网上购物、聊天、发邮件等行为会不经意"出卖"自己的姓名、身份证号、电话号码、住址等个人信息，这些个人信息一旦被泄露，可能就会被诈骗分子利用并造成严重损失。个人信息泄露主要有以下情形：

(1)网络购物钓鱼网站。网购商品时，要仔细验看登录的网址，不要轻易接收和安装不明软件，要慎重填写银行账户和密码，谨防钓鱼网站，防止因个人信息泄露而造成

经济损失。

（2）在微博、群聊中透露个人信息。通过微博、QQ 空间、贴吧、论坛和熟人互动时，有时会不自觉地说出或者标注对方姓名、职务、工作单位等真实信息。这些信息有可能会被不法分子利用，很多网上伪装身份实施的诈骗，都是利用了泄露的信息。

（3）在微信中晒照片。有些家长在朋友圈晒出孩子照片包含孩子姓名、就读学校、所住小区，有些人喜欢晒火车票、登机牌，却忘了将姓名、身份证号、二维码等信息进行模糊处理，这些都是比较常见的泄露个人信息行为。此外，微信中"附近的人"这个设置，也经常被利用来查看他人的照片。

（4）网上调查活动。上网时经常会碰到各种网络"调查问卷"、购物抽奖活动或者申请免费邮寄资料、申请会员卡等活动，一般要求填写详细联系方式和家庭住址等个人信息。

（5）点击不明链接。上网、聊天、邮件往来中经常会碰到一些不明来历的链接，如随意点击则可能跳转危险网站，导致电脑中毒和信息泄露。

（6）下载未得到安全认证的软件。这类软件通常有安全隐患，如非法收集个人信息、携带病毒等。

二、信息泄露案例分析

（一）案例一——网站信息泄露

1. 案例描述

某位学习了信息安全技术的学生，本来在其所在学校所开发的网站提交资料，结果在该网站的用户登录界面中发现了一个 SQL 注入的漏洞，因为提供该网站服务的服务器部署在公网，所以如果该 SQL 注入漏洞被校外人员恶意使用的话，将导致该校学生的个人信息泄漏。

SQL 注入（SQL injection），也称 SQL 注入或 SQL 注码，是发生于应用程序与数据库层的安全漏洞，简而言之，是在输入的字符串之中注入 SQL 指令。在设计不良的程序当中如果忽略了字符检查，这些注入的恶意指令就会被数据库服务器误认为是正常的 SQL 指令而运行，因此导致破坏或入侵。

在应用程序中若有下列状况，则可能暴露在 SQL 注入的高风险情况下：在应用程序中使用字符串联结方式或联合查询方式组合 SQL 指令；在应用程序链接数据库时使用权限过大的账户（如很多开发人员都喜欢用最高权限的系统管理员账户连接数据库）；在数据库中开放了不必要但权力过大的功能（如在 Microsoft SQL Server 数据库中的 xp_cmdshell 延伸存储程序等）；过于信任用户所输入的资料，未限制输入的特殊字符，以及未对用户输入的资料做潜在指令的检查。

2. 行为分析

某个网站的登录验证的 SQL 查询代码为"strSQL＝"SELECT ＊ FROM users WHERE（name＝""+username+""）and（pw＝""+password ＋""）"。其中的 username 和 password

变量被恶意填入 userName = "1′OR′1′=′1" 与 passWord = "1′OR′1′=′1" 时，则导致原本的 SQL 字符串被填为"strSQL = "SELECT * FROM users WHERE（name='1' OR '1'='1'）and（pw='1' OR '1'='1'）"。也就是实际上运行的 SQL 命令会变成下面这样的"strSQL = "SELECT * FROM users"，因此导致无账号密码亦可登录网站。所以 SQL 注入被俗称为黑客的填空游戏。

SQL 注入可能导致的伤害：

（1）资料表中的资料外泄，如企业及个人机密资料、账户资料、密码等。

（2）数据结构被黑客探知，得以做进一步攻击。数据库服务器被攻击，系统管理员账户被窜改。

（3）获取系统较高权限后，有可能会在网页加入恶意链接、恶意代码以及 Phishing 等。

（4）经由数据库服务器提供的操作系统支持，让黑客得以修改或控制操作系统。

（5）攻击者利用数据库提供的各种功能操纵文件系统，写入 Webshell，最终导致攻击者攻陷系统，破坏硬盘资料，使系统瘫痪。

（6）获取系统最高权限后，可针对企业内部的任意管理系统做大规模破坏，甚至让其企业倒闭。网站主页被窜改，可能导致企业声誉受到损害。

3. 应对方案

（1）不要信任用户的输入。对用户的输入进行校验，可以通过正则表达式，或限制用户输入内容的长度，对单引号和双"-"进行转换等。

（2）不要将用户的隐私数据(如身份证号码，真实姓名等)作为用户的登录名或 ID，可以选择使用自己生成的 ID 作为用户的登录名和用户 ID。

（3）不要对用户的个人信息不做权限判断就直接展示给其他用户，可以在用户对数据进行请求的时候做权限判断，但最好的办法是不要过多地存储用户的隐私数据，而只存储真正需要用的信息。

（4）不要使用动态拼装 SQL，可以使用参数化的 SQL 或者直接使用存储过程进行数据查询存取。

（5）不要使用管理员权限的数据库连接，应为每个应用使用单独的权限账号且进行有限的数据库连接。

（4）网站的异常信息应该给出尽可能少的提示，最好使用自定义的错误信息对原始错误信息进行包装。

（4）SQL 注入的检测方法一般采取辅助软件或网站平台来检测，软件则一般采用 SQL 注入检测工具 SQL map，网站平台还有各种网站安全平台检测工具。

（二）案例二——个人信息泄露

1. 案例描述

某日，某校张老师收到一条短信，信息内容为：【收费站通知】您的自助通行 IC 信息已失效或注销，请登录 * * * . * * * * . * * * 补录，延时将限制使用权限。短信末尾还附带一条链接。因为平时上班需要走高速，随后张老师直接点击了该链接，手机上跳出一个网页，该网页上要求张老师填写完整的个人信息。张老师按照网页要求，输入了自己的身份证号、银行卡号等，还填写了银行卡密码、银行验证短信密码，结果没等到 ETC 恢复正常的通知，而收到了银行的扣费信息，损失上万元。

2. 行为分析

钓鱼网站的基本特征是，其界面基本与真实网站一致，充满诱导性，通过表单交互来欺骗消费者或者窃取访问者提交的账号和密码信息。钓鱼网站是互联网用户中最常碰到的一种诈骗方式，通常伪装成银行及电子商务、窃取用户提交的银行账号、密码等私密信息的网站。

3. 应对方案

（1）不要轻信默认短信和陌生链接，收到类似索取个人身份信息或银行卡信息的短信，一定要提高警惕，多为通信网络诈骗的惯用伎俩。

（2）不要泄露银行卡密码和验证码，正常的验证是不需要用户提供个人银行卡密码和验证码，要求用户在网页上填写身份证信息、银行卡密码和验证码的通常为网络诈骗。

（3）查验"可信网站"，正规经营的网站一般情况会在中国互联网信息中心（CNNIC）存有备案信息并对应一个编号，通常情况下该编号处于网站首页的底部并对应一个链接，点击会跳转至该网站的经营许可证，格式如"粤网文[2017]6138-1456 号"。

（4）核对网站域名，无论网站首页如何相似，域名是不可能相同的。这让用户就可以辨别当前访问的网站是否是正规网站。

（5）查询网站备案，通过 ICP 备案可以查询网站的基本情况、网站拥有者的情况，对于没有合法备案的非经营性网站或没有取得 ICP 许可证的经营性网站，根据网站性质，将予以罚款，情节严重的将关闭网站。

（6）查看安全证书，大型的电子商务网站都应用了可信证书类产品，这类的网站网址都是"https"开头的，如果发现网址不是"https"开头，应谨慎对待。

三、信息泄露事件应对的措施

三分技术，七分管理。先进的技术保证是校园网安全建设的前提，入侵检测与防护、访问控制与身份认证、漏洞扫描、行为审计等适当地应用，可在技术层面构筑安全防线。规范的管理支持是校园网安全运行的必要条件。

首先，制定总体安全管理策略和具体安全管理制度，明确责任归属，形成学校领导、信息中心指导、院系主导的安全分级管理体系，责任层层落实、风险步步化解。例如，建立以校级领导挂帅的网络信息安全领导小组，制定网络管理、网站管理、系统管理、密码管理等系列管理制度，各单位主要负责人与学校签署网络信息安全责任承诺书等。

其次，要确立具体可操作的安全管理工作规范，严格执行，建立漏洞管理闭环机制、监测预警协作机制，形成监控、预警、检测、加固环环相扣的网络安全管控机制，通过严密的管理措施，弥补技术与能力的短板。例如，按计划及时更新升级操作系统和

Web 应用软件；制定主机操作系统、Web 服务中间件的安全配置基线，定期检查加固系统和应用运行环境；定期集中扫描检测安全漏洞，及时通知并跟踪整改进度。同时，要提升个人网络安全意识，加强安全防护。

第五节　网络舆情事件的应对

一、网络舆情事件概述

(一) 中小学校网络舆情的内涵

大数据是指无法在一定时间范围内用常规软件工具进行捕捉、管理和处理的数据集合。随着社会的不断推进和网络时代的到来，中小学校网络舆情越来越呈现出大数据时代的特征，且在内容上和体量上不断扩充，呈现出大量、高速、多样、低价值密度和真实性的大数据时代特征。而网络舆情是指以网络为载体，以事件为核心，网民情感、态度、意见、观点的表达、传播与互动的数据的集合。网络舆情，其本质而言是现实社会矛盾在网络社会的再现，同时这也是网络舆情产生的根本原因。而中小学校网络舆情大多是家庭、学校与社会现实的矛盾冲突在网络的重现，具有以下特征：

1. 舆情主体容易产生共鸣

中小学校网络舆论的主体主要就是中小学生，其中又以中学生占绝大多数。目前的中小学生面对着学习或者生活出现的诸多问题，其承受力却又普遍较弱，但他们思想前卫，视野宽广，乐于表达，因而同学之间很容易产生共鸣，并且会借助社交媒体，如微信朋友圈、QQ 空间、抖音、快手等，对某种体验发表自己的看法和感受。他们会自觉或不自觉地把生活中的情绪和感受通过社交平台展示出来，且很容易获得共情，因此信息会得到迅速传播，甚至进一步演变成群体意见，进而引发舆情危机。

2. 舆情客体情绪容易点燃

舆情客体的依然是中小学生。他们正处于青春期，看待问题时理性思考不够，易情绪化、易冲动、易怒。尤其当面对同样情绪表达时，他们的感触点会更多，更容易点燃情绪。他们不仅关注校园内发生的事件，同样也关注校园外的时事，对新鲜事物易于接受，喜欢通过互联网表达对世界、对自然、对生活等的价值观点，这也无形中增强了中小学校网络舆情的复杂性。

3. 舆情载体多样化

随着网络技术的不断更新，新媒体平台广泛应用并迅速成为网络舆论的主要媒介，自媒体平台凭借自身优势，较好地满足了学生表达自我、尝试新鲜事物的心理诉求，获得许多学生的青睐。尤其是受 2020 年新冠肺炎疫情的影响，学校延迟开学，线上教育迅猛发展，很多中小学生"名正言顺"地拥有了智能手机，这也在无形中增加了中小学校网络舆情管理的难度。

（二）中小学校网络舆情工作的难点

目前，中小学校网络舆情存在一些客观问题，不过科学分析网络舆情，审视校园和师生管理中存在的现实问题，慎重处理负面网络舆情，依然可以化危机为转机。中小学校网络舆情工作中存在的以下难点依然值得重视：

1. 对网络舆情的重视程度不高

中小学校网络舆情是学生权益诉求的具体体现，学生需要借助网络倾诉现实中不敢表达的诉求。网络其实是学校与学生之间沟通的好渠道，学校应该把握住这一点，以更好地了解学生、走近学生和帮助学生，不要用固化的成人思维来看待网络，不要把它当作洪水猛兽，一味删或堵是错误的解决方式，尊重和共通才是长久之计。

2. 网络舆情的监管机制不健全

首先，面对大数据时代的来临，绝大部分中小学校还没有做好应对的充分准备，如未设置新闻发言人。当网络舆情发生时，学校会陷入知情人不敢也不会应对的窘境。其次，大部分中小学校还没有建立没有专业的网络舆情分析研判机制。中小学校的人员大多是从事学科教学的教师，真正新闻传播等领域的专业人员极少，不能采取正确的做法来应对网络舆情，甚至由于处理不当而导致次生网络舆情危机的发生。

3. 网络舆情素养有待提升

随着大数据时代的来临，信息不断公开，部分中小学校管理者和舆情管理一线人员普遍惧怕学校陷入舆情危机，造成这一现象的原因，从根本上说其根本还在于本领恐慌。面对如今复杂多变的大数据自媒体舆论环境，以及公众舆论表达的最新特征，学校管理者和舆情负责人员应与时俱进、不断学习和加强个人修养，以增强面对和处理突发舆情危机的实战能力和心理素质。[①]

二、网络舆情事件的应对

大数据时代的到来，人们参与社会事务的渠道增多，舆情的样态也发生了新的转变，社会生活中的事件都有被无限放大的可能。依托大数据的理念和方法，开展中小学校网络舆情的数据收集、挖掘和分析，可以极大地提高中小学校网络舆情的发现力和引导力，掌握话语主动权，切实提升中小学校应对网络舆情的能力，为达成此目标，我们可以从以下几方面入手：

（一）建立网络舆情预警机制，精准定位

随着我国大数据战略的逐步实施与深化，大数据已经成为政府部门进行社会治理的重要助力。在舆情研判中，网络管理人员要特别重视萌芽阶段的网络舆情，不能把问题化大为小，更不能视而不见，因为在网络时代，信息容易被公开和放大，一旦得到了某些网络意见领袖的关注和转载，这些萌芽状态的舆情很可能演变成一场舆情危机。因

---

① 王光雨，胡越. 大数据时代中小学校网络舆情的应对[J]. 重庆行政，2020(5).

此，对于广大人民群众普遍关心的社会问题的舆情，要在其萌芽阶段就给予高度关注、精准分析并迅速做出处理。

（二）坚持网络舆情处置高效原则，巧妙应对

在大数据时代，现实社会中的行为与网络社会中的行为越来越吻合，甚至网络舆情高度聚焦民意、反映现实，因此，中小学校面对这些网络舆情一定要科学应对。首先要以温和而坦诚的态度引起网络社会的共鸣，坚持对公众真诚相待，对自己严格要求。其次要迅速回应。做到第一时间回应引导网络舆论动向。再次要明确取舍。在大数据舆情管理中，要果断划分责任，明确取舍，以获得主流舆论的谅解或同情。最后，在舆情博弈中，要以事实和真理为武器，紧扣核心话题，有策略地进行舆论信息攻防和交锋。

（三）携手提升网络舆情处理水平，加强沟通

沟通是人际交往中最有效的方式。为了更好地提升中小学校处理舆情的水平，各部门要建立良好的共同渠道。第一，校内部门要协调联动。设置处理舆情的部门和专职新闻发言人，各部门之间要有效沟通，分工合作。第二，重大突发事件发生以后，学校应及时向地方政府、公安机关、教育主管部门等报告事件情况，主动加强与政府相关部门、教育主管部门的交流与合作，寻求相关部门的专业指导，避免舆情进一步恶化。第三，学生网络舆情发生后，学校要主动联系主流媒体，将掌握的事件真相和相关信息反馈给媒体，通过媒体资源向社会大众公布调查结果、学校态度和整改措施，及时回应网络舆情中人民群众的质疑和关注的问题，从而更好地维护学校形象和声誉。[1]

---

[1] 王光雨，胡越. 大数据时代中小学校网络舆情的应对[J]. 重庆行政，2020(5).

第七章　中小学校网络与信息安全生态构建探索

　　笔者作为主要的策划者和建设者，全程参与了深圳市教育城域网、宝安区教育城域网及宝安中学校园的建设与管理至今。深圳市教育城域网和宝安区教育城域网(市教育城域网的宝安节点)建于 2002 年，是全国基础教育的第一个教育城域网；宝安中学校园网建于 1999 年，是深圳市第一个中学校园网。今天看来，深圳宝安区的这些做法，基本吻合教育部等六部门关于推进教育新型基础设施建设构建高质量教育支撑体系的指导意见。教育新型基础设施是以新发展理念为引领，以信息化为主导，面向教育高质量发展需要，聚焦信息网络、平台体系、数字资源、智慧校园、创新应用、可信安全等方面的新型基础设施体系。教育新型基础设施建设(以下简称教育新基建)是国家新基建的重要组成部分，是信息化时代教育变革的牵引力量，是加快推进教育现代化、建设教育强国的战略举措[1]。

　　本章结合深圳宝安开展中小学校网络与信息安全生态构建探索的相关经验，以校园网络管理和网络安全构建、"一校多部"式校园网络的规划与互联(规划篇)、"一校多部"式校园网络的实现配置例析(操作篇)、基于开源软件构建学校网络管理及应用的实践探索、基于虚拟化模式创新实现民办学校网络接入城域网案例探析、区域教育云服务数据中心建设的探索与实践、网络安全严管态势下区域教育云服务系统发布的探索与实践、筑牢新基建加快推进区域教育信息化、区域推进中小学校园网络与安全的探索与实践等深圳市宝安区的实践为视角，提出宝安途径和宝安经验供参考。

第一节　对校园网络管理和网络安全构建的几点看法[2]

　　21 世纪是信息技术的社会，特别是计算机网络技术，多媒体技术和信息高速公路的空前发展，已对社会的经济、文化、教育等方面产生深远影响，导致新的教育技术革命。当前，各学校从提高学校办学效益和增强学生信息获取与处理能力的培养方面考虑，加大校园网络建设，校园网络已悄然无声地走进了中小学校园，但许多学校往往只注重校园网硬件方面的建设，却忽视了软件方面的投资，学校的软件来源复杂，这就带来了大量网络安全隐患；同时，各学校的网络管理员的技术水平也参差不齐，有的学校甚至根本没有专职的网络管理员，无法保证网络安全。如何建设和管理校园网络和校园

---

① http://www.moe.gov.cn/srcsite/A16/s3342/202107/t20210720_545783.html.
② 肖春光. 浅谈校园网络管理和网络安全[J]. 教育信息技术，2007(01)：22-23.

网络安全，为校园信息化、数字化应用提供畅通环境已成为校园网络建设的首要任务。

一、设备安全

畅通的网络环境和校园网络设备的安全，为校园信息化、数字化提供了硬件保障，除了设备的防盗、供电、防雷和防鼠之外，主要强调设备配置的安全。

（1）所有网络设备设置合理密码，分配合适的管理用户和权限。目前发现的大多数安全问题是由于密码管理不严，使"入侵者"得以乘虚而入。因此，密码口令的有效管理是非常基本的，也是非常重要的。

（2）设备配置资料专门存档，保修、工程合同等重要资料妥善保存。

（3）有条件的学校，可以独立设置设备管理虚拟局域网（VLAN Virtual Local Area Network），把设备的管理 IP 地址完全独立于用户使用 IP 段，并且指定专用电脑接入管理 VLAN，使用专业的网络管理软件进行管理，还可以选用如 3Com Supervisior 等一些优秀的免费管理软件进行图形化的直观管理和监控。

二、流量监控

目前互联网上应用较广泛的流量检测的免费工具是 MRTG（Multi Router Traffic Grapher），应用得当，能节省信息化投资，效果会相当不错。

MRTG 技术是一种基于 SNMP 协议机制的开放代码监控软件，完全可以方便地配置于网络内部的流量监控，不但能用来预测网络的性能和发展趋势，还能实时检测校园网络内部终端的流量状况，分析网络的异常流量。使用一台多网卡的机器，结合第一部分设备安全的有关配置，可以安全、方便地实现网络流量的远程监控（内部网卡接入设备管理 VLAN，外部网卡提供 WEB 方式的 MRTG 图表），而且 MRTG 支持多进程方式，只需一台网管 PC 就可以监控全网多种设备的流量。最好在网络管理当中能贯彻实名制（用机器使用者的真实姓名作为计算机命名）的管理模式，把流量直接监控到个人，当出现异常时可以准确定位，有利于对网络故障的快速响应。

三、协议分析

熟练掌握 SNIFFER 类专业化的协议分析工具，不但有利于分析网络当中运行的各种协议，还可以对相关数据包作简单分析。能够提供全网的 IP 地址、机器名、MAC 地址、IPX 等信息完备的地址表，方便对网络的分析和管理，并生成各种报表用于存档。同时，专业的数据包分析功能更是解决网络阻塞等深层网络疑难杂症的有力武器。

四、配置 VLAN

为了克服以太网的广播问题，可以运用 VLAN 技术，将以太网通信变为点到点通信，能防止大部分基于网络侦听的入侵。三层交换机都具有划分 VLAN 功能，而现在新建的校园网一般都采用三层交换机作为校园网的主干交换机，所以我们应该充分发挥设备的优势。但 VLAN 技术作为局域交换网络的难点，使很多高效的网络设备根本不能发挥应有的性能，不少配备了三层设备的单位到头来只是将它当作 HUB 使用，造成设备的极大浪费。实际上，通过配置 VLAN 技术，可以非常有效地实现网络内部广播包的有效隔离(这点对于使用软件版网络教学的电脑室最实用)，能保证财务数据等敏感信息的安全隔离，还可以灵活部署大型网络的用户分类而不用考虑用户的实际办公地点。对于复杂网络环境的部署，VLAN 技术是十分成熟而高效的。

五、服务器的安全

校园网中的服务器为用户提供了各种服务，但是服务提供得越多，系统就存在越多的漏洞，也就有更多的危险。因此从安全角度考虑，应将不必要的服务关闭，只向公众提供他们所需的基本服务。最典型的是，我们在校园网服务器中对公众通常只提供 WEB 服务功能，而没有必要向公众提供 FTP 功能，在服务器的服务配置中，应只开放 WEB 服务，而将 FTP 服务禁止。如果要开放 FTP 功能，就一定只能向可能信赖的用户开放，因为使用 FTP 的用户可以上传文件，如果用户目录又给了可执行权限，那么通过运行某些上传的程序，就可能使服务器受到攻击。所以，信赖了来自不可信赖数据源的数据也是造成网络不安全的一个因素。

对提供服务器接入的交换机最好支持端口隔离功能，并对所有没有内部数据交换的服务器接入端口配置或端口隔离，以有效防止服务器之间的相互牵连攻击。另外，尽量使用安全的文件系统，并设置合理的安全权限，分配合理的磁盘配额也是服务器安全设置中不可或缺的操作。

六、防病毒

如果网络设备支持配置端口、协议过滤、ACL 等控制功能时，可直接在设备上做好不良数据包的丢弃工作，防止病毒信息干扰网络主干，保证网络主干的健壮将有效隔断病毒的大面积传播。在确保网络主干不受影响的前提下，客户端安装防病毒软件是必需的，而且应该选用口碑比较好的产品并经常升级病毒库——坚持从终端到网络设备的病毒防治方案是可行的。

七、网络边界安全

不管使用防火墙或者代理服务器，都应该对进、出的访问制定规则。通常遵循关闭所有服务，只开必需服务的"最小授权"原则。从网络安全的角度考虑问题，打开的服务越多，可能出现的安全漏洞就会越多。"最小授权"原则指网络中账号设置、服务配置、主机间信任关系配置等应该为网络正常运行所需的最小限度。关闭网络安全策略中没有定义的网络服务并将用户的权限配置为策略定义的最小限度、及时删除不必要的账号等措施可以将系统的危险性大大降低。在没有明确的安全策略的网络环境中，网络安全管理员通过简单关闭不必要或者不了解的网络服务、删除主机信任关系、及时删除不必要的账号等手段也可以将被入侵的危险降低。

八、网络审计

可以直接使用防火墙或代理服务器的访问日志功能，但是会影响出口性能，比较可行的方法是通过网络审计软件，对网络访问事件做统一记录、分析，每天检查审计日志有利于早期发现网络中的可疑行为，预防不良网络行为的发生。在使用审计软件时建议使用交换设备的镜像端口做检测，而不通过外接 HUB，可能导致网络出口瓶颈的出现。

九、了解路由

任何一个合格的网络工程师都必须了解路由技术，对默认路由、网段路由等三层网络架构中常用的概念应当十分清楚，至于网间路由、路由设计、分析等专业性较强的技术则可选择性地学习和提高。

十、订阅更新

任何一个操作系统、防病毒软件、防火墙系统、入侵检测系统、路由交换设备等网络节点、系统或多或少都存在着各种漏洞，系统漏洞的存在成为导致网络安全隐患的首要问题，发现并及时修补漏洞是每个网络管理人员的主要任务。当然，从系统中找到发现漏洞不是一般网络管理人员所能做的，但是及早地发现有报告的漏洞，并进行升级补丁。而发现有报告的漏洞最常用的方法，就是经常登录各有关网络安全网站，对于所有使用的软件和服务应该密切关注其最新版本和安全信息，一旦发现与这些程序有关的安全问题就立即对软件进行必要的打补丁和升级。如果得不到及时的更新，设备的安全性和稳定性将会大打折扣。因此，应该养成勤打补丁的习惯，而且比较可行的方法是使用各大厂商的自动订阅更新服务，即当某个产品有更新补丁时，会自动发布更新通知到指定的邮箱，省事又及时！

十一、规范管理、定期扫描

网络安全系统只能提供技术手段和措施，但非技术因素也是不容忽视的，因此针对安全管理体制而设的安全策略必不可少，包括确定校园网安全管理等级、安全管理范围、制订有关校园网络操作使用规程和人员出入校园主控机房的管理制度、制定校园网网络系统的维护制度和应急措施、确定校网信息安全管理的一般责任和具体责任如报告安全事故以及违反安全策略的后果等。网络管理的规范程度直接反映了网络系统的应用保障系数，通过安全策略的严格执行，并结合定期的内部网络扫描巡检与科学的管理分工制度，要把网络系统管好、用好应该不难！

相信随着校园网络管理和校园网络安全不断优化发展，必然会给校园信息化、数字化应用提供畅通环境，校园网络所带来的效益将会越来越大，也必将进一步提高学校的教学质量和管理效率，对建设一所具有先进的信息化网络环境和数字化应用的现代化学校是大有裨益的。

第二节 "一校多部"式校园网络的规划与互联(规划篇)[①]

一、"一校多部"式校园网络的规划与定位

学校网络规模在不断扩大，各校区网络的规划与定位是否科学不仅直接影响学校信息化建设的长远发展目标，更能有效杜绝信息化项目的重复建设等问题。

(一)初中部校区网络规划与定位

初中部校区主体网络建于 2003 年；初中部校园网建有 3200 个信息点，开通的有源点约 1000 个；网络中心设在信息楼 5 楼，网络子配线间共 19 间；核心交换机使用华为 8016，二层交换机使用华为 3026；初中部与现高中部统一网络出口及网络审计设备由现高中部网络中心统一控管；网络中心配备 10KVUPS 系统、气体消防系统、视频监控系统、空调机组系统；电话系统使用 NEC 交换机，有独立的对外电话服务线路，内线与现高中部可直拨；现高初中部之间通过具有永久使用权的 4 芯单模光纤互联，其中 2 芯实现内部电话互联，另外 2 芯实现校园网络互联；其他多媒体、广播(室内、室外)、监控(安防、考场)相对独立服务于本校区；暂时统一使用目前的数字化校园信息系统。建成一校多部网络格局后，定位为本校区的网络与数据中心。

(二)现高中部校区网络规划与定位

现高中部校区主体网络建于 1999 年、2001 年增加综合楼布线和更新网络设备；现高中部校园网建有 1800 个信息点，开通的有源点约 1000 个；网络中心设在综合楼 4 楼，网络子配线间共 12 间；核心交换机使用华三 7506R，二层交换机使用华为、3COM、H3C、CISCO 等；初中部与现高中部统一网络出口及网络审计设备由现高中部网络中心统一控管；网络中心配备 20KVUPS 系统、气体消防系统、视频监控系统、环境监控系统、空调机组系统；电话系统使用 NEC 交换机，有独立的对外电话服务线路，内线与现高中部可直拨；高初中部之间通过具有永久使用权的 4 芯单模光纤互联，其中

---

① 肖春光."一校多部"式校园网络的规划与互联(规划篇)[J].宝安信息技术教育探索，2011(05)：39-43.

2 芯实现内部电话互联,另外 2 芯实现校园网络互联;其他多媒体、广播(室内、室外)、监控(安防、考场)相对独立服务于本校区;网络中心兼任区教育城域网网络中心和数据中心;暂时统一使用目前数字化校园信息系统。建成"一校多部"式网络格局后,定位为本校区的网络与数据中心。

(三)新高中部校区网络规划与定位

新高中校区主体土建完成于 2010 年 8 月,新高中部校园网建有 3500 个信息点,开通的有源点约 1000 个;核心交换机采用锐捷 S8610,二层交换机采用锐捷 S29 系列,配备 1 个网络中心,楼群配线间分别位于教学楼首层、学生宿舍首层、教师宿舍首层、体育馆首层。建成一校多部网络格局后,定位为:①本校区网络交换中心和线路汇聚中心。网络交换中心主要实现本校区所有网络核心设备、电话核心设备、服务器、所有网络设备等的集中控管;线路汇聚中心主要实现所有光纤线缆的集中汇聚与灵活桥接,最大化复用有限的物理链路资源;暂时统一使用目前的数字化校园信息系统;②所有校区网络总管中心。增加敷设新高中部校园一条专属光纤到初中部网络中心(要求规格为单模 12 芯,两端全部纤芯都要成端上架),完成现高中部 4 芯到新高中抽取 4 芯的直接熔接,为多校区互联连通物理链路。新校区网络中心是所有校区的网络汇聚总管、网络出口总管、网络审计总管、内部电话总管、主体数据服务总管。

二、"一校多部"式校园网络的互通实现

实现"一校多部"式校园网络的互通,物理链路是前提,核心设备中的 VLAN 规划与路由策略是关键,网络出口要控制。

(一)各校区之间的物理链路选择

各校区之间的物理链路连通是打造"一校多部"式校园网网络互通的基础,对距离相隔较远且学校不具备条件敷设光缆的校区之间,建议采用租用或直接买断线路运营商(如电信、网通等)线缆的方式进行互联,如宝安某中学现高中部和初中部之间采用买断 4 芯光纤使用权方式实现互联。校区之间距离较近则可直接由学校敷设光缆的方式进行互联,如宝安某中学新高中部和初中部之间采用直接敷设 12 芯光纤方式实现互联。通过初中部作为物理链路的中转熔接点,实现了宝安某中学一校三部的物理链路互联。

(二)各校区之间的主要设备互联

目前较大规模学校的校园网都配备了性能不错的三层交换或路由功能的核心网络交换机,它们是实现"一校多部"式校园网网络互通的核心,各校区内部的校园网功能相对独立,都分别有自己的 VLAN 自治域和 VLAN 网关(关于各校区的 VLAN 规划,以及如何在各校区不同牌子的网络设备中划分 VLAN 和添加静态路由的操作,可参考笔者写的另外一篇文章《"一校多部"式校园网络的实现配置例析(操作篇)》),除通过各校区之间的光缆系统和各校区核心交换机上配备的长波 GBIC 模块进行物理互联外,还须在

各校区的核心交换机中添加访问到其他校区的静态路由信息，否则本校区网络用户无法访问其他校区的信息资源。此部分是互联的难点和关键，现将各校区核心交换机的参考路由表信息提取如下：

1. 初中部核心交换机华为 8016 的路由表

<Bazx-czb-S8016>dis ip routing-table

Routing Table：public net

Destination/Mask	Proto	Pre	Cost	Nexthop	Interface
0. 0. 0. 0/0	STATIC	60	0	172. 29. 1. 1	
172. 28. 1. 0/24	DIRECT	0	0	172. 28. 1. 254	Vlanif21
172. 28. 2. 0/24	DIRECT	0	0	172. 28. 2. 254	Vlanif22
172. 28. 3. 0/24	DIRECT	0	0	172. 28. 3. 254	Vlanif23
172. 28. 4. 0/24	DIRECT	0	0	172. 28. 4. 254	Vlanif24
172. 28. 5. 0/24	DIRECT	0	0	172. 28. 5. 254	Vlanif25
172. 28. 6. 0/24	DIRECT	0	0	172. 28. 6. 254	Vlanif26
172. 28. 7. 0/24	DIRECT	0	0	172. 28. 7. 254	Vlanif27
172. 28. 8. 0/24	DIRECT	0	0	172. 28. 8. 254	Vlanif28
172. 29. 1. 0/30	DIRECT	0	0	172. 29. 1. 2	Vlanif29
172. 29. 2. 0/30	DIRECT	0	0	172. 29. 2. 2	Vlanif30
172. 30. 16. 0/24	DIRECT	0	0	172. 30. 16. 254	Vlanif100
172. 30. 100. 0/24	DIRECT	0	0	172. 30. 100. 120	Vlanif1000
172. 31. 200. 0/27	DIRECT	0	0	172. 31. 200. 30	Vlanif31
172. 18. 0. 0/20	STATIC	60	0	172. 29. 2. 1	

注意，路由表的第一条是初中部核心交换机华为 8016 上的默认路由，它的下一条指向高中部 172. 29. 1. 1，最后一条静态路由是返回新高中部的锐捷 S8610 上不同 Vlan 的回路信息，其余路由信息是划分 Vlan 时自动产生的三层路由信息。

2. 高中部核心交换机 3Com 4007 的路由表

Destination	Subnet mask	Metric	Gateway	Status
Default Route	--	--	172. 24. 0. 100	Static
172. 20. 0. 0	255. 255. 255. 0	--	--	Direct
172. 20. 0. 254	255. 255. 255. 255	--	--	Local
172. 20. 1. 0	255. 255. 255. 0	--	--	Direct
172. 20. 1. 254	255. 255. 255. 255	--	--	Local
172. 21. 0. 0	255. 255. 255. 0	--	--	Direct
172. 21. 0. 254	255. 255. 255. 255	--	--	Local
172. 22. 0. 0	255. 255. 254. 0	--	--	Direct
172. 22. 0. 254	255. 255. 255. 255	--	--	Local
172. 23. 0. 0	255. 255. 255. 0	--	--	Direct
172. 23. 0. 254	255. 255. 255. 255	--	--	Local

172.24.0.0	255.255.255.0	--	--	Direct
172.24.0.254	255.255.255.255	--	--	Local
172.25.0.0	255.255.255.0	--	--	Direct
172.25.0.254	255.255.255.255	--	--	Local
172.26.0.0	255.255.255.0	--	--	Direct
172.26.0.254	255.255.255.255	--	--	Local
172.29.1.0	255.255.255.252	--	--	Direct
172.29.1.1	255.255.255.255	--	--	Local
172.30.200.0	255.255.255.224	--	--	Direct
172.30.200.30	255.255.255.255	--	--	Local
172.30.16.0	255.255.255.0	--	--	Direct
172.30.16.254	255.255.255.255	--	--	Local
172.28.1.0	255.255.255.0	--	172.29.1.2	Static
172.28.2.0	255.255.255.0	--	172.29.1.2	Static
172.28.3.0	255.255.255.0	--	172.29.1.2	Static
172.28.4.0	255.255.255.0	--	172.29.1.2	Static
172.28.5.0	255.255.255.0	--	172.29.1.2	Static
172.28.6.0	255.255.255.0	--	172.29.1.2	Static
172.28.7.0	255.255.255.0	--	172.29.1.2	Static
172.28.8.0	255.255.255.0	--	172.29.1.2	Static
172.31.200.0	255.255.255.224	--	172.29.1.2	Static
172.18.0.0	255.255.240.0	--	172.29.1.2	Static

注意，路由表的第一条是高中部核心交换机 3Com 4007 上的默认路由，它的下一条指向高、初中部总出口 172.24.0.100(各校区的网络总出口防火墙仍放在现高中部网络中心，当前 3 个校区的网络总出口没按规划完成从现高中部到新高中部网络中心的迁移，但不影响本案例的现实性)，最后的静态路由表项是返回初中部华为 8016 及新高中部的锐捷 S8610 上不同 Vlan 的回路信息，否则现高中部无法连通初中部和新高中部，其余路由信息是高中部核心交换机 3Com 4007 上划分 Vlan 时自动产生的三层路由信息。

3. 新中部核心交换机锐捷 S8610 的路由表

0.0.0.0/0	STATIC 60	0	172.29.2.2	
172.18.1.0/24 DIRECT	0	0	172.18.1.254	Vlanif21
172.18.2.0/24 DIRECT	0	0	172.18.2.254	Vlanif22
172.18.3.0/24 DIRECT	0	0	172.18.3.254	Vlanif23
172.18.4.0/24 DIRECT	0	0	172.18.4.254	Vlanif24
172.18.5.0/24 DIRECT	0	0	172.18.5.254	Vlanif25
172.18.6.0/24 DIRECT	0	0	172.18.6.254	Vlanif26
172.18.7.0/24 DIRECT	0	0	172.18.7.254	Vlanif27
172.18.8.0/24 DIRECT	0	0	172.18.8.254	Vlanif28

172. 18. 9. 0/24 DIRECT 0　0　　　172. 18. 9. 254　　Vlanif29
172. 18. 10. 0/24 DIRECT 0　0　　　172. 18. 10. 254　　Vlanif30
172. 18. 11. 0/24 DIRECT 0　0　　　172. 18. 11. 254　　Vlanif31
172. 18. 12. 0/24 DIRECT 0　0　　　172. 18. 12. 254　　Vlanif32
172. 18. 13. 0/24 DIRECT 0　0　　　172. 18. 13. 254　　Vlanif33
172. 18. 14. 0/24 DIRECT 0　0　　　172. 18. 14. 254　　Vlanif34
172. 29. 2. 0/30 DIRECT 0　0　　　172. 29. 2. 1　　　Vlanif300

注意，路由表的第一条是新中部核心交换机锐捷 S8610 上的默认路由，它的下一条指向初中部 172. 29. 2. 1，其余路由信息是划分 Vlan 时自动产生的三层路由信息。

对于拥有多个校区的学校，往往不止拥有一个网络出口，对于每个校区都有单独网络出口的学校，其各校区的核心交换机的路由设置上须做相应的调整，各校区核心交换机上的默认路由应该指向该校区的出口 IP，其余校区过来的 IP 段全部作为静态路由添加即可。不管采用多出口还是单出口模式，网络出口的地方都必须按照区教育城域网网络安全要求来部署相应的上网行为审计系统。宝安某中学高中部、初中部和新高中部采用的是 3 个校区统一一个出口，这样容易集中管理和监控所有校区的网络行为，降低网络安全风险。其总出口防火墙上路由信息如下：

set route 172. 26. 0. 0 255. 255. 255. 0 interface trust gateway 172. 24. 0. 254 metric 1
set route 172. 23. 0. 0 255. 255. 255. 0 interface trust gateway 172. 24. 0. 254 metric 1
set route 172. 20. 0. 0 255. 255. 255. 0 interface trust gateway 172. 24. 0. 254 metric 1
set route 172. 21. 0. 0 255. 255. 255. 0 interface trust gateway 172. 24. 0. 254 metric 1
set route 172. 25. 0. 0 255. 255. 255. 0 interface trust gateway 172. 24. 0. 254 metric 1
set route 172. 28. 1. 0 255. 255. 255. 0 interface trust gateway 172. 24. 0. 254 metric 1
set route 172. 28. 2. 0 255. 255. 255. 0 interface trust gateway 172. 24. 0. 254 metric 1
set route 172. 28. 3. 0 255. 255. 255. 0 interface trust gateway 172. 24. 0. 254 metric 1
set route 172. 28. 4. 0 255. 255. 255. 0 interface trust gateway 172. 24. 0. 254 metric 1
set route 172. 28. 6. 0 255. 255. 255. 0 interface trust gateway 172. 24. 0. 254 metric 1
set route 172. 28. 7. 0 255. 255. 255. 0 interface trust gateway 172. 24. 0. 254 metric 1
set route 172. 28. 8. 0 255. 255. 255. 0 interface trust gateway 172. 24. 0. 254 metric 1
set route 172. 22. 0. 0 255. 255. 254. 0 interface trust gateway 172. 24. 0. 254 metric 1
set route 172. 29. 1. 0 255. 255. 255. 252 interface trust gateway 172. 24. 0. 254 metric 1
set route 172. 29. 2. 0 255. 255. 255. 252 interface trust gateway 172. 24. 0. 254 metric1
set route 172. 28. 5. 0 255. 255. 255. 0 interface trust gateway 172. 24. 0. 254 metric 1
set route 172. 20. 1. 0 255. 255. 255. 0 interface trust gateway 172. 24. 0. 254 metric 1
set route 172. 18. 1. 0 255. 255. 224. 0 interface trust gateway 172. 24. 0. 254 metric 1

注意，以上总出口防火墙上路由信息表项分别根据初中部核心交换华为 8016 上的 Vlan 网络、高中部核心交换 3Com 4007 和新高中部核心交换锐捷 S8610 上的 Vlan 网络而添加，如果哪个网段的路由没有加进来，则该网段无法上网。另外，请注意以上所有路由表项中的网关 IP 地址都是防火墙的信任口 172. 24. 0. 100 所在 Vlan 网段的网关地址,许多初学者容易将它误认为各个 Vlan 网段本身的网关地址。

对于拥有多个网络出口的一校多部式学校,如想让某个校区的出口分流另外一个校区的出口流量时,除应在这两个校区的核心交换机中添加相应的互访静态路由外,还应在对应分流出口的边界防火墙设备上增加待分流校区的 IP 网段地址。

三、"一校多部"式校园网络的数据通与应用通

"一校多部"式校园网络数据通与应用通是学校信息化建设的重要目标,必须统一规划好多个校区一体化的基础数据信息库,制定本校基础数据信息库的接口规范,把人、财、物等学校的基本信息进行统一的出口和入口处理,规划好多个校区通用的协同办公及信息发布系统,规划好各校区网络中心应配备的服务器及应用系统,能统一建设的系统绝不分开,避免各校区重复建设,真正实现各校区、各系统之间的数据联通和应用互通,丰富学校数字化校园建设的内涵,促进学校教育信息化的发展,有利于各级领导掌握实时信息,及时准确地了解师生发展动态,提高统计分析水平,为科学决策提供及时可靠的依据。

第三节 "一校多部"式校园网络的实现配置例析(操作篇)[①]

宝安某中学高中部校园有 1800 个信息点、1 个网络中心和 9 个网络子配线间,网络核心交换设备是 3COM 4007,二层交换设备为 3COM 3300 系列;宝安某中学初中部校园有 3200 个信息点、1 个网络中心和 19 个网络子配线间,网络核心交换设备是华为8016,二层交换设备为华为 3026 系列。高、初中部相隔 2 公里,通过 4 芯光纤直连,其中 2 芯用于高、初中部内线电话的直拨互联,另外 2 芯用于网络连通,互联网出口由高中部网络中心统一监管。

宝安某中学高、初中部使用的核心交换设备都具备三层交换能力,本文将从三层交换环境下的 VLAN 设置和路由互通方面作实例分析,对于 VLAN 的概念、作用和路由的专业术语不在本文阐述范围,希望本文在对实际例子的分析中能使拥有三层网络交换核心设备的学校有所启发,尤其是那些把校园网络的三层交换设备当作普通的二层交换,只是实现简单互联,变相造成设备功能闲置的学校。

目前宝安区所建校园网的学校使用的主要是 3COM、华为、思科、H3C、锐捷等产品,也有个别学校使用北电的产品,本文将华为、思科、H3C、锐捷等产品的配置(因其比较接近)作为一组,可参考宝安某中学初中部配置实例;3COM 产品的配置作为一组,可参考宝安某中学高中部配置实例,对于北电产品,本文不做阐述。

① 肖春光."一校多部"式校园网络的规划与互联(操作篇)[J].宝安信息技术教育探索,2011(07):33-43.

一、宝安某中学初中部网络配置实例

1. 初中部核心交换机华为 8016 的 VLAN 规划(见表 7-1)

表 7-1 初中部核心交换机华为 **8016** 的 **VLAN** 规划

VLAN-ID	Alias	用户描述	网络地址	网关地址
1	VLAN0001	default		
21	NETCENTER	网络中心	172. 28. 1. 0/24	172. 28. 1. 254/24
22	CAI1	电脑(1)室	172. 28. 2. 0/24	172. 28. 2. 254/24
23	CAI2	电脑(2)室	172. 28. 3. 0/24	172. 28. 3. 254/24
24	CAI3	苹果多媒体电脑室	172. 28. 4. 0/24	172. 28. 4. 254/24
25	TEACHERS	教师办公电脑(含教学用的所有多媒体平台电脑)	172. 28. 5. 0/24	172. 28. 5. 254/24
26	STUDENTS	教室学生电脑	172. 28. 6. 0/24	172. 28. 6. 254/24
27	EHALL-1	电子阅览室	172. 28. 7. 0/24	172. 28. 7. 254/24
28	EHALL-2	电子阅览室	172. 28. 8. 0/24	172. 28. 8. 254/24
29	ConnToGZB	高初中互联	172. 29. 1. 0/30	172. 29. 1. 2/30
31	czykt	数字化校园初中一卡通	172. 31. 200. 0/27	172. 31. 200. 30/27
1000	DevManagement	设备管理	172. 30. 100. 0/24	

2. 初中部网络中心三层交换核心设备华为 8016 VLAN 划分实例

配置 VLAN, 其 ID 为 100, 起名为 TEST, 网关 IP 为 172. 30. 16. 254, ping 测试(本例使用华为 8016 的交换机, 其第 1、2 槽为双交换引擎模块, 第 3 槽为 4 口铜千兆模块, 第 4-8 槽为均为 4 口光纤模块, 见表 7-2)。

表 7-2 网络中心划分实例

序	操作说明	实际操作
1	telnet核心交换的 IP, 没有 IP 的通过 CONSOLE 线缆使用超级终端方式操作	telnet 172. 28. 5. 254
2	进入 super 模式	<Bazx-czb-S8016>super Password:
3	进入 system 模式	<Bazx-czb-S8016>system

续表

序	操作说明	实际操作
4	划分测试 VLAN，其 ID 是 100	[Bazx-czb-S8016] vlan 100
5	VLAN 命名(可省)	[Bazx-czb-S8016-vlan100] alias test
6	返回	[Bazx-czb-S8016-vlan100] q
7	配置 VLAN 的网关 IP	[Bazx-czb-S8016] interface vlanif 100 ip address 172.30.16.254 255.255.255.0
8	返回	[Bazx-czb-S8016-Vlanif100] q
9	返回	[Bazx-czb-S8016] q
10	保存	<Bazx-czb-S8016>save
11	确定	Are you sure[Y]? y
12	查看当前 VLAN 端口配置信息	<Bazx-czb-S8016>dis vlan 100 VLAN-ID Alias　　　　Type　　　Created　　Status 100　　test　　　　common　static　enable Tagged　Port：gigabitethernet3/0/0, active Tagged　Port：gigabitethernet3/0/3, active Tagged　Port：gigabitethernet4/0/0 to 4/0/3, active Tagged　Port：gigabitethernet5/0/0 to 5/0/3, active Tagged　Port：gigabitethernet6/0/0 to 6/0/3, active Tagged　Port：gigabitethernet7/0/0 to 7/0/3, active Tagged　Port：gigabitethernet8/0/0 to 8/0/1, active
13	查看当前 VLAN 网关配置信息	<Bazx-czb-S8016>dis interface vlanif 100 Vlanif100 current state：UP Link layer protocol current state：UP Description：HUAWEI, Quidway Series, Vlanif100 Interface Internet Address：172.30.16.254/24
14	PING VLAN 网关	<Bazx-czb-S8016>ping 172.30.16.254 PING 172.30.16.254：56 data bytes, press CTRL_C to break Reply from 172.30.16.254：bytes=56 Sequence=1 ttl=255 time = 1 ms Reply from 172.30.16.254：bytes=56 Sequence=2 ttl=255 time = 10 ms
15	退出	<Bazx-czb-S8016>quit

3. 初中部子配线间二层交换设备华为 3026 系列交换机 VLAN 划分实例

配置 VLAN，其 ID 为 100，命名为 TEST，增加第 24 端口。本例使用华为 3026 系列交换机，有 24 个百兆端口，其 GigabitEthernet 端口是光纤口或堆叠口，见表 7-3。

表 7-3 子配线间划分实例

序	操作说明	实际操作
1	telnet 核心交换的 IP，没有 IP 的通过 CONSOLE 线缆使用超级终端方式操作	telnet 172. 30. 100. 156
2	进入 super 模式	\<SYL-F4-1>super Password：
3	进入 system 模式	\<SYL-F4-1>system
4	查看交换机当前 VLAN 信息，VLAN 100 已经自动加入	［SYL-F4-1］dis vlan VLAN function is enabled. Now, the following VLAN exist(s)： 1(default), 21-31, 100, 1000
5	查看配置前 VLAN 100 端口信息(注意"13"步操作的变化)	［SYL-F4-1］dis vlan 100 VLAN ID：100 VLAN Type：dynamic Route Interface：not configured Description：VLAN 0100 Tagged Ports： GigabitEthernet1/1 Untagged Ports：none
6	配置 VLAN 100	［SYL-F4-1］vlan 100
7	命名(可省)	［SYL-F4-1-vlan100］description test
8	添加端口	［SYL-F4-1-vlan100］port eth 0/24
9	返回	［SYL-F4-1-vlan100］q
10	返回	［SYL-F4-1］q
11	保存	\<SYL-F4-1>save
12	确定	Are you sure? ［Y/N］y

13	查看配置后 VLAN 100 端口信息，增加了第 24 端口	\<SYL-F4-1>dis vlan 100
		VLAN ID：100
		VLAN Type：static
		Route Interface：not configured
		Description：test
		Tagged Ports：
		      GigabitEthernet1/1
		Untagged Ports：
		      Ethernet0/24

14	退出	\<SYL-F4-1>quit

4. 初中部核心交换机华为 8016 的路由表。

<Bazx-czb-S8016>dis ip routing-table

Routing Table：public net

Destination/Mask	Proto	Pre	Cost	Nexthop	Interface
0. 0. 0. 0/0	STATIC	60	0	172. 29. 1. 1	
172. 28. 1. 0/24	DIRECT	0	0	172. 28. 1. 254	Vlanif21
172. 28. 2. 0/24	DIRECT	0	0	172. 28. 2. 254	Vlanif22
172. 28. 3. 0/24	DIRECT	0	0	172. 28. 3. 254	Vlanif23
172. 28. 4. 0/24	DIRECT	0	0	172. 28. 4. 254	Vlanif24
172. 28. 5. 0/24	DIRECT	0	0	172. 28. 5. 254	Vlanif25
172. 28. 6. 0/24	DIRECT	0	0	172. 28. 6. 254	Vlanif26
172. 28. 7. 0/24	DIRECT	0	0	172. 28. 7. 254	Vlanif27
172. 28. 8. 0/24	DIRECT	0	0	172. 28. 8. 254	Vlanif28
172. 29. 1. 0/30	DIRECT	0	0	172. 29. 1. 2	Vlanif29
172. 30. 16. 0/24	DIRECT	0	0	172. 30. 16. 254	Vlanif100
172. 30. 100. 0/24	DIRECT	0	0	172. 30. 100. 120	Vlanif1000
172. 31. 200. 0/27	DIRECT	0	0	172. 31. 200. 30	Vlanif31

注意路由表的第一条是初中部核心交换华为 8016 上的默认路由，它的下一条指向高中部 172. 29. 1. 1，其余路由信息是划分 VLAN 时自动产生的三层路由信息。

参照初中部 8016 实例，默认路由的配置命令如下：

(1)进入 SYSTEM 模式。

(2)配置命令"ip route-static 0. 0. 0. 0 0. 0. 0. 0 172. 29. 1. 1"。

(3)存盘退出即可。

二、宝安某中学高中部网络配置实例

1. 高中部核心交换机 3COM 4007 的 VLAN 规划（见表 7-4）

表 7-4　　　　　　　高中部核心交换机 3COM 4007 的 VLAN 规划

VLAN-ID	Name	用户描述	网络地址	网关地址
1	Default	默认（设备管理）	172. 30. 100. 0/24	
2	ehall2	信息大厅	172. 20. 0. 0/24	172. 20. 0. 254/24
3	pcroom	电脑(1)室	172. 21. 0. 0/24	172. 21. 0. 254/24
4	teacher	教师办公电脑（含教学用的所有多媒体平台电脑）	172. 22. 0. 0/23	172. 22. 0. 254/23
5	student	学生电脑	172. 23. 0. 0/24	172. 23. 0. 254/24

续表

VLAN-ID	Name	用户描述	网络地址	网关地址
6	netcenter	网络中心	172.24.0.0/24	172.24.0.254/24
7	pcroom2	电脑(2)室	172.25.0.0/24	172.25.0.254/24
8	ehall	信息大厅	172.26.0.0/24	172.26.0.254/24
9	cernet	教育网(根据特殊需要,如视频会议系统,可以把教育网 IP 下发到任意一个信息点使用,使用的电脑需要自行配置教育网的网关,与其他内网段完全隔离)	210.39.43.128/27	
10	man	区城域网(根据特殊需要,如高考考场监控,可以把区城域网 IP 下发到任意一个信息点使用,使用的电脑需要自行配置城域网的网关,与其他内网段完全隔离)	10.16.21.0/24	
11	czb	高初中互联	172.29.1.0/30	172.29.1.1/30
12	pcroomnew	电脑(3)室	172.20.1.0/24	172.20.1.254/24
13	gzbykt	数字化校园高中一卡通	172.30.200.0/27	172.30.200.30/27

2. 高中部网络中心三层交换核心设备 3COM 4007 VLAN 划分实例

配置 VLAN,其 ID 为 100,命名为 TEST,网关 IP 为 172.30.16.254,增加第 21 端口,并用 PING 命令测试。本例使用 3COM 4007 的交换机,其第 1 槽为 36 口百兆模块,第 2 槽为 4 口光纤三层模块,第 5 槽为 9 口光纤模块,第 6 槽为 9 口光纤模块,第 7 槽为交换引擎模块,见表 7-5。

表 7-5　　　　　　　　　　网络中心划分实例

序	操作说明	实际操作
1	telnet 核心交换的 IP,没有 IP 的通过 CONSOLE 线缆使用超级终端方式操作	telnet 172.24.0.30
2	登录	Login:admin Password:
3	连第 1 槽	3Com-4007> connect 1.1
4	进 bridge	CB9000@ slot 1.1 [36-E/FEN-TX-L2] ():bri
5	进 VLAN	CB9000@ slot 1.1 [36-E/FEN-TX-L2] (bridge):vlan

续表

序	操作说明	实际操作
6	定义 VLAN,ID 100,命名为 TEST,增加第 21 端口和 4007 内部上联的第 37 端口,且要把上联口打上"tag"	CB9000@ slot 1.1〔36-E/FEN-TX-L2〕(bridge/vlan):define Enter VID(2-4094)〔12〕:100 Select bridge ports(1-25,27-37丨all丨?):21,37 Configure per-port tagging?(n,y)〔y〕:y Enter port 21 tag type(none,802.1Q)〔none〕: Enter port 37,38 tag type(none,802.1Q)〔none〕:802.1q Enter VLAN Name{?}〔〕:test
7	返回	ESC
8	退出第 1 槽	CB9000@ slot 1.1〔36-E/FEN-TX-L2〕():dis
9	连第 2 槽	3Com-4007> connect 2.1
10	进 bridge	CB9000@ slot2.1〔4-GEN-GBIC-L3〕():bri
11	进 VLAN	CB9000@ slot2.1〔4-GEN-GBIC-L3〕(bridge):vlan
12	定义 VLAN,ID 100,增加 4007 内部上联的第 5 端口,选择 IP 协议,配置 VLAN 网络地址,把上联口打上"tag",命名为 TEST	CB9000@ slot2.1〔4-GEN-GBIC-L3〕(bridge/vlan):define Enter VID(2-4094)〔15〕:100 Select bridge ports(1-5丨all丨?):5 Enter protocol suite (IP,IPX,Apple,XNS,DECnet,SNA,Vines,X25,NetBEUI,unspecified,IPX-II,IPX-802.2,IPX-802.3,IPX-802.2-SNAP):ip Enter protocol suite('q' to quit) (IPX,Apple,XNS,DECnet,SNA,Vines,X25,NetBEUI,IPX-II,IPX-802.2,IPX-802.3,IPX-802.2-SNAP):q Configure layer 3 address?(n,y)〔y〕: Enter layer 3 address:172.30.16.0 Enter layer 3 mask〔255.255.0.0〕:255.255.255.0 Configure per-port tagging?(n,y)〔y〕: Enter port 5-8 tag type(none,802.1Q)〔none〕:802.1q Enter VLAN Name{?}〔〕:test
13	返回	CB9000@ slot2.1〔4-GEN-GBIC-L3〕(bridge/vlan):q CB9000@ slot2.1〔4-GEN-GBIC-L3〕(bridge):q

223

序	操作说明	实际操作
14	配置对应 VLAN 的网关 IP 地址	CB9000@ slot2. 1 [4-GEN-GBIC-L3] (): ip CB9000@ slot2. 1 [4-GEN-GBIC-L3] (ip): interface CB9000@ slot2. 1 [4-GEN-GBIC-L3] (ip/interface): define Enter IP address: 172. 30. 16. 254 Enter subnet mask [255. 255. 0. 0]: 255. 255. 255. 0 Enter interface type (vlan, port) [vlan]: vlan Enter VLAN interface index {1, 9-11, 15	?}: 15
15	返回	CB9000@ slot2. 1 [4-GEN-GBIC-L3] (ip/interface): q
16	测试网关	CB9000@ slot2. 1 [4-GEN-GBIC-L3] (ip): ping 172. 30. 16. 254 Press "Enter" key to interrupt. ping 172. 30. 16. 254: 64 byte packets 64 bytes from 172. 30. 16. 254: icmp_seq = 0. time = 10. ms 64 bytes from 172. 30. 16. 254: icmp_seq = 1. time = 12. ms
17	返回	ESC
18	退出第 2 槽	CB9000@ slot2. 1 [4-GEN-GBIC-L3] (): dis
19	连第 7 槽	3Com-4007> connect 7. 1
20	进 bridge	CB9000@ slot 7. 1 [24G-FAB-T] (): bri
21	进 VLAN	CB9000@ slot 7. 1 [24G-FAB-T] (bridge): vlan
22	交换引擎上定义 VLAN 100 的交换互通模块，可以选择性定义，在此把 1、2、5、6 模块都允许	CB9000@ slot 7. 1 [24G-FAB-T] (bridge/vlan): define Enter VID (2-4094) [12]: 100 Select bridge ports (1, 5, 9-17, 21 | all | ?): 1, 5, 17, 21 Configure per-port tagging? (n, y) [y]: y Enter port 1-4 tag type (none, 802. 1Q) [none]: 802. 1q Enter port 5-8 tag type (none, 802. 1Q) [none]: 802. 1q Enter port 17-20 tag type (none, 802. 1Q) [none]: 802. 1q Enter port 21-24 tag type (none, 802. 1Q) [none]: 802. 1q Enter VLAN Name {?} []: test
23	返回	ESC
24	退出第 7 槽	CB9000@ slot 7. 1 [24G-FAB-T] (): dis
25	退出	3Com-4007> logout

3. 高中部子配线间二层交换设备 3COM 3300 系列交换机 VLAN 划分实例

配置 VLAN，其 ID 为 100，命名为 TEST，增加第 24 端口。本例使用 3COM 3300 的 16987 交换机，其有 24 个百兆端口，第 25 端口是光纤口，见表 7-6。

表 7-6   子配线间划分实例

序	操作说明	实际操作
1	telnet 核心交换的 IP，没有 IP 的通过 CONSOLE 线缆使用超级终端方式操作	telnet 172. 30. 100. 108
2	登录	Login：admin Password：
3	进 bridge	Select menu option：bri
4	进 VLAN	Select menu option（bridge）：vlan
5	建 VLAN 其 ID 100，起名 test（VLAN ID 全网统一，和核心交换 4007 一致，LOCAL ID 指当前交换机中 VLAN 的顺序号）	Select menu option（bridge/vlan）：create Enter VLAN ID（2-4094）［2］：100 Enter Local ID（2-16）［4］： Enter VLAN Name［VLAN 100］：test
6	给 VLAN 100 增加第 24 端口，注意第 25 端口是光纤端口，并连接网络中心的 4007，且打上"tag"	Select menu option（bridge/vlan）：add Select VLAN ID（1-4094）［1］：100 Select Ethernet port（1-25，all）：24 Enter tag type（none，802. 1Q）［802. 1Q］：none Select menu option（bridge/vlan）：add Select VLAN ID（1-4094）［1］：100 Select Ethernet port（1-25，all）：25 Enter tag type（none，802. 1Q）［802. 1Q］：
7	退出	Select menu option（bridge/vlan）：logout

4. 高中部核心交换机 3COM 4007 的路由表

Destination	Subnet mask	Metric	Gateway	Status
Default Route	--	--	172. 24. 0. 100	Static
172. 20. 0. 0	255. 255. 255. 0	--	--	Direct
172. 20. 0. 254	255. 255. 255. 255	--	--	Local
172. 20. 1. 0	255. 255. 255. 0	--	--	Direct
172. 20. 1. 254	255. 255. 255. 255	--	--	Local
172. 21. 0. 0	255. 255. 255. 0	--	--	Direct
172. 21. 0. 254	255. 255. 255. 255	--	--	Local
172. 22. 0. 0	255. 255. 254. 0	--	--	Direct
172. 22. 0. 254	255. 255. 255. 255	--	--	Local
172. 23. 0. 0	255. 255. 255. 0	--	--	Direct
172. 23. 0. 254	255. 255. 255. 255	--	--	Local
172. 24. 0. 0	255. 255. 255. 0	--	--	Direct
172. 24. 0. 254	255. 255. 255. 255	--	--	Local
172. 25. 0. 0	255. 255. 255. 0	--	--	Direct

172. 25. 0. 254	255. 255. 255. 255	--	--	Local
172. 26. 0. 0	255. 255. 255. 0	--	--	Direct
172. 26. 0. 254	255. 255. 255. 255	--	--	Local
172. 29. 1. 0	255. 255. 255. 252	--	--	Direct
172. 29. 1. 1	255. 255. 255. 255	--	--	Local
172. 30. 200. 0	255. 255. 255. 224	--	--	Direct
172. 30. 200. 30	255. 255. 255. 255	--	--	Local
172. 30. 16. 0	255. 255. 255. 0	--	--	Direct
172. 30. 16. 254	255. 255. 255. 255	--	--	Local
172. 28. 1. 0	255. 255. 255. 0	--	172. 29. 1. 2	Static
172. 28. 2. 0	255. 255. 255. 0	--	172. 29. 1. 2	Static
172. 28. 3. 0	255. 255. 255. 0	--	172. 29. 1. 2	Static
172. 28. 4. 0	255. 255. 255. 0	--	172. 29. 1. 2	Static
172. 28. 5. 0	255. 255. 255. 0	--	172. 29. 1. 2	Static
172. 28. 6. 0	255. 255. 255. 0	--	172. 29. 1. 2	Static
172. 28. 7. 0	255. 255. 255. 0	--	172. 29. 1. 2	Static
172. 28. 8. 0	255. 255. 255. 0	--	172. 29. 1. 2	Static
172. 31. 200. 0	255. 255. 255. 224	--	172. 29. 1. 2	Static

注意，路由表的第一条是高中部核心交换机 3COM 4007 上的默认路由，它的下一条指向高中部、初中部总出口 172. 24. 0. 100（NETSCREEN-100 防火墙），最后的静态路由表项是返回初中部华为 8016 上不同 VLAN 的回路信息，否则高中、初中无法互通，其余路由信息是高中部核心交换机 3COM 4007 上划分 VLAN 时自动产生的三层路由信息。

参照高中部核心交换机 3COM 4007 为例，默认路由的配置命令如下：

（1）3Com-4007> connect 2. 1

（2）CB9000@ slot2. 1〔4-GEN-GBIC-L3〕（）：ip

（3）CB9000@ slot2. 1〔4-GEN-GBIC-L3〕（ip）：route

（4）CB9000@ slot2. 1〔4-GEN-GBIC-L3〕（ip/route）：default

（5）Enter gateway IP　address：172. 24. 0. 100

（6）ESC

（7）logout

参照高中部核心交换机 3COM 4007 为例，静态路由的配置命令如下，重复（1）—（7）即可加入多条静态路由信息：

（1）3Com-4007> connect 2. 1

（2）CB9000@ slot2. 1〔4-GEN-GBIC-L3〕（）：ip

（3）CB9000@ slot2. 1〔4-GEN-GBIC-L3〕（ip）：route

（4）CB9000@ slot2. 1〔4-GEN-GBIC-L3〕（ip/route）：static

（5）Enter destination IP　address：x. x. x. x　（目标网络地址，如 172. 30. 17. 0）

（6）Enter netmask IP　address：x. x. x. x　（目标网络掩码，如 255. 255. 255. 0）

(7)Enter gateway IP   address：x. x. x. x   (网关地址，如 172. 30. 17. 254)

(8)ESC

(9)logout

三、关于网络配置时应该注意的问题

(1)3COM 产品配置即时生效，华为、思科产品配置完要注意保存后再退出。

(2)这些可网管的设备都支持 CONSOLE 线缆配置，初始 IP 的赋予应通过 CONSOLE。

(3)3COM 设备要实现全网管理的话，必须所有交换机都保留默认 VLAN 1，再给 VLAN 1 中的交换机赋予管理 IP 即可，否则无法实现统一管理。其他品牌设备则没有此项。另外在配置了设备管理 VLAN 后，应该配置专用电脑连接到该网段，实现专机管理。

(4)这些可网管的设备进入 CLI(命令行)配置模式后，都支持在线提示的功能，不知如何操作时，可以打"?"来查询。此外，许多设备系统支持历史命令的回滚，有些设备还支持中文操作界面。配有专用管理软件的，优先使用配套的管理软件，往往能起到事半功倍的效果。

(5)3COM 的产品的 VLAN 的网络地址和网关 IP 是分开设置的，华为和思科的产品则是配置 VLAN 网关时，自动配置了网络地址。

(6)将设备升级至厂家的稳定版本可以提高系统的性能和稳定性。

(7)配有流量监控、网络审计等一些需要抓包功能的系统时，配置使用交换机的镜像端口比外加串接 HUB 性能要优秀。3COM 产品通过"analyzer"配置，其他产品通过"monitor"或"mirrored-to"等进入配置，在此不展开阐述。

(8)VLAN 实现的共性问题(注意："tag"须成对使用)。

表7-7 网络配置分类

序	复杂程度		核心交换机上端口	对应核心交换机端口的二层交换机	
				光纤或堆叠口	普通百兆口
1	简单	(只配核心交换机，对应二层交换机不做任何配置)	如该端口只承载一个 VLAN 信息，则该端口不用打"tag"	对应核心交换机端口下联的二层交换机不用任何配置	同左
2	中等	(一刀切的做法，每个交换机都配置所有的 VLAN)	每个端口都承载所有 VLAN 信息，该端口在各个 VLAN 中都打"tag"	对应核心交换机端口下联的二层交换机端口承载所有 VLAN 信息，该端口在各个 VLAN 中都打"tag"	根据需要把端口分配到不同的 VLAN 中，端口不用打"tag"

续表

序	复杂程度		核心交换机上端口	对应核心交换机端口的二层交换机	
				光纤或堆叠口	普通百兆口
3	复杂	（前期调研分析比较麻烦，按实际情况划分）	根据实际需要，各端口只承载实际的VLAN信息，该端口在实际的VLAN中都打"tag"	对应核心交换机端口下联的二层交换机端口只承载实际的VLAN信息，该端口在实际的VLAN中都打"tag"	根据需要把端口分配到不同的VLAN中，端口不用打"tag"

四、宝安某中学高、初中部网络总出口路由表

1. 总出口防火墙 NETSCREEN-100 上的路由信息

set route 172.26.0.0 255.255.255.0 interface trust gateway 172.24.0.254 metric 1

set route 172.23.0.0 255.255.255.0 interface trust gateway 172.24.0.254 metric 1

set route 172.20.0.0 255.255.255.0 interface trust gateway 172.24.0.254 metric 1

set route 172.21.0.0 255.255.255.0 interface trust gateway 172.24.0.254 metric 1

set route 172.25.0.0 255.255.255.0 interface trust gateway 172.24.0.254 metric 1

set route 172.28.1.0 255.255.255.0 interface trust gateway 172.24.0.254 metric 1

set route 172.28.2.0 255.255.255.0 interface trust gateway 172.24.0.254 metric 1

set route 172.28.3.0 255.255.255.0 interface trust gateway 172.24.0.254 metric 1

set route 172.28.4.0 255.255.255.0 interface trust gateway 172.24.0.254 metric 1

set route 172.28.6.0 255.255.255.0 interface trust gateway 172.24.0.254 metric 1

set route 172.28.7.0 255.255.255.0 interface trust gateway 172.24.0.254 metric 1

set route 172.28.8.0 255.255.255.0 interface trust gateway 172.24.0.254 metric 1

set route 172.22.0.0 255.255.254.0 interface trust gateway 172.24.0.254 metric 1

set route 172.29.1.0 255.255.255.252 interface trust gateway 172.24.0.254 metric 1

set route 172.28.5.0 255.255.255.0 interface trust gateway 172.24.0.254 metric1

set route 172.20.1.0 255.255.255.0 interface trust gateway 172.24.0.254 metric 1

注意，以上总出口防火墙 NETSCREEN-100 上的路由信息表项分别根据初中部核心交换华为 8016 上的 VLAN 网络和高中部核心交换机 3COM 4007 上的 VLAN 网络来添加，如果某个网段的路由没有加入，则该网段无法上网。另外，请注意以上所有路由表项的网关 IP 地址都是防火墙的信任口 172.24.0.100 所在 VLAN 网段的网关地址，许多初学者最容易搞错而当作各个 VLAN 网段本身的网关地址。

2. 附宝安某中学高中部、初中部互联网络拓扑图（见图 7-1）。

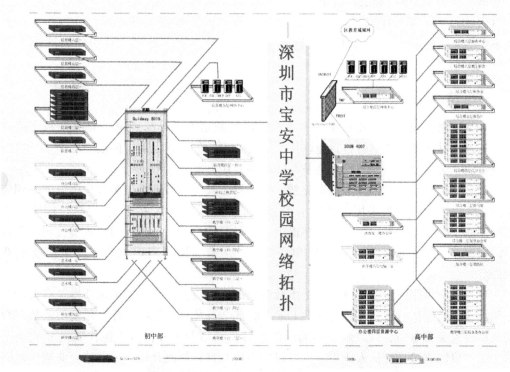

图 7-1 宝安某中学高中部、初中部互联网络拓扑图

第四节 基于开源软件构建学校网络管理及应用的实践探索

随着信息化基础设施建设的逐步普及和完善，学校信息化建设进入了转型期，对中西部等地区以及临时业务需求迫切而资金不足的学校，建议使用理论研究和实践成果日趋成熟的开源技术和开源软件，摸索自力更生地提升学校信息化管理及应用水平的途径。

一、为什么选择开源软件

(一) 开源软件与自由软件

1997 年，自由软件社团的一些领导者在加利福尼亚提出了一个新的术语：Open Source(开源软件)，现在软件工业界称之为"开放源代码软件"，简称为"开源软件"。从更严格的定义来说，开放源代码软件就是在开放源代码许可证下发布的软件，以保障软件用户自由使用及接触源代码和用户自行修改、复制以及再分发的权利。自由软件是一个比开源软件更严格的概念，因此所有自由软件都是开放源代码的，但不是所有的开源软件都能被称为"自由软件"。但实际上，绝大多数开源软件也都符合自由软件的定义。比如，遵守 GPL 和 BSD 许可的软件都是开放的并且自由的。在本书中，笔者把一切免费获得并能满足学校需求且不用于营利为目的的软件都统称为"开源软件"。

(二)选择开源软件的理由

一是成果丰硕。二十几年来，开源软件已经积累了丰硕的理论研究成果和实践成果，正逐步并将继续影响着各行业软件发展与技术的创新，目前国内已涌现出了一批快速成长的开源企业和以开源软件为核心的典型应用方案。

二是成本低廉。开源软件基本免费，据估计，开源软件的维护服务费用可能不到传统商业软件的 10%。如果用户的技术实力较强，可以自行部署维护，完全可能实现零成本完成正版化。另外，业界有许多提供企业级开源产品支持服务的专业型公司，学校可以根据自身的情况，有选择性地购买需要的服务，服务费用也大大低于传统商业软件。

三是质量可靠。开源软件通常是由社会上的大量技术高手有组织地开发，有大量个人和社区随时维护升级，软件存在的 bug 一般都会被及时发现和修补，开发功能和编写文档都有人免费参与，因此新版本的软件很容易获取。另外，由于源代码是开放透明的，用户可以直接享受他人成果，也可以参与进行自行修改升级，可突破商业软件源码保密的限制，即使开发方退出，也不用担心系统的可持续发展。

(三)选择开源软件的原则

一是选择官方。官方的开源软件，其软件项目的设计、编程等更加规范，版本齐全、文档资料权威、补丁修复及时，因为开源软件多为团队或组织负责，其官方网址大多带有 ORG 的域名标志，建议到此类网站下载，下载文件一般都有 MD5 校验功能，防止所发布版本在传输过程中被篡改或安放后门，保证了代码的纯正与安全。

二是选择成熟。近年来，开源软件在全球取得了长足的进步，基于开源的软件产品和服务日益成熟，互联网的普及与开放为开源软件和用户提供了多种选择。在选用开源软件时要基于学校自身的实际需求，同样的主体功能实现，可能有很多种开源选择，这就需要用户能灵活搭建各种测试环境(一般使用 VMWARE)来测试不同的原型系统，多比较、多体验，力求寻找相对成熟、开发团队相对稳定、各种扩展(模版)衍生资源丰富并适合自身需求的开源软件。

二、基于开源软件构建学校网络管理及应用的实践探索

开源软件为那些没有强大的技术团队、能投入的建设资金有限的中西部地区的学校或临时业务需求迫切而无法引入商业软件的学校提供了广阔的空间，笔者在此列出部分目前比较流行的基于 PHP、ASP. NET、Java 环境的开源软件，可供参考。

(一)基于开源软件的网络管理实践探索

(1)开源软件的运行环境系统。应当熟悉操作系统 Linux(FreeBSD)、数据库 Mysql(NoSQL)、中间件 Nginx(Apache、Tomcat、Resin)、语言环境 PHP、JSP 等开源软件主流系统运行环境和 Windows+IIS(小旋风 aspwebserver)+Sql Server(Access)ASP 语言环境的搭建。

(2)DHCP、DNS 系统。合理使用 DHCP 和 DNS 可大大提高调整客户端网络的效率,建议直接使用操作系统(Linux(FreeBSD)、Windows)自带的 DHCP 和 DNS 功能,只需安装并启用该功能模块即可,还可直接启用网络设备中集成的功能。

(3)网络链路监测系统。学校的网络中心核心交换机及各二层交换机、路由器、网络出口设备、主要的应用服务器和管理设备等是整个校园网的核心,如何实时掌控这些设备的网络链路状态十分重要,可通过 Network Management Center、JFFNMS、Friendly ping、WhatsUp 等软件协助管理。

(4)网络流量监控系统。MRTG、PRTG、Cacti 等是业界闻名的网络流量监控系统,很多网络运营商都直接选用,如通过多网卡方式监控多网段流量时,可通过网页编辑工具把各网段的监控页面统一集成到一个新的页面,还可根据需要实现认证访问功能。

(5)网络流量控制系统。当学校的出口带宽有限时,可通过 Panabit 对 P2P 等耗占带宽的应用进行流量监管和优化,还可选择 Pol-IP、Traffpro,但 Panabit 的安装部署比较简单,且提供了丰富的中文资料。

(6)上网行为安全监控系统。Nmap、BackTrack、OSSIM 等可结合 LINUX 系统,部署成专业的网络内容及行为审计系统,满足上级管理部门要求留存学校内部用户上网行为数据 90 天以上的要求。

(7)学校防火墙边界系统。上网终端不多的学校可直接使用供应商安装上网线路时提供的简单拨号路由器或直接使用 Windows 自带的共享上网功能,用户量大或配置了多个网络出口的学校,建议使用 RouterOS,可将标准的 PC 电脑变成专业、高性能的路由器,实现多各出口链路的聚合管理,还能满足电脑室与校园网的隔离管理需求。

(8)补丁升级系统。学校使用的大多数是 Windows 的操作系统,Windows 系统的漏洞较多,但修复较快,如果每台客户端电脑都直接连接微软的服务器下载升级安装包,将导致网络带宽被大量重复占用,可在校内部署一台 SUS 服务器,由该服务器定期与微软官网更新,其余客户端电脑直接从校内的 SUS 服务器更新即可,还可采用相同的办法在校内建立如防病毒等须经常到外网更新的校内更新源,充分利用有限的网络资源。

(9)FTP、NAS 系统。Serv-U、FileZilla、Vsftpd、ProFTPd 等是出色的 FTP 服务系统工具,但前两者基于 Windows 操作系统,更易于安装;FreeNAS、Openfiler 等具有优秀的 NAS 内核,可利用当前廉价的大容量磁盘(还可以自行配置 RAID 卡)搭建起一台性能优越的带 RAID 容错功能的 PC 级 NAS 服务器供校内师生使用。

(10)项目管理系统。Quality Center、Redmine 等是优秀的开源、基于 Web 的项目管理和缺陷跟踪工具。它用日历和甘特图辅助项目及进度可视化显示,支持多项目管理,对学校项目的科学管理与跟踪十分方便。

（二）基于开源软件的网络应用实践探索

（1）网站内容管理系统（CMS），主要满足学校搭建各级各类网站的需求。可选择基于 PHP 的 Mambo、Joomla、XOOPS、phpCMS，基于 ASP. NET 的 DotNetNuke/aspCMS，基于 Java 的 Magnolia 等优秀的开源 CMS 解决方案。

（2）博客（BLOG）系统，主要满足学校搭建师生个人博客的需求。基于 PHP 的 WordPress，基于 C#和 ASP. NET 的 Subtext，基于 Java 的 DLOG4J（dlog）等工具可供选择，还可鼓励师生到各大博客（微博）去创建，学校负责把相关地址进行集中管理。

（3）协同办公 OA 系统，主要满足学校搭建内部无纸化办公的需求。基于 PHP 的 FengOffice，基于 ASP. NET 的 EasyOA，基于 Java 的 J. Office 等可选，早期的 Spirit 系统也是不错的选择。

（4）网络学习系统，主要满足学校搭建课程管理及帮助教学人员创建高效的在线学习组织的网络课程及学习的需求。基于 PHP 的 Moodle，基于 Java 的 Amadeus LMS 等可选，但 Moodle 在网上提供了一体化的安装包，可直接在 Windows 上安装。

（5）学生信息管理系统，主要满足学校管理员、教师、家长、学生、教职人员的管理需要。基于 PHP 的 openSIS，基于 Java 的 EduCloud 等都是优秀的开源学生信息管理系统。

（6）演示模拟系统，主要满足学校搭建理科模拟实验及演示的需求。几何画板、美国科罗拉多大学的 PHET 项目，Crocodile Chemistry 等可选择，PHET 还有团队将相关实验定期翻译成简体中文版，目前共提供了 86 个简体中文的实验供下载，此外 PHET 还提供了本地运行的安装光盘或运行包，非常方便。

（7）图片管理系统，主要满足学校搭建各类图片资源管理的需求。基于 PHP 的 Gallery，基于 ASP. NET 的 gPhotoNet，基于 Java 的 Data Crow 等可选择。

（8）即时交流系统。全部电脑都能联通互联网的学校，可直接使用腾讯公司的 QQ 群作为学校的即时通讯工具；还可以使用飞鸽传书进行消息发送、文件传输，建议在学校的操作系统安装包中集成这些客户端软件。

（9）问卷调查系统，主要满足学校搭建在线问卷调查的需求。基于 PHP 的 Actionpoll，基于 ASP. NET 的 OQSS，基于 Java 的 jspVote 等可选，笔者曾多次使用 OQSS 系统进行全区范围的多项问卷调查。

（10）视频管理系统，主要满足学校搭建内部视频资源管理及在线点播的需求。phpVideoPro、Lifebox、PHPvod 等开源系统及破解的远志、远古系统等都是不错的选择。

这些软件有些经过了笔者的亲身验证，如 MRTG、Friendly ping、XOOPS、Moodle、OQSS、PHET、Nginx、mysql、Panabit 等已在我区教育城域网中心和部分学校使用，有些是笔者根据网上的评价及原型进行遴选，如 Mambo、WordPress、Amadeus LMS、gPhotoNet 等，旨在给有需求的学校引路，还有许多优秀的开源软件，各学校可根据学校信息化的实际需求进行选用，有条件的学校还可进行基于开源软件框架下整合并提升相关系统的探索。

三、总结和展望

通过运用开源技术和开源软件去实际解决网络管理、网络应用等教育信息化进程中遇到的各种问题，全面提升了个人在操作系统、数据库、中间件以及系统的配置、管理、搭建、安全等各方面的理论和实践水平，实实在在地解决了不少学校的实际困难，具有普遍的推广意义。另外，随着互联网的普及，云计算已经成为全球信息社会发展的未来，选择了开源软件，就是和"云计算"拉近了距离。

第五节　基于虚拟化模式创新实现民办学校网络接入城域网案例探析①
——以深圳市宝安区 47 所民办学校网络接入区教育城域网为例

国有资产下拨民办学校的政策瓶颈，民办学校网络接入成本和运维技术力量不足等问题普遍存在，公办与民办学校之间的数字鸿沟难于逾越。本小节在网络边界防火墙及上网行为审计设备虚拟化基础上，提出了基于虚拟化模式创新，实现民办学校网络接入教育城域网的建设思路、技术实现、实施流程、运维管理及前景探析。

一、背景

《国家中长期教育改革和发展规划纲要》着重提出全面推进"三通两平台"的建设，广东省教育厅发布的《关于开展"以信息化促进义务教育均衡发展实验区"建设工作的通知》（粤教电函[2010]18 号）和深圳市教育局发布的《转发关于开展"以信息化促进义务教育均衡发展实验区"建设工作的通知》（深教[2011]36 号）中均明确要求："基本实现'校校通'，镇中心小学以上学校以 10 兆以上光纤接入省基础教育专网。"2007 年年底，宝安区 100% 的公办学校（幼儿园）全部采用区政府信息网和中国电信 VPN 组网方式，并以光纤接入区教育城域网，高标准实现了"校校通"工程目标，全区优质网络教育资源共建共享工作取得了显著成效。自 2008 年以来，宝安区石岩公学等 19 所民办学校自筹资金，完善校园网络及安全等区教育城域网准入设备，完成了电信 VPN 光纤宽带接入区教育城域网络系统的工作，与公办学校共享优质网络资源，加快了学校信息化发展进程。但尚未接入的民办学校还有 47 所，占民办学校总数的 77%，大部分学校仍使用 ADSL 窄带电路（小于 4MB）连接互联网，存在访问速度慢、无法共享区内优质资源以及上网行为无法监管等问题，严重制约了民办学校教育信息化的发展。在深圳推进教育一

① 肖春光. 基于虚拟化模式的民办学校入网建设探析——以深圳市宝安区为例[J]. 中国教育技术装备，2018(13)：8-10.

体化进程中，民办学校必须抓住机遇，加快实现"校校通"和"班班通"，以信息化推进学校办学的优质化。为有效加快宝安区民办学校"校校通"建设步伐，进一步缩小公民办学校数字鸿沟，提高全区教育信息化的整体水平，全面推广应用宝安区教育云服务平台，共享优质网络教育资源，有效推进义务教育均衡发展，真正实现全区"三通两平台"建设。宝安区于 2014 年提出了基于虚拟化模式创新实现全区 47 所民办学校网络接入教育城域网的构想。

二、建设思路

为确保政府投资项目国有资产管理不流失，依托宝安区教育城域网云计算环境的优势，本项目采用先进的云计算 IAAS 服务架构进行虚拟化设备的部署，是宝安区教育云服务平台全面优化服务体系的重要组成，主要建设部署内容包括：

（一）区教育城域网中心端

部署双冗余、高性能、集群式的虚拟化防火墙设备，完成至少 47 所以上民办学校虚拟防火墙的接入配置要求；部署双冗余、高性能、集群式的上网行为审计设备，完成各虚拟链路上网行为的独立审计及上网行为数据存储、预警和防护；建设部署虚拟化防火墙、上网行为审计集中式管理系统，完成虚拟化防火墙、审计设备集中式监控、管理及策略下发。链路运营商提供一条 10G 汇聚链路，实现 47 所民办学校与区教育城域网中心的互联。

（二）学校接入端

由链路运营商一次性投入建设和部署光纤网络及接入端设备，完成三层 MPLS VPN 光纤链路的组网及互联互通调试工作，光纤资源接入民办学校网络中心机房，学校可自主选择 100M/1000M 的不同带宽来接入区教育城域网。

三、技术实现

充分考虑和利用现有民办学校内部的校园网络，在不对民办学校内部网络进行任何改动的情况下，通过技术手段，实现民办学校光纤接入区教育城域网，同时很好地解决了各民办学校之间的资源互访问题（见图 7-2）。

（一）虚拟防火墙设备部署

城域网中心部署两台防火墙设备，组成 HA 双机，提高网络运行的可靠性；在防火墙上启用功能主要为虚拟防火墙、虚拟防火墙上的 IPsec VPN、NAT 地址转换等。为了充分利用防火墙的资源，虚拟防火墙支持管理员对硬件资源的分配，从而实现管理员可以根据接入学校的规模大小来动态调整分配给该学校对应虚拟防火墙的 CPU 资源、最大并发资源等，让每个学校有对应的虚拟防火墙，并提供各自独立的管理界面。以虚拟

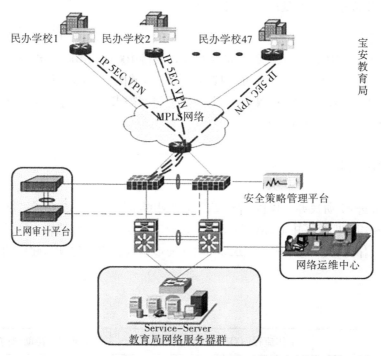

图 7-2 基于虚拟化模式创新，实现民办学校网络接入城域网架构图

防火墙之间的互访实现各民办学校之间的互访，即使民办学校间出现地址重叠的情况，依然能互访。

（二）集中式管理平台部署

城域网中心部署集中式虚拟防火墙管理系统，实现对防火墙系统、虚拟防火墙系统的集中监控和管理、可用性监控、VPN 隧道状态监控、策略配置的统一下发、运行状态监控、日志分析及报表生成等。

（三）上网行为审计设备部署

城域网中心部署两台上网行为审计系统，组成 HA 双机模式，以提高可靠性；通过从防火墙设备上，镜像端口流量出来到审计系统，以实现日志记录；同时连接一条管理线路到网络上，以实现对用户访问网络流量的拦截及阻断；学校上网终端存在不同的学校 IP 地址相同的情况，审计系统需满足公安部 82 号令，审计设备能够结合防火墙日志及 CE 设备（校园网三层交换机）的 SNMP 信息，以学校名称+真实终端 IP 的方式区分所有学校的上网终端，精确记录各民办学校内部真实的 IP 与 MAC 地址，解决了网络行为的溯源问题。同时，审计系统需对网络关键字过滤、用户网络访问权限等进行管理，以有效控制用户对网络的访问。

(四)运营商接入光纤链路及组网部署

运营商完成 47 所未接入区教育城域网民办学校的光纤敷设到学校网络中心,选择成熟的三层 MPLS 组网,接入光纤及接入端设备支持 100M 和 1000M 链路接入,提供一条 10G 汇聚链路,实现了 47 所民办学校与区教育城域网中心的互联,并协助完成原来 19 所已接入民办学校的二层 VPN 转三层 VPN 的组网需求,所有组网纳入统一管理、统一监控,学校之间实现互联互通。

四、实施流程

为有效推进 47 所民办学校接入区教育城域网的项目建设,成立了局领导挂帅的项目推进领导小组,明确了中心端设备及光纤到校工程部署及学校端接入区教育城域网部署所涉及的工作流程、负责部门、协助部门和完成情况,以确保项目建设的效率与效果(见表 7-8)。

表 7-8　　　　　　　　　　　　　实施流程表

序号	工作流程内容	负责部门	协助部门	完成情况
一、中心端设备及光纤到校工程部署流程				
1	民办学校光纤接入招投标	用户方	招标部门	
2	虚拟化接入部署方案现场测试	用户方	承建方	
3	光纤及设备部署合同签订	用户方	承建方	
4	召开民办学校光纤接入会议	局民管科	用户方	
5	完成虚拟防火墙及审计设备中心端部署	承建方	用户方	
6	完成中心端管理平台部署	承建方	用户方	
7	完成学校网络调查表	学校	承建方	
8	学校确定光纤部署位置	学校	承建方	
9	完成光纤敷设到校工程	承建方	学校	
10	完成光纤接入 CE 设备安装及配置	承建方	学校	
11	学校确认光纤及设备是否敷设部署到位	学校	承建方	
12	开通学校虚拟防火墙及审计	承建方	用户方	
13	总体部署工程验收	招标部门	用户方	
二、学校端接入区教育城域网部署流程				
1	学校申请开通接入教育城域网专线	学校	承建方	

序号	工作流程内容	负责部门	协助部门	完成情况
2	与电信签订租用及扣款协议	学校	承建方	
3	IP 分配及开通 VPN 链路并完成测试	承建方	学校	
4	到区教育信息中心备案	学校	用户方	
5	开通互联网访问权限	用户方	承建方	
6	防火墙及审计设备管理权限移交	用户方	学校	
7	网络管理及设备使用培训	用户方	学校	
8	完成接入			

五、运维管理

(一)营造绿色校园

47 所民办学校纳入了宝安区。从 2004 年起，积极营造的区域绿色校园网络环境，全区教育城域网实行统一网络平台、统一互联网出口、网络行为多级监控的集中管理模式，以信息化手段降低了各校网管技术难度，提高了学校网络信息安全管理水平，为全区公民办学校的青少年学生营造了健康、绿色的网络教育环境。

(二)网络安全策略

提高了民办学校城域网网络安全和信息保密水平，统一了网络安全标准和行为管理，各接入学校可自主管理虚拟防火墙与上网行为审计设备，校级账号既可实现分权分账号的自主管理，也可实现区级对校级账号的统一管控、策略及资源调配等。

(三)区校职责明晰

防火墙和上网行为审计的核心设备均部署在区教育城域网中心机房，由城域网运维小组提供专业化的运维与管理服务，链路部分由链路运营商提供线路保障，学校仅须负责校园网内部的日常管理维护，大大降低了学校维护的难度与成本(见图 7-3)。

六、前景探析

宝安区 47 所民办学校自 2015 年通过基于虚拟化模式创新实现民办学校网络接入区教育城域网以来，网络运行高速、稳定，实现了与公办学校同等级的统一网络平台和上网出口，平等使用宝安区教育云平台的资源和服务。本小节提出的基于虚拟化模式创新实现民办学校网络接入城域网案例，有效解决了国有资产下拨民办学校的政策瓶颈问题，结合民办学校网络接入成本和运维技术力量不足的普遍现象，把项目建设的重点、难点、高成本部分上移到区里统筹解决，打破民办学校的信息孤岛，有利于进一步缩小公办、民办学校之间的数字鸿沟，提高全区教育信息化的整体水平。

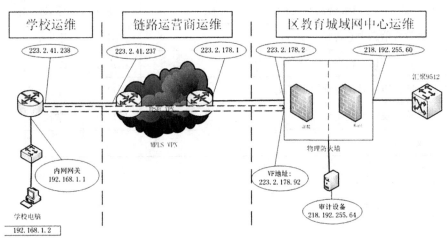

VPN编号：VPN2129320093

图 7-3 基于虚拟化模式创新实现民办学校网络接入城域网运维架构图

第六节 区域教育云服务数据中心建设的探索与实践①

云服务模式和云计算技术已逐步成为未来教育信息化的基础架构，在基础教育领域探索与实践区域教育云服务数据中心建设，全力打造一个功能完善的基于云计算的区域教育云平台，可以提高软硬件系统的投资效益，实现资源共享，缩小教育差距，促进教育公平，对推进"三通两平台"和区域教育现代化有着重要意义。本小节提出了一个在基础教育领域探索与实践区域教育云服务数据中心建设的案例，并通过实例证明了《省级教育数据中心建设指南》在基础教育领域也具备很强的技术指导性。

一、建设背景

宝安区教育信息化在资源与应用建设、网络信息安全建设、数字校园建设、师资与人才培训、信息技术教学与学生信息素养、教育技术课题研究与实验学校创建等方面取得了一定的成绩，但也逐步暴露出核心基础数据空缺，多系统的单点登录无法实现；支撑新课改的师生学习平台和评价系统欠缺；现有教育 IDC 的应用效益有

① 肖春光．区域教育云服务数据中心的建设——以深圳市宝安区教育云服务数据中心建设为例[J]．教育信息技术，2014(Z1)：48-50，57．

待进一步提升；现有数字化校园资源不能实现共建共享，分散式建设数字校园的模式不适合大规模推广；教育职能部门的网上业务平台不足，网上办公办事水平有待提高；教育信息系统对构建大教育体系支撑不足；信息化专业技术人力资源不足等问题。

随着教育信息化、网络化、云计算等的快速发展，区域教育信息化综合应用服务平台建设逐渐成了各级教育行政部门关注的重点。宝安区于 2006 年开始规划建设全区的教育信息化综合应用服务平台，2009 年完成招标实施，2011 年正式上线运行。实践证明，区域教育信息化综合应用服务平台建设可提高资源的利用效率，避免重复建设，使教育信息资源在质量、效益、可持续发展等方面有了更强的保障。

宝安区云平台在 PAAS(平台即服务，云计算服务特征之一) 和 SAAS(软件即服务，云计算服务特征之二)方面都取得了一定的成效，但在 IAAS(设施即服务，云计算服务特征之三)方面相对薄弱。宝安区计划在"十二五"期间完善区域教育云服务数据中心建设，提高区的教育信息化综合应用服务平台的容错性、伸缩性和动态性，从而保障并提升了整体平台的服务质量和水平，推进了宝安区落实教育部提出的"三通两平台"的建设工作。

二、核心概念界定

"云服务"是基于互联网的相关服务的增加、使用和交付模式，通常涉及通过互联网来提供动态易扩展且经常是虚拟化的资源。"区域教育云服务"是指通过区域教育信息化顶层设计整体推进的策略、资源集约化使用和治理等云计算的关键技术，将现有的信息化教育资源、教育应用和基础设施整合、集成为一个巨大的虚拟资源池，向区域内各级各类学校、教师、学生、民众提供云服务。"区域教育云服务数据中心"是面向基础教育的区域教育信息公共云服务平台的载体，用户申请的各项云服务均通过区域云服务数据中心来提供，各种云资源均由区域云服务数据中心统一调度和分配。因此，教育云平台的建设应以区域教育云服务数据中心为支撑，把建立教育云服务数据中心作为平台建设工作的重点，从而保证云服务的有效供给。

三、国内外相关研究简况

云计算的思想可以追溯到 20 世纪 60 年代，美国"人工智能之父"麦卡锡(John McCarthy)曾提出"计算迟早有一天会变成一种公用基础设施"，即"将计算能力作为一种像水和电一样的公用事业提供给用户"。此后，一直到 2007 年 IBM 和 Google 宣布在云计算领域的合作后，云计算吸引了众人的关注，并迅速成为产业界和学术界研究的热点。2009 年，我国有关政府部门积极引导云计算在国内的发展，推动云计算的相关业务和应用的发布和部署，北京、山东、广东、无锡等地方政府积极建立云计算实验室，搭建云计算应用服务平台。

教育云是云计算技术向教育领域的迁移。2007 年 10 月，Google 和 IBM 联合宣布推广"云计算"的计划，包括卡耐基梅隆大学、斯坦福大学、麻省理工学院、加州大学伯克利分校在内的多所高校都参加了该项计划，我国的清华大学也于 2008 年 3 月加入了此项计划。国家"十二五"规划把云计算作为新一代 IT 产业研发与应用的重要领域之一，《教育信息化十年发展规划（2011—2020）》明确指出要建设教育云资源平台。2013 年，国家出台了《国家教育管理信息系统建设总体方案》和《省级教育数据中心建设指南》。北京、上海、江苏等省市也出台了相应的政策支持教育云的发展，广东省人民政府办公厅发布的《关于加快推进我省云计算发展的意见》（粤府办[2012]84 号）把建设教育云确定为七大重点示范应用项目之一，《广东省教育信息化发展"十二五"规划》把教育云建设确定为五大行动计划之一，深圳市和宝安区均把教育云纳入"十二五"发展规划的重点推进工作。此类政府文件的出台必将给教育云的发展带来广阔的前景。

以中国学术期刊网络出版总库为基础，检索范围定在"期刊、特色期刊、中国博士学位论文全文数据库、中国优秀硕士学位论文全文数据库、中国重要会议论文全文数据库、国际会议论文全文数据库、报纸、学术期刊、商业评论数据库"，以"题名"（模糊匹配）为检索方式，进行文献检索。以"题名＝区域教育云服务数据中心（模糊匹配）"进行检索，能找到 9 篇报纸及期刊类文献，找不到相关方面的学位论文，其中涉及金融、地震、图书馆的各 1 篇，完全没有涉及区域教育云服务中心建设的内容；以"题名＝区域教育数据中心（模糊匹配）"，去掉"云服务"3 个关键字进行检索，能找到 56 篇文献（没有学位论文），大多是区域数据中心的数据规划、动力配备、刀片虚拟化、运维等方面的内容，对区域教育云服务数据中心的探索和实践的论述较少。为了进一步探究区域教育数据中心在高校领域的发展情况，把检索方式改为"主题＝区域教育数据中心（模糊匹配）"，扩大检索范围，在"国博士学位论文全文数据库，中国优秀硕士学位论文全文数据库"专库中检索，能找到 30 篇文献（14 篇硕士论文，16 篇博士论文），但大多以区域推进、教育云平台、云资源建设等方面的研究为主，探索区域教育云数据中心建设的较少，以基础教育云数据中心建设为重点的几乎没有。分析其原因，我们认为教育云的概念引入较晚，虽然国家在"十二五"规划和教育部"十年发展规划"中大力推进教育云服务发展，但包括高校在内都处于起步和探索建设阶段，相关研究也大多集中在理论研究阶段，真正实施和技术实现层面的相对较少。

综上所述，云计算作为一种全新的计算思维方式和服务模式，给人们展现出前所未有的无穷魅力，云计算技术应成为未来教育信息化的基础架构，而数据中心云计算平台建设是教育云建设的核心，在基础教育领域探索与实践区域教育云服务数据中心建设，全力打造一个功能完善的基于云计算的区域教育云平台，不仅可以提高软硬件系统的利用率，降低管理成本，扩大资源的使用范围，而且能够在区域内缩小数字鸿沟、共享优质教学资源、实现教育公平和促进教育均衡发展，对于推动区域教育现代化是十分有意义的。

本小节提出了一个在基础教育领域探索与实践区域教育云服务数据中心建设的案例，并通过实例证明《省级教育数据中心建设指南》的可行性。

四、建设目标定位

在宝安区原有试点建设数字化校园探索的基础上,打破孤立数字校园的分散建设模式,节约分散建设模式下的巨额建设及运维成本,通过区域教育信息化顶层设计整体推进的策略、资源集约化使用和治理的云计算和云服务等先进技术手段,探索与实践区域教育云数据中心建设,提高宝安区的教育信息化综合应用服务平台的容错性、伸缩性和动态性,从而保障、提升整体平台的服务质量和水平。坚持应用推进的思路,依托已有的教育云服务平台不断把智慧校园试点成功的应用及特色亮点云化,统一为全区教育管理及科研机构、各类基础教育学校提供综合性云服务。通过点上探索面上云化的区域推进策略,全面落实“三通两平台”尤其是“人人通”;通过区域推进的信息化手段尝试解决非户籍人口严重倒挂而导致的公办民办信息化教育资源不公等问题,让广大民办学校、幼儿园及外来工子弟平等享有政府主导的教育资源,提高教育质量,有效促进区域教育现代化的优质均衡发展。

五、区域教育云服务数据中心(IAAS)的建设参考框架

在教育部教育信息化推进办公室于 2013 年 4 月颁布《省级教育数据中心建设指南》之前,宝安区已于 2009 年开始建设“宝安教育信息综合应用云服务平台”,同时动工的还有宝安区教育云服务数据中心。表 7-9 为宝安区教育云服务数据中心与《省级教育数据中心建设指南》的指标对照情况,通过实例证明了《省级教育数据中心建设指南》在基础教育领域也具备很强的技术指导性。

表 7-9　　　　　　　　　　　　　　指标对照表

序号	类别名称	性能、功能要求	部署位置	数量	备注
一、基建工程					
1	机房装修	参考《省级教育数据中心建设指南》	机房		完成
2	机房电气		机房		完成
3	机房防雷接地		机房		完成
4	空调新风		机房		完成
5	机房安防		机房		完成
6	环境监控		机房		完成
7	机房布线		机房		完成
8	消防		机房		完成
9	KVM		机房		完成

续表

序号	类别名称	性能、功能要求	部署位置	数量	备注
二、硬件设备					
(一)网络设备					
1	路由器	参考《省级教育数据中心建设指南》	数据中心接入路由器	1~2	完成
2	核心交换机		数据中心核心交换机	1~2	待建
3	汇聚交换机		前置服务区、应用服务区、数据库服务区、网络管理区等	5~8	待建
4	链路负载均衡设备		接入链路	1~2	待建
5	应用负载均衡设备		前置服务区	1~2	完成
6	IPSec VPN 设备		与数据中心通信网络边界	1~2	完成
7	SSL VPN 设备		前置服务区	1	完成
8	终端认证 Key		配发至各应用终端用户	30	待建
9	带宽管理系统		接入链路	1~2	完成
(二)服务器和计算机设备					
1	服务器 1	参考《省级教育数据中心建设指南》	Web、应用、中间件等	25	完成
2	服务器 2		数据库服务器	6	完成
3	服务器 3		认证、管理、备份等	8	完成
(三)存储备份设备					
1	存储主机	参考《省级教育数据中心建设指南》	应用、中间件、数据库、备份	1	完成
2	光纤交换机		存储区域	1~2	完成
3	带库		应用、中间件、数据库、备份	1	待建
(四)安全设备					
1	防火墙	参考《省级教育数据中心建设指南》	各区域边界互联网接入链路	3~5	完成
2	防 DDOS 设备		接入链路	1~2	待建
3	防病毒网关		接入链路	1~2	待建
4	应用防火墙		前置服务区	1~2	完成
5	网络审计系统		部署在服务区的汇聚交换机上	1~2	完成
6	入侵检测设备		部署在核心交换机上	1~2	待建
7	漏洞扫描设备		部署在核心交换机上	1	待建
8	认证系统		管理区	1	待建
9	堡垒主机		管理区	1	待建

续表

序号	类别名称	性能、功能要求	部署位置	数量	备注
三、软件					
(一)系统软件					
1	操作系统				
(1)	Linux		数据库服务器	40	完成
(2)	Windows Server		Web、中间件、应用、管理与备份服务器	30	完成
2	公用软件				
(1)	应用服务器中间件		定制开发		完成
(2)	综合门户		定制开发		完成
(3)	目录服务		定制开发		完成
(4)	数据交换与共享平台		定制开发	1	完成
(5)	应用系统支撑平台	参考《省级教育数据中心建设指南》	定制开发	1	完成
(6)	教育基础信息数据库管理与服务系统		定制开发	1	完成
(7)	报表工具		定制开发		完成
3	工具软件				
(1)	备份软件		存储区域	1	待建
(2)	虚拟化和云计算管理软件		Web、应用、中间件等服务器	1	待建
(3)	运行维护监控软件				完成
4	数据库软件				
	数据库软件		数据库服务器	2	完成
5	应用系统软件				
	应用系统软件			20	完成
(二)安全软件					
1	主机审计系统		Web、应用、中间件等服务器	1	完成
2	防病毒系统		Web、应用、中间件、管理、备份等服务器	1	完成
3	统一安全运行维护管理平台		网络管理区	1	完成
4	信息安全工作管理平台	参考《省级教育数据中心建设指南》	应用服务器区	1	待建
5	远程安全监测系统		网络管理区	1	待建
6	桌面系统应急响应系统		web、应用、中间件、管理、备份等服务器	1	待建
7	密码安全服务平台			1	待建
8	SSLVPN 集成开发			1	完成

续表

序号	类别名称	性能、功能要求	部署位置	数量	备注
四、运维					
1	机房运维	区教育城域网中心网络与数据中心运维			完成
2	安全运维	区教育城域网站点安全与网络舆情安全运维			完成
3	平台运维	区教育城域网云平台等应用系统运维			完成
4	应急服务	区教育城域网应急响应服务			完成

六、依托数据中心提供区域教育云服务的建设参考框架

宝安教育云平台是一个典型的集 IaaS、PaaS 及 SaaS 于一体的综合云服务平台，于 2010 年 12 月 29 日上线试运行，2011 年 9 月 29 日正式开通运行。该平台打破了数字化校园的孤立的建设模式，建立了"宝安区教育云服务数据中心"，统一为区教育局、区教育督导室、区教育科学研究培训中心、6 个街道教育办（街道教研中心）、340 多所公民办各级各类学校（幼儿园）的 30 余万名师生以及学生家长和广大市民提供全区公共的教育信息化云服务。该平台采用了"1+N"弹性云架构、云服务架构、WOA 架构、OGSA 架构、背景感知计算、内容聚合计算、展现配件渲染计算、OLAM 等技术，实现了从 IaaS、PaaS、SaaS 三个层面的虚拟化、弹性化、服务化，创建了统一的数据标准、应用标准、共享标准、安全标准、使用标准、运维标准等标准规范体系，有效聚合了近 20 个 IT 系统的应用资源及数据资源，为教师、学生等 11 类用户对象提供了个性化的信息服务功能，率先在我国基础教育领域取得了典型的云计算技术的应用效果，荣获了"2011 中国城市信息化成果应用奖"的殊荣，提升了区域教育现代化水平（见表 7-10）。

表 7-10　　　　　　　　　　建设项目与完成度

序号	建设项目名称	备注
区域教育云服务中心平台建设与部署（Paas）		
1	统一认证	完善推广
2	数据中心与数据交换	完善推广
3	电子邮件	完善推广
4	即时交流	完善推广
5	全文搜索	完善推广
6	工作流	完善推广
7	报表中心	完善推广
8	业务表单定制	完善推广

续表

序号	建设项目名称	备注
9	待办	完善推广
10	问卷调查	完善推广
11	服务器监控及运维	完善推广
12	服务器防病毒	完善推广
13	服务器系统数据备份	完善推广
14	内网门户	完善推广
15	外网门户	完善推广
16	软件系统总集成与现有系统数据迁移与整合	整合推广
区域教育云服务中心应用系统开发与整合(SaaS)		
1	宝安区教育协同办公分系统	完善推广
2	宝安区教师网络教研交流分系统	完善推广
3	宝安区优质视频教育资源点播直播分系统	完善推广
4	宝安区教育教学资源管理分系统	完善推广
5	宝安教学质量监控与分析分系统	完善推广
6	宝安区教师发展性评价分系统	完善推广
7	宝安区经费预算与项目管理分系统	完善推广
8	宝安区信息技术网上学习与评价系统	完善推广
9	宝安区小学教师远程继续教育平台分系统	完善推广
10	宝安区学校安全信息监控管理分系统	完善推广
11	宝安区中小学生网络学习与资源应用分系统	完善推广
12	宝安区学校固定资产管理分系统	完善推广
13	宝安学校心理健康教育信息咨询服务分系统	完善推广
14	……(通过接口接入其他新建应用分系统)	
15	宝安区基础教育招生信息分系统	整合推广
16	宝安区教育科研培训信息网分系统	整合推广
17	宝安区中小学校办学水平评价分系统	整合推广
18	宝安区教育数字图书资源管理分系统	整合推广
区域教育云服务中心标准规范		
1	《宝安区教育云平台信息化操作规范集》	
2	《宝安区教育云平台系统安全监控与运维标准规范集》	完善推广
3	《宝安区教育云平台信息化接口规范集》	
4	《宝安区教育云平台信息化数据规范集》	

七、云间资源互联深化拓展"三通两平台"建设

Live@ edu 是微软向在校学生和校友免费提供的一整套 Live 托管电子邮件、即时通信、移动聊天和交流协作服务，能增强与学生的沟通，以丰富的工具来提高在线协作，并让学生毕业后保持与校友的联系。宝安教育云平台与 Live@ edu 整合后，能自动将宝安教育云平台中的 AD 用户信息同步到 Live@ edu，在校学生登录到宝安教育云平台后，即能直接享受 Live@ edu 提供的各种服务，无须再次登录。"十二五"期间，宝安区将继续在现有的教育云服务平台基础上，通过畅通渠道及引进企业等源头活水方式，充分应用云计算技术，有效完成对深圳教育云(鹏云、中国习网等)的互联、微软教育云互联、省部级教育资源云互联等各类云互联资源的深度融合，实现宝安教育云服务平台各项应用的全面拓展，实现云间资源直通。通过试点建设 3~5 所智慧校园，由智慧校园担当试验田先锋，牢牢把握信息技术与教育教学深度融合的核心理念，以教育信息化推动教育教学的改革，继续探索适合宝安区学校教育、教学、科研、管理、资源、绩效分析等方面的特色及亮点应用，把实践已经证明的成功应用，通过现有的云平台接口及架构实现产品的云化向全区所有公办、民办学校、幼儿园全面推广，点面结合，不断优化"三通两平台"，尤其应实现资源应用与用户智能背景的智能感知关联，强化用户使用体验，全面实现"人人通"。

第七节　区域教育云服务系统发布的探索与实践①

一、背景

随着教育信息化、网络化，云计算等技术的快速发展，区域教育云服务系统建设逐渐成了各级教育行政部门关注的重点。宝安区教育局顶层设计"建、管、用、维"的教育云平台和教育大数据资源中心，2011 年上线以来，免费服务全区 518 个办学单位的教育管理人员、教育科研人员、师生及家长 30 多万人，是宝安区贯彻落实推进"三通两平台"建设任务的主平台。

2015 年以来，国家、省、市、区等各级部门加大了网络与信息安全监管力度，等保 2.0(网络安全等级保护 2.0 制度)对等级保护对象范围在传统系统的基础上扩大到云计算、移动互联、物联网、大数据等，《网络安全法》实施把网络与信息安全提升到法律层面。为继续确保教育云系统"既要安全合规，也要服务可用"，宝安区开展了网络与信息安全严管态势下区域教育云服务系统发布的探索与实践，寻求在新的网络与信息安全环境下指导和规范全区教育单位政务类系统、业务类系统集约化服务统一发布及特殊需求系统发布的新途径，重点对教育业务类系统对外发布的集约化管理、申报流程、

---

① 肖春光. 区域教育云服务系统均衡教育资源[J]. 中国教育网络，2019(11)：77-79.

发布流程进行了规范、验证和改进探索。

二、政务类系统的对外发布

政务类系统的集约化建设和对外发布，参照上级相关文件要求，通过安全测评后逐步向区、市、省级政府部门统建数据中心的集约化平台迁移整合发布，由集约化平台负责计算、存储、网络、安全等服务侧的资源保障。用户侧主要落实内容保障，一是按照"谁主管谁负责、谁运行谁负责、谁使用谁负责"的原则，明确主管领导和信息安全员，落实信息安全工作责任制；二是坚持"以人民为中心""以服务为中心"的原则，围绕打造服务型教育政务网站平台，重点保障好基层业务部门系统的可用性、及时更新、互动及时回应和服务的实用接地气等信息内容保障；三是严格执行上网信息审查制度，网站信息发布遵循"谁公开、谁审查、谁负责"的原则，确保网站内容不涉密，网站内容发布保密审查不外包；四是加强技术协助，升级优化后台处理商业邮箱、错别字、敏感内容、暗盗断链的发布前智能审查过滤及定期排查功能。

三、业务类系统的对外发布

宝安区各教育单位自主(含区统区建和区统校建)建设的特色环境及特色应用系统，在使用区教育城域网域名或 IP 在内、外网发布时，须积极利用区教育大数据资源中心已有的区域共享平台资源服务，提高系统的智慧化和集约化水平。技术薄弱或一般的学校及幼儿园可直接使用区教育云平台、资源和应用系统，无须单独规划投入建设。

(一)集约化管理

宝安区教育大数据资源中心已集约化统一了涵盖全区智慧教育的"硬件资源、公共平台、智慧校园"3 大板块，提供支持计算和存储等数据支撑、城域网接入及安全管理、考场视频接入、平安校园视频接入、无线网络接入及安全管理、数据标准及认证平台、办公和移动应用平台、网站发布平台、资源平台服务、互联网舆情监控服务、地理信息管理平台、试点智慧校园建设、虚拟智慧校园建设共 13 大系统的区域共享平台资源统筹，配备了专业的区域网络、平台、安全运维服务保障团队。

1. 加强硬件资源的统筹

(1)统一计算和存储等数据支撑。区教育大数据资源中心整合了前期搭建的VmWare、HyperV、锐捷、DFT、华为、深信服等多套虚拟化系统进行统一的管理、监控等资源集控调度服务，同步建设了异地灾备数据中心确保数据的安全，按照虚拟化和云服务模式提供服务。

(2)统一城域网接入及安全管理。区教育城域网接入单位，须配备硬件防火墙、上网行为审计两类设备(民办学校可选用区统一部署的虚拟化防火墙和审计)，网络管理员须持证上岗(NCNE 或 CISM 证书等)，且审计设备须与区审计中心端集成联动，实现区、校两级记录各单位的上网行为，为全区 176 个接入单位的将近 10 万台终端的上网行为分析及网内行为态势预感系统提供权威数据源。

（3）统一考场视频接入。按照上级有关考场建设标准的强制要求，建设了区级巡考中心、巡考平台及考务视频会议系统，考试期间对全区考场进行区级巡考，各考场单位的监控主线路须与市招办网络巡考中心 SIP 互联，辅线路须与区巡考中心编码器及矩阵互联上墙，考务视频会议系统须与市、区会议中心对接。

（4）统一平安校园视频接入。区智慧平安校园平台对全区校园视频监控系统的平台或前端采集、传输、存储以及覆盖区域等实现智能集成和统一调度管理，重点区域实现与公安视频监控网互联，视频按权限申请调阅。

（5）统一无线网络接入及安全管理。区无线网采用"学校分布式按需建设、区域集中式统一管理"模式，实行全区无线教育城域网统一认证、统一 SSID、统一审计、统一备案、统一安全防控与预警的全网漫游，开放架构支持华为、华三、锐捷、信锐等多个无线主流品牌的集成接入统一控管。

2. 加强公共基础平台的共享

（1）统一数据标准及认证平台。宝安教育云平台是全区教育信息化对外展现的集中平台，提供了统一的数据标准及认证接口。新建系统须遵循区平台提供的数据标准与接口互联，采集指定权威标识码作为系统的唯一标识管理服务对象信息。通过基础对象的唯一编码的比对，才能关联其他业务系统的全方位大数据库，确保区、校应用"一号通、全网通"。

（2）统一办公和移动应用平台。区协同办公平台满足"区—学区—校园"的纵横向数据与业务互通，提供内部常见事务通用 5 级以内的表单和流程自定义审批业务，移动应用提供标准 APP 程序接口，集成提供宝安教育云移动 APP、宝安家校互联、宝安通等应用，新建移动应用的集成对接和发布需经区移动应用发布网关统一管控。

（3）统一网站发布平台。区教育云平台为区内教育单位提供统一的域名、地址、空间、安全、等保备案、审计、备份等服务。各单位原则上不再单独新建网站及相关的专题站点，现有网站逐步迁移整合到区云平台网站群实现集约化管理。

（4）统一资源平台服务。依托国家教育资源云平台的本地化部署和开放架构，实现了区资源平台与国家、省资源平台的互联互通，预留了与市教育云、粤教云互联接口，统筹引入第三方优质教育资源包括中国知网、区图书馆数字资源（已经提供 23 类）、家校互动平台、视频直播系统（单向）、视频会议系统（双向）、微课平台等。

（5）统一互联网舆情监控服务。互联网舆情监控平台负责全区教育相关的正、负面互联网资讯的爬网、分析、监控等，各单位可申请使用账号，自行监控与本单位相关的互联网舆情。

（6）统一地理信息管理平台。区地理信息平台与市级地理信息平台共享互联，形成基础地理图层、业务图层和共享发布接口，同时建有移动版地理信息平台，通过分发标准 SDK 开发包，可实现移动终端地图展现、自动定位、轨迹采集、轨迹回放等功能，方便移动应用开发。各单位的一般性地图应用无须搭建专有的地理信息平台，可申请直接调用接口使用。

3. 加强智慧校园的统筹

(1)统筹试点智慧校园建设。加大宝安区智慧校园应用体系建设，按照层级递进、分类实施的工作思路，将学校分为整体推进型、需求引导型、专题聚焦型和基础应用型，并就每种类型各选择1~2所学校重点推进。加强"互联网+教育"相关应用需求调研，形成"互联网+教育管理""互联网+教育应用""互联网+教育服务""互联网+教育督导""互联网+校园文化"等各类适合区域推广的应用服务体系，打造凸显办学特色与模式变革的试点智慧校园。

(2)统筹虚拟智慧校园建设。根据智慧校园试点成功案例，制定智慧校园数据标准、软硬件及应用建设标准、登录认证及安全防范标准等，对具有区域推进的智慧环境、智慧管理、智慧学习、智慧教学、智慧服务等应用进行统一开发封装，利用区云平台架构的优势，对价值应用在全区100%中小幼单位进行快速辐射推广，让校校皆为虚拟智慧校园。

(二)申报流程

新建系统须按"宝安区教育业务类系统(网站)集约化建设申报流程"(见图7-4)，由业务建设单位负责提交申报。其设计及招标方案须包含如下内容并提交区教育信息中心确认：系统的服务对象及范围、硬件、软件、数据备份、部署环境、网络等保测评的需求，原则上统一由区集约化部署、建设和管理，业务系统建设单位不再另行采购或配置。

(三)发布流程

新建系统须按"宝安区教育业务类系统(网站)内外网发布流程"(见图7-5)，由业务建设单位负责提交上线发布申报。

新建系统发布须完成如下相关工作并提区教育信息中心确认：前后台分离(原则上只对系统的静态化前台进行整合发布管理)、统一认证整合(集成调用区基础平台认证体系实现用户账号、登录统一管理)、统一平台发布(纳入区教育云外网发布展现平台，实现统一的数据抽取、脚本调用和版面展现)、安全准入扫描与整改(上线系统不存在中、高危漏洞，脚本或数据库版本更新须重新安检)、等级保护测评(所有上线系统须符合等保二级以上)。

四、特殊需求系统的对外发布

原则上，全区教育单位的政务类和业务类系统都要通过区教育大数据资源中心集约化服务后统一发布，但也存在部分民办学校、民办幼儿园个性化自主招生等系统静态化分离后，对外发布的静态化页面无法满足多重交互功能等特殊需求的系统，在区无法提供此类集约化平台和当前民办单位的网络与信息安全暂不纳入政府安全绩效体系基础上，经上线安全检测合规后，建议选择阿里云、腾讯云、天翼云等安全可靠的云端系统暂时提供对外发布服务，不得使用校内服务器直接发布及外部服务器托管发布，区教育

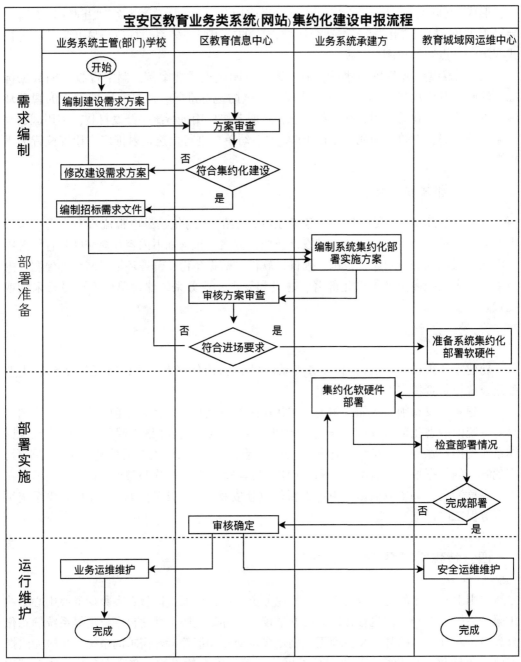

图 7-4 宝安区教育业务类系统(网站)集约化建设申报流程图

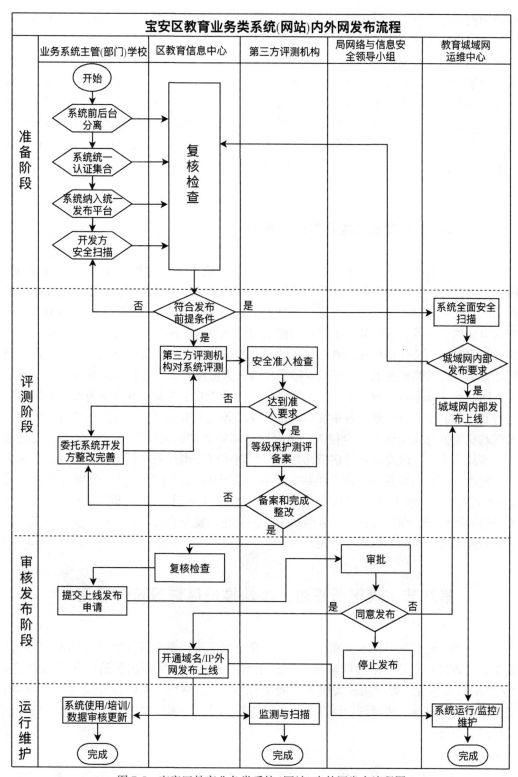

图 7-5 宝安区教育业务类系统(网站)内外网发布流程图

城域网网络与信息安全运维团队负责登记备案相关系统，并建立实时安全监控的链条管理，通过台账定期监测外部托管系统安全状态，主动预警，及时处置。另外，区教育大数据资源中心正在完善主机安全加固及堡垒机体系，营造特殊安全需求系统的回迁环境。个别学校也在积极探索直接购买服务的校企合作共赢新模式，如某学校举办30周年校庆大型活动的直播就采取按次付费购买腾讯云直播服务的方式，较好地满足了各界校友、家长、师生、社会公众的电脑、手机、平板多终端直播观看需求，其直播效果和社会效益是传统的区域视频平台难以实现的，相信在移动互联日趋普遍的今天，针对短周期、低频率、高并发的需求，按需购买成熟稳定服务的思路将会被越来越多的用户选用。

五、系统对外发布的成效与改进探索

宝安区共有办学单位518所，其中公办中小学校及公办幼儿园有98所，其余420所全部为民办，公办与民办办学单位之间的教育信息化水平差距明显，特别是民办单位使用的系统及代码五花八门，网络与信息安全隐患线长面广，管理和运维压力山大。宝安区自实施区域教育云服务系统发布的探索与实践以来，既为全区民办中小学校、幼儿园及技术薄弱的公办单位提供直接可用的区域教育云平台、资源和应用系统，促进了全区教育信息化的均衡发展，又有效保障了区教育大数据资源中心机房对外发布的150个学校网站，基础平台、政务平台、资源平台等将近200个内部业务类应用系统群的健康运行和实时监控，有效处置各系统和网站存在的各类漏洞和风险。宝安区教育系统在全区党政机关信息安全联合安全检查、政府网站绩效评估的网络与信息安全工作成绩显著，事故率为零，政府绩效评估指标为优。后期将继续围绕系统尽量城域网内发布为主的方向改进，做大做强城域网、集约化平台及安全接入，通过平安校园项目推进全区384所民办幼儿园全量接入区教育城域网，搭建VPN隧道实现外部临时访问接入，探索搭建与阿里云、深圳教育云等云间系统专用链路的安全直通互联，进一步拓展区域教育云服务系统发布的可信安全空间。

第八节　筑牢新基建，加快推进区域教育信息化[①]

当前新一轮信息科技革命和产业发展革命方兴未艾，重大科技创新引领社会生产新变革的趋势日益凸显。结合区域教育信息化的现状，宝安区提出了筑牢教育新基建+"大网络、大平台、大应用、大服务、大融合"的相应举措，并在顶层设计统筹推进、应用导向数据驱动、机制创新标准先行方面进行了总结思考，以期为区域教育信息化推进提供有益参考。

① 肖春光.筑牢新基建，加快推进区域教育信息化——以深圳市宝安区为例[J].教育信息技术，2021(07).

一、概念界定

教育新型基础设施是以新发展理念为引领，以信息化为主导，面向教育高质量发展需要，聚焦信息网络、平台体系、数字资源、智慧校园、创新应用、可信安全等方面的新型基础设施体系。未来，智能教育在受益于"新基建"公共基础设施的同时，也须结合领域特点，打造符合未来教育发展趋势的行业基础设施——教育新基建。教育新基建是新型基础设施建设+教育在深度和广度上的进一步融合延伸，是信息化时代教育变革的牵引力量和加快推进教育现代化的重要举措，面对教育信息化2.0和新一轮教育信息化发展的机遇与挑战，宝安区积极探索构建教育新基建生态，加快推进区域教育信息化。

二、宝安区域教育信息化的现状

当前城乡教育均衡发展备受关注，我们有必要对信息化促进城乡教育均衡发展的研究与实践进行梳理，剖析存在的问题与发展趋向，寻求新思路与新路径。作为深圳的行政大区、产业大区、人口大区、民生大区，宝安区现有500多所学校、幼儿园，体量大、分布广、新建学校和待更新学校基数大、民办教育占比高、公民办发展不均衡，区域教育信息化优质发展不均衡。大数据在提升学校管理质量和教学质量以及完善教育评价手段上具有独特的优势。智慧教育的核心是"数据驱动教育智慧"，当前宝安区校两级教育数据尚未完全贯通，教育信息化应用系统彼此不联通、数据不共享的现象仍需进一步完善，"数据孤岛"不同程度制约了全区智慧教育的发展水平，区域教育大数据治理体系不健全。深入落实教育优先发展战略，对标"先行示范，教育先行"，加快智能时代教育变革，持续提升教育城市化、信息化、国际化和现代化水平，区域教育信息化支撑不足。区域层面的顶层设计、整体规划和统筹推进，与学校层面的定制化服务开发基本处于分离模式。加强对区域教育信息化发展的宏观、整体、系统规划与管理，从学校各自为政的封闭竞争转向以区域为基础的校际联盟，才有可能从根本上解决这些难题，实现区域内优质教育资源的共享，提高区域教育信息化的整体绩效，加快推进区域教育信息化。

三、宝安区筑牢新基建加快推进区域教育信息化的举措

(一)优化打造"教育新基建+大网络"

教育城域(校园)网建设的核心是解决"信息传递"和"信息孤岛"的瓶颈问题。宝安区教育城域网在2002年作为深圳市教育城域网的首批区级节点投入运行，2020年依托宝安区平安校园"最后一公里"项目，完成全区公民办学校及幼儿园光纤到校园的互联网、物联网、视联网三网融合全覆盖，是深圳市基础教育最大规模和首个实现办学单位

全量接入的区域教育网络。集约化统一部署宝安区教育城域网教育云服务数据中心承载全区 500 多个网站及教育业务应用系统；统一网络出口管控为全区教育系统入网单位超过 16 万台上网终端免费提供结构化的电信、移动、联通、教育科研网 4 条互联网链路将近 10G 的出口带宽和 3 条 10G 汇聚主干链路，确保全区 573 所学校、幼儿园接入链路和教育业务应用的集约化统一管理和高集中、高密度、高带宽、高速率的不间断运行。"区校共建一体化网络安全防控体系""教育城域网入网准入机制""无线教育城域网'学校分布式按需建设、区域集中式统一管理'共建模式""区域虚拟防火墙、虚拟上网行为审计创新接入""5G+智慧教育示范应用"等大网络构建都走在市内外前沿。

(二)迭代部署"教育新基建+大平台"

云计算架构包括了基础设施即服务(IaaS)、平台即服务(PaaS)、软件即服务(SaaS)三个层次。依托 2011 年上线运行的宝安教育云平台迭代升级为全区教育政务服务平台，为全区提供了融汇一体的综合云计算架构服务，实现传统数字化校园从孤立、物理、实体化建设向区域、虚拟、云化的建设转型。平台进一步优化数据标准、应用标准、共享标准、安全标准、使用标准、运维标准等标准规范体系，并通过"1+N"底座聚合 40 多个 IT 系统的应用资源及数据资源，实现人人有个性化工作桌面，校校为虚拟化数字校园，惠及全区教育管理人员、教育科研人员、师生及家长，荣获"中国城市信息化成果应用奖"。

本地化部署国家教育资源云平台，作为疫情期间宝安区"空中课堂"的主平台，平台的用户规模、用户使用量、日均浏览量、线上教研活动频率等多项指标均创广东省同类区级平台新高。高峰期平台 WEB 访问量日均 4.5 万人次，峰值最高达 32 万人次，活跃用户数日均 8.0 万人；学生导学提交达 432.23 万份、学生参与考试 26.81 万次、学生提交作业 311.46 万份。"同上一堂思政课"主题活动，33 万名师生共同在线上课，成为广东省首次大规模、成体系、有组织的线上思政课，开创了在线学习新纪录，实现了空中课堂课和思政公开课"双第一"，人民网、新华网、学习强国等各级主流媒体予以关注报道，得到师生、家长、社会各界广泛好评，体现了宝安教育信息化庞大的支撑能力及师生的信息化应用能力。

(三)区校共建"教育新基建+大应用"

构建光网全覆盖的平安校园安全"天眼"，通过"1+2+5"模式(1 个大数据看板平台、2 个智能运维和智慧消防辅助模块、5 个重点区域管控/校车北斗监控/中高考巡考/低幼儿童管理/应急指挥调度子系统)，统管全区学校、幼儿园重点区域监控、幼儿园视频监控、中高考巡考、低幼手环、人脸识别、校车北斗安全监控、应急指挥调度等，共接入视频 16500 多路，在线率达 98.8%，构建了深圳市最大的光网全覆盖校园安全监控体系，全面提升了宝安区校园安全管理的信息化水平。

探索实践 5G+智慧教育示范应用，依托市、区 5G 基站建设指导框架，率先实现全量学校 5G 基站信号全覆盖。建设区 5G+智慧教育平台，依托宝安某中学(集团)实验学校、宝民小学两所学校，开展 5G+"WiFi6 校园网络、全息沉浸式教学、AR/VR 教学、

8K 双师课堂、8K 名师讲堂、高清移动录播"等"1+2+6"的 5G 教育应用场景模式探索与实践，示范效果得到区政数局的高度认可，案例在 2020 年世界 5G 大会上展播。

创新示范电影综合实践教育，根据教育部、中宣部《关于加强中小学校影视教育的指导意见》，宝安区率先采用"1+58"的建设模式，建设区电影综合实践教育平台，统筹接入 58 所试点学校高标准建设校园电影综合实践室，实现多端联控，引入优秀影片，开发电影课程，形成特色知识库，全面促进全区中小学生知识产权保护普及、思想道德教育，结合一个活动、一支队伍、一套标准、一套课程、一项课题的"五个一"推进策略，创全市首个电影综合实践教育创新示范区。

（四）集约供给"教育新基建+大服务"

宝安区教育大数据资源中心集约化供给涵盖全区智慧教育的"硬件资源、公共平台、智慧校园"3 大板块，支持"计算和存储等数据支撑、城域网接入及安全管理、考场视频接入、平安校园视频接入、无线网络接入及安全管理、数据标准及认证平台、办公和移动应用平台、网站发布平台、资源平台服务、互联网舆情监控服务、地理信息管理平台、试点智慧校园建设、虚拟智慧校园建设"共 13 类系统的免费基础平台资源服务。组织开展全区学校网络管理员 NCNE、注册信息安全员 CISM 考证培训并实现全员持证上岗，为深圳各区首创。组建教育城域网运维、学校网络管理、学校网站管理、基础平台管理等多支区校联动和 AB 角责任制的专业技术支撑保障队伍，搭建可基于常态化运维业务表单和流程定制的运维服务平台，形成职责明确协同联动的服务保障机制，确保了全区"教育新基建+大网络、大平台、大应用"运行环境的安全、稳定、高效，连续多年运行零事故。

（五）持续创新"教育新基建+大融合"

高标准建设 600 平方米新的教育城域网网络与数据中心和智慧宝安管控指挥中心教育分中心，为全区重点打造教育信息化基础设施环境。依托智慧宝安管控指挥中心"1+10+N"架构，打造新的智慧宝安管控指挥中心教育分中心，设主会场和分会场，配备 31 平方米 P1.2 小间距全彩屏，管控宝安教育数据"大脑"展现和对外宣传。融合承载区教育局-区政府管控指挥、市区校视频调度指挥、全区教育系统视讯会议指挥、平安校园智慧天眼调度指挥、中高考巡考指挥 5 大指挥中心和宝安区 5G+智慧教育应用、教育基础网络监控、学校网络安全监控预警、学校电影实践室管理、学校教学质量分析及监测、学校馆藏图书管理、学校学位分布及预警、教育权威数据展示、创客实践室管理、教育局各部门业务数据展示、幼儿园智慧接送管理、学校教育信息化应用亮点展示、学校水电及物联管理、教育城域网大集约化汇总展示 14 个全区各部门及学校业务数据汇聚系统。

探索"智能+"校园，打造教育信息化 2.0 视域下的学校发展新样态，积极研究推进信息技术与教育教学管理的深度融合，统筹学校落地建设多个试点创新项目。依托宝民小学打造宝安区未来教育体验中心，区统筹整体规划设计学校提供场地落地建设。未来教育体验中心以"开放、展示、交流、提升"为设计理念，把先进的教育技术、信息化的思维及教育空间进行有效融合，建设展厅环形展示屏阵，可实现常态化、电子化、网络化展演。宝安区教育技术创新体验中心，积极探索高新技术与教育深度融合，拓宽全区学校推广体验高新技术的渠道。创新试点成功项目依托"教育新基建+大网络、大平台、大应用、大服务"云化辐射覆盖面向学校推广，点面结合，推进师生教、管、研、学的融合改革与持续创新。

四、宝安区筑牢新基建加快推进区域教育信息化的思考

(一) 顶层设计统筹推进是关键

近年来，宝安坚持以"智慧教育"建设为引领，积极推进支撑全区教育信息化共性需求、基础性、保障性的大网络、大平台、大应用、大服务、大融合的区域教育新基建生态建设，实现技术融合、业务融合和数据融合，形成跨层级、跨地域、跨系统、跨部门、跨校园、跨业务共享的宝安智慧教育基础设施，打造基于数据和业务共享支撑的"大中台"，构建广泛联系社会公众、学校幼儿园、师生、教育管理人员和机构的"小前台"，并在平台中持续地实现数字资源的能力化和数字能力的共享化，实现了从分散式、碎片化、条块式到系统性、整体性和重构性的跨越式突破发展。

(二) 应用导向数据驱动是核心

强化应用导向，扭转传统重建设技术导向往重治理应用导向的教育信息化建设模式，打造一批靶向破除学校师生和业务部门关心的难点问题和瓶颈点的实用型规模应用系统，探索人工智能时代教育大数据支撑下的现代教育治理方式与学习方式变革，构建以学习者为中心、线上线下相结合的全新教育教学生态，促进信息技术在教育管理、教育科研、教育公共服务等场景中的全方位、创新性、常态化应用。依托宝安已形成的数据归集机制及全市领先的数据汇聚规模优势，加快推进教育信息资源整合开放，强化数字化智能化应用创新、服务模式创新和治理方式创新，完成教育基础数据、核心数据、业务数据标准、归集、接口、交换、基础认证等数据规范建设，进一步建立完善教育数据的建库、建模、决策、展现等数据治理体系，全面提升教育数据的丰富度、鲜活度，支撑保障教育资源服务平台和教育政务服务平台的数据供给和回流，带动教育信息化管理架构、业务架构、技术架构的迭代重构，驱动教育管理和教育服务的循环创新，推动全区教育信息化从融合应用向创新发展高阶演进。

(三) 机制创新标准先行是保障

区统校建职责分明，宝安区成立教育网络安全和信息化领导小组全面统筹全区教育信息化工作一盘棋，厘清区校边界，持续优化教育装备，从立项审核到验收评价的闭环管理，建立便捷高效的学校信息化项目实施工作机制，让信息化、现代化教学装备更好服务高端办学，实现信息化建设发展区统统有基础、校校有特色，不断提高教育信息化项目建设与管理效能。标准先行制度保障，配套出台《宝安区教育系统网络与信息安全

工作管理办法(试行)》《宝安区教育业务应用类系统(网站)集约化建设及对外发布管理办法(试行)》《宝安区智慧教育服务平台应用工作推进实施方案》《宝安区教育资源公共服务平台建设与管理工作指引》《宝安区校园无线网络建设与管理工作指引》《宝安区学校全光网校园建设方案指引》等一系列文件以统筹、规范、监管宝安区教育信息化工作的常态有效推进。

五、结语

近年来,宝安区坚持以"智慧教育"建设为引领,积极探索推进大网络、大平台、大应用、大服务、大融合的智慧教育新基建生态体系建设,全面落实宝安区"三通两平台"和推进"三全两高一大"工作,以实际成效践行了宝安方案和宝安路径。"十四五"期间,宝安区如何进一步依托深圳市建设"智慧教育示范区"和"基于教学改革、融合信息技术的新型教与学模式"实验区建设的智慧教育势能,借力信息化构建与宝安区经济社会和教育发展水平相适应的现代教育治理体系和智慧教育服务体系,仍需积极探索。

第九节 区域推进中小学校园网络与安全的探索与实践[①]

为了推动宝安区教育系统网络与信息安全工作,切实提高全区教育系统网络与信息安全水平及网络素养教育,根据《中华人民共和国网络安全法》《中华人民共和国数据安全法》《中华人民共和国个人信息保护法》《广东省教育厅关于在全省中小学校、幼儿园开展网络安全教育系列活动的通知》《深圳市教育局落实"网安校园"建设实施方案》等法规的要求,结合宝安区教育系统实际,制定了《创建网络安全示范区实施方案》,积极组织开展全区教育系统网络安全相关活动、培训等,以省编信息技术教材为基础推动信息技术课堂融合网络素养的普及和深化提升,加强学校网络安全岗位专业培训及校园网络安全员持证上岗,全面促进教师、学生和家长牢固树立网络安全意识,提升师生网络素养。

一、制度先行,确保全区网络与信息安全工作常态推进

宝安区教育局历来高度重视网络与信息安全工作,专门成立了宝安区教育网络安全和信息化领导小组,全面统筹我区教育网络与信息安全工作。结合当前的信息安全形势,先后配套出台了"关于印发《宝安区教育系统网络与信息安全工作管理办法(试行)》的通知深宝教〔2017〕246 号""关于印发《宝安区教育业务应用类系统(网站)集约化建设及对外发布管理办法(试行)》的通知(深宝教〔2017〕247 号)""关于印发《新版宝安教育在线网站建设与管理工作指引》的通知(深宝教〔2018〕185 号)"等一系列文件,统筹、

---

① 宝安区迎接广东省教育厅"2020 年广东省校园网络安全示范区现场检查"自评报告。

规范、监管全区教育系统的网络与信息安全工作常态化推进。

二、责任明确，确保全区网络与信息安全工作守责有序

根据全区网络与信息安全工作区校两级管理的部署安排，区教育局及全区学校都签订了"履行网络安全主体责任构建清朗网络环境承诺书"，全面加强宝安区教育系统互联网空间的安全管理，有效治理净化网络环境，营造安全、有序、清朗的网络环境。坚持"以人民为中心""以服务为中心"的宗旨，系统建设按照"谁主管谁负责、谁运行谁负责、谁使用谁负责"的原则，明确主管领导和信息安全员，落实信息安全工作责任制；信息发布遵循"谁公开、谁审查、谁负责"的原则，确保对外发布内容不涉密。

三、活动纷呈，确保全区网络与信息安全开展扎实推进

(1) 宝安区组织了全区师生积极参与"空中课堂网络安全专栏"和"网络安全宣传周线上平台"的各项活动，学习习近平总书记对网络安全工作的重要讲话精神，学习市、区关于 2020 网络安全工作会议有关精神，部署重要时期学校网络与信息安全措施，开展"一查二停三防"和"一清二处三控"等系列排查。

(2) 扎实开展网络安全宣传周活动。各学校围绕"网络安全为人民，网络安全靠人民"的主题，充分利用网络安全校园主题日活动，作为加强师生网络安全教育的有利契机，结合实际，点评学习并推广使用省市提供的网络安全宣传周电子版材料，通过主题班会、教工大会、手抄报、黑板报、信息技术课堂、电子宣传栏及班牌等多种渠道，积极开展网络安全知识进校园活动，切实提高师生特别是广大青少年学生的网络素养。

(3) 加强宝安区信息技术学科教学研究，提升信息技术教师队伍专业素养，进一步提炼信息技术特色，提高信息技术特色项目教研水平，造就一批专业能力过硬的信息技术特色教育领军人才。区教科院制定了《宝安区中小学校信息技术特色教研工作室建设与管理实施方案》，举办宝安区小学数学教学与信息技术深度融合专题教研活动、分学段开展高中、初中、小学信息技术学科网络教研活动及小学信息技术学科学区联动主题教研活动暨创客特色教研工作室活动等，全面提升师生信息技术及网络安全素养。肖春光老师在深圳大学开设了名为"中小学校网络与信息安全实践及应对策略"的深圳市中小学教师继续教育课程。

(4) 积极组织学校及师生参加广东省中小学校、幼儿园开展网络安全教育系列活动。2020 年宝安区被评为广东省校园网络安全示范区，红树林外国语小学被评为广东省校园网络安全示范校，刘宏金、催灿老师被评为广东省网安守护者，余宸孝被评为广东省 e 成长网络安全小卫士、小讲师。2021 年宝安区的桥头学校、天骄小学、艺展小学提交了校园网络安全示范校的申报，全区学校转发了参加 2021 年广东省少年儿童争当"网络文明小讲师""网络安全小卫士"系列主题活动的通知。

四、区校联动，确保全区网络与信息安全防控体系高效

（1）学校接入区教育城域网实行"防火墙、上网行为审计"配备到位的准入门槛，全部接入单位的互联网进、出口实行全区统一管控。理清全区教育系统互联网及城域网资产台账，通过购买服务，依托第三方专业机构技术力量，定期排查全区学校的网站、系统、微博、微信公众号、APP 等信息系统并进行安全扫描和渗透测试，通过城域网中心部署的态势感知和中心审计平台实施管控，分析全区超过 17 万台上网终端的上网行为的安全风险状况，对存在安全风险的单位下发网络与信息安全问题整改通知书，限期整改，形成闭环。

（2）积极关注"广东省网络安全应急响应平台、深圳市教育行业安全防护微信群、宝安区信息安全群"，组建并管理"宝安教育城域网运维组微信群、宝安区学校网络管理群微信群"，及时收集、传达、部署落实全区教育系统的网络与信息安全工作。

（3）根据教育部《关于严禁有害 APP 进入中小学校园的通知》（教基厅函［2018］102号）和《关于报送学习类 APP 排查和备案情况的通知》、省教厅《关于进一步做好中小学校园学习类 APP 摸底排查有关工作的通知》（粤教督函［2019］18 号）等要求，宝安区加强了全区中小学校园学习类 APP 的排查及管理，认真落实使用者备案和开发者的等保及教育 APP 双备案。

五、培训考证，确保全区网络与信息安全队伍持续充电

（1）召开宝安区中小学校及公办幼儿园网络与信息安全工作会议，邀请了市公安局公共信息网络安全监察分局的陈洁武副大队长做专题讲座，分管局领导罗辉副局长做重要指示，为全区网管员颁发了宝安区学校网络管理员 CISM 证书。同时，召开学校网络管理员保障"空中课堂"网络与信息安全及舆情防控工作视频会议、全区幼儿园接入区教育城域网培训及部署工作会议、全区中小学校网络与信息安全培训工作会议、全区学校网络与信息安全工作及业务培训会议等。相关人员积极参加广东省教育厅办公室关于举办全省中小学校、幼儿园网络安全和网络素养教育工作培训班学习，以及市教育局、区政数局组织的各类网络安全技能培训学习。

（2）网络管理员队伍持证上岗。宝安区教育城域网组建了教育城域网运维团队、学校网管员团队、学校网站管理员团队、基础平台机构管理员团队等多支核心技术队伍，形成统一联动服务机制，确保了教育基础网络环境稳定、安全、高效，连续多年运行事故率为零。宝安区于 2005—2006 年分批举办了全区学校 123 名网管员 NCNE 持证上岗培训，2018 年再次组织全区 154 名学校网络管理员开展网络信息安全专岗 CISM 考证培训，学校网络管理人员及信息安全员的 NCNE/CISM 全员持证上岗均为深圳市各区首创。

六、集约服务，确保全区网络与信息安全集中统筹运营

（1）宝安区积极推进"智慧宝安"建设，构建优质、高效、安全的教育信息化基础环境，服务全区所有办学单位。按照大网络、大平台、大应用、大服务、大融合的智慧教育生态体系建设目标要求，对平台、应用、网络等实行集约化部署上线，宝安区教育系统自 2014 年开始对区教育城域网数据中心的重要业务系统做二级等保，等保费用纳入年度部门预算，目前已完成 15 个系统的二级等保测评和备案。

（2）宝安区教育城域网于 2002 年建成启用，区教育城域网运维中心多年来坚持 7×24 值班制度，值班人员每天对网络、机房环境、接入学校、系统安全、视频会议等定期巡检并记录备案。区教育城域网出口防火墙、出口审计、核心流控及接入学校的校级审计与校级防火墙多点联动预警管控。保障全区教育城域网网络中心、数据中心及全区 604 个接入单位超过 17 万台上网终端的网络与信息安全及互联网出口服务稳定高效。为确保特别时期，全区学校网站、系统、微博、微信公众号、APP 等资源或服务的安全，采取暂停联网或转静态页面等措施。

（3）构建光网全覆盖的平安校园安全"天眼"，通过"1+2+5"模式（1 个大数据看板平台、智能运维和智慧消防 2 个辅助模块、重点区域管控/校车北斗监控/中高考巡考/低幼儿童管理/应急指挥调度 5 个子系统），统管全区学校、幼儿园重点区域监控、幼儿园视频监控、中高考巡考、低幼手环、人脸识别、校车北斗安全监控、应急指挥调度等，共接入视频 1.7 万多路，在线率达 98.8%，构建了深圳市最大的光网全覆盖校园安全监控体系，全面提升宝安区校园安全管理的信息化水平。

（4）疫情期间，本地化部署问卷星系统，实名开放给各学校、幼儿园使用，确保了疫情数据收集的安全。本地化部署全区视频会议支撑平台，通过内网及专网召开各类视频会议，确保了视频会议信号稳定及安全。通过本地化部署资源平台，托底保障了全区空中课堂的稳定开展和数据安全。宝安区"空中课堂"平台成为广东省内同级平台中用户规模最庞大、用户使用量最多、日均浏览量最高、线上教研活动开展最频繁的区级平台，切实加强了网课学习期间平台、数据、行为等方面的安全管控。

（5）开展市、区联合应急演练及检查。2019 年联合宝安中学集团和第三方专业安全机构开展宝安区教育系统网络与信息安全突发事件应急演练。宝安区教育局在 2018 年、2020 年两次受邀与区政府信息中心开展网络与信息安全联合应急演练。宝安区教育系统在全区党政机关网络与信息安全联合检查中连续多年名列前茅，还代表全市教育系统接受深圳市教育行业区域网络与信息安全检查。

参 考 文 献

[1]李强.国有金融企业信息安全人才建设：三分靠技术七分靠管理[J].中国信息安全,2018.

[2]鸣涧.网络黑客常用攻击手段[J].信息安全与通信保密,2001.

[3]中国互联网新闻研究中心.美国全球监听行动记录[EB/L].http://news.xinhuanet.com/zgjx/2014-05/27/c_133363921.htm,2014-5-27.

[4]陆忠伟.非传统安全论[M].北京：时事出版社,2003.

[5]李慎明,张宇燕.全球政治与安全报告(2013)[R].北京：社会科学文献出版社,2012.

[6]商婧.斯诺登：美国不满足于监听活动　正准备网络战[EB/OL].http://news.xinhuanet.com/world/2015-01/21/c_127403957.htm,2015-01-21.

[7]张召忠.网络战争[M].北京：解放军文艺出版社,2001.

[8]https://netsecurity.51cto.com/art/202101/639460.htm.

[9]李慎明,张宇燕.全球政治与安全报告(2013)[R].北京：社会科学文献出版社,2012.

[10]王玥.我国网络安全立法研究综述[J].信息安全研究,2016.

[11]https://netsecurity.51cto.com/art/202101/639217.htm.

[12]王明雯,李青,王海兰.欧美学生数据隐私保护立法与实践[J].现代远程教育研究,2021.

[13]马元丽,费龙.英国中小学生网络安全策略[J].外国教育研究,2009.

[14]金燚.智慧校园网络信息安全问题与对策[J].电子技术与软件工程,2021.

[15]法制网.美国立法保护儿童网络信息安全[EB/OL].http://www.legaldaily.com.cn/international/content/2019-10/14/content_8016447.html,2019-10-14.

[16]新华网.国外如何保护青少年上网安全[EB/OL].http://www.xinhuanet.com/world/2015-05/04/c_127762426.htm,2015-05-04.

[17]赵冬臣.欧盟国家的中小学校网络安全教育：现状与启示[J].外国中小学校教育,2010.

[18]李璐,王运武.美国信息化基础设施推进路径及其对中国的启示——美国2017《支持学习的基础设施建设指南》解读[J].中国医学教育技术,2018.

[19]乜勇,万文静.中美高校教育信息化建设对比研究[J].牡丹江大学学报,2020.

[20]程兰.面向中学生信息安全教育的教学设计研究[D].上海：上海师范大学,2018.

[21]田由辉．教育信息化2.0背景下智慧校园的网络信息安全治理研究[J]．信息技术与信息化，2020．

[22]张翼羽．教育部印发《关于加强大中小学校国家安全教育的实施意见》[J]．法律与生活，2018．

[23]邹文笔．中小学校园网络安全问题与防范对策分析[J]．考试周刊，2020．

[24]钟平．试论数字化校园建设中对校园网络安全的要求[J]．福建电脑，2008．

[25]周艳萍．数字化校园网络的规划与实现[D]．成都：电子科技大学，2018．

[26]李传良．智慧校园背景下的校园网运维研究[J]．现代信息科技，2020．

[27]张旭龙．计算机病毒传播与控制研究[D]．重庆：重庆大学，2017．

[28]张娟．浅谈电脑恶意软件快速检测方法[J]．信息系统工程，2018．

[29]李伟清．校园网安全系统设计[D]．西安：西安电子科技大学，2013．

[30]陈峰．基于网络安全的交换机和路由器设置[J]．南方农机，2020．

[31]陈涛．ACL技术在校园网络安全中的应用[J]．网络安全技术与应用，2017．

[32]陈洪艳．Windows操作系统的安全[J]．电脑编程技巧与维护，2011．

[33]刘启锋．探析个人电脑网络安全的应对措施[J]．计算机光盘软件与应用，2012．

[34]马翔，刘艳茹．青少年网络安全意识调查研究[J]．长春师范大学学报，2019．

[35]谢英香．青少年网络安全教育困境与对策研究[J]．上海教育科研，2020．

[36]黄洪珍，罗定康．网络弹窗广告的主要类型、社会危害及其治理对策[J]．长沙大学学报，2021．

[37]刘垣，潘栋．试论师生网络安全意识的培养[J]．文化创新比较研究，2020．

[38]徐波涛．校园网网络安全方案设计与工程实践[D]．北京：北京邮电大学，2012．

[39]梁镜洪，郑曼．计算机机房环境保障与安全管理策略研究[J]．科技风，2015．

[40]王睿．校园网中存在的安全隐患及防御措施[J]．考试周刊，2013．

[41]胡茂龙．浅论计算机病毒及防范措施[J]．企业家天地(理论版)，2011．

[42]张丛．小学生网络安全意识的培养路径[J]．中国多媒体与网络教学学报(电子版)，2018．

[43]但通．网络信息的安全与对策[J]．电子技术与软件工程，2017．

[44]李敏．Edge浏览器安全风险与防御技术研究[D]．北京：北京邮电大学，2018．

[45]郝耀鸿，顾茜．浏览器安全——一个容易被忽视的信息安全隐患[J]．保密科技，2019．

[46]陈文惠．防火墙系统策略配置研究[D]．合肥：中国科学技术大学，2007．

[47]陈永军．如何安全使用浏览器[J]．化工管理，2001．

[48]谢振坛，申伟．校园网络安全管理现状与对策探究[J]．教学与管理，2019．

[49]梁榕尹．大学生网络安全意识教育研究[D]．桂林：广西师范大学，2017．

[50]张丛．小学生网络安全意识的培养路径[J]．中国多媒体与网络教学学报(电子版)，2018．

[51]褚英国，陈正奎．关于网络与信息安全应急预案的研究与实践[J]．计算机时代，2009．

[52]贾铖凤. 交换机故障的诊断和排除探析[J]. 太原城市职业技术学院学报, 2008.

[53]屈永斌. 校园网双绞线故障维护[J]. 电子信息科技风, 2017.

[54]穆建跃. 计算机网络故障的一般识别与解决方法[J]. 计算机光盘软件与应用, 2013.

[55]汤启蒙. 计算机通讯网络故障处理与日常维护探讨[J]. 2020(06)：8.

[56]徐亮. 计算机网络故障常见问题及维护探索框架构建[J]. 江西电力职业技术学院学报, 2020.

[57]谢荣荣. 数字化校园网络安全防范机制构建和应用分析[J]. 网络安全技术与应用, 2019.

[58]董照刚. 浅析校园网病毒的防治[J]. 成才之路, 2009.

[59]王光雨, 胡越. 大数据时代中小学校网络舆情的应对[J]. 重庆行政, 2020.

[60]教育部等六部门关于推进教育新型基础设施建设构建高质量教育支撑体系的指导意见[EB/OL]. http://www.moe.gov.cn/srcsite/A16/s3342/202107/t20210720_545783.html.

[61]肖春光. 浅谈校园网络管理和网络安全[J]. 教育信息技术, 2007.

[62]肖春光. "一校多部"式校园网络的规划与互联(规划篇)[J]. 宝安信息技术教育探索, 2011.

[63]肖春光. "一校多部"式校园网络的规划与互联(操作篇)[J]. 宝安信息技术教育探索, 2011.

[64]肖春光. 基于虚拟化模式的民办学校入网建设探析——以深圳市宝安区为例[J]. 中国教育技术装备, 2018.

[65]肖春光. 区域教育云服务数据中心的建设——以深圳市宝安区教育云服务数据中心建设为例[J]. 教育信息技术, 2014.

[66]肖春光. 区域教育云服务系统均衡教育资源[J]. 中国教育网络, 2019.

[67]肖春光. 筑牢新基建, 加快推进区域教育信息化——深圳市宝安区为例[J]. 教育信息技术, 2021.

[68]宝安区迎接广东省教育厅"2020年广东省校园网络安全示范区现场检查"自评报告.